高等职业教育农业农村部"十三五"规划教材

家庭园艺

于红茹　主编

U0208775

中国农业出版社
北　京

内 容 简 介

　　本教材为高等职业教育农业农村部"十三五"规划教材，由多所高等职业院校专业教师和技术人员联合编写。

　　本教材以项目为载体、以任务为驱动，按照模块—项目—任务进行编写，包括认识家庭园艺、家庭园艺基础知识、庭院园艺、阳台园艺、室内园艺5个模块。每个模块下设置若干个项目，每个项目包括项目目标和若干个任务，每个任务包括相关知识、拓展阅读、任务布置、计划制订、任务实施、总结体会、考核评价、巩固练习等栏目，有利于学生自主学习。

　　本教材可作为园艺技术、现代农业技术等专业普通专科（高职高专）与成人专科学生的教材，亦可作为相关专业教师、农业技术推广人员、家庭园艺爱好者等的参考用书和科普读物。

编审人员名单

主　编　于红茹

副主编　朱丽丽　那伟民　张爱华

编　者（以姓氏笔画为序）

　　　　于红茹（辽宁农业职业技术学院）

　　　　于强波（辽宁农业职业技术学院）

　　　　朱丽丽（松原职业技术学院）

　　　　刘桂芹（廊坊职业技术学院）

　　　　刘淑芳（辽宁农业职业技术学院）

　　　　关丽霞（辽宁农业职业技术学院）

　　　　那伟民（辽宁农业职业技术学院）

　　　　张文新（辽宁农业职业技术学院）

　　　　张姣美（辽宁生态工程职业学院）

　　　　张爱华（辽宁农业职业技术学院）

　　　　陈素娟（苏州农业职业技术学院）

　　　　林淑敏（瓦房店市农业技术推广中心）

　　　　周　鑫（辽宁农业职业技术学院）

　　　　胡小凤（辽宁农业职业技术学院）

　　　　贾春蕾（金华职业技术学院）

　　　　高　丹（辽宁农业职业技术学院）

　　　　黄广学（北京农业职业学院）

审　稿　陈杏禹（辽宁农业职业技术学院）

　　本教材是根据教育部《国家职业教育改革实施方案》《关于组织开展"十三五"职业教育国家规划教材建设工作的通知》《职业院校教材管理办法》等文件要求，结合家庭园艺的发展，为满足人们对家庭园艺技术的需求，通过多年积累的教学和生产经验，由多个职业院校一线教师和企业人员共同编写完成的。

　　本教材有以下特点：第一，内容创新。《家庭园艺》作为园艺技术专业（都市园艺方向）一门新兴的课程，作者经过多年的教学和实践，根据家庭活动场所划分模块，系统地整合了教学内容。第二，便于学生自主学习。在相关知识中留出学习笔记的空间，学生在听课时可将重点内容记录，在相关知识内容中增加了图片、动画、微课等资源的二维码，便于学生课下自主学习。

　　本教材包括认识家庭园艺、家庭园艺基础知识、庭院园艺、阳台园艺、室内园艺5个模块。全书以项目为载体、以任务为驱动，每个项目包括项目目标和若干个任务。由于园艺植物种类较多，在编写时兼顾南北方差异选取了代表性的植物。在每个任务中，根据学生认知规律，设置了相关知识、拓展阅读、任务布置、计划制订、任务实施、总结体会、考核评价、巩固练习等栏目，便于学生课下自主学习和教师指导、监督。

　　本教材编写分工如下：绪论、模块一、模块二中的项目一、模块三中的项目三的任务一和任务三、模块四中的项目一由于红茹编写；模块二中的项目二、模块三中项目二由于强波编写；模块二中的项目三由朱丽丽编写；模块三中的项目一由张爱华编写，其中模块三中的莴苣阳台管道水培由胡小凤编写；模块三中的项目三的任务二由周鑫编写；模块四中的项目二由刘桂芹编写，于红茹、张爱华、那伟民、高丹参与了图片、微课和动画资源的制作；

其他人员参加了教材大纲的编写和内容的设计并提供图片；最后由于红茹、张文新统稿，陈杏禹审稿。

本教材在编写过程中参考借鉴了相关学者、专家的著作和资料，在此一并表示感谢！因编者水平有限，加之时间仓促，教材中的疏漏或不妥之处在所难免，敬请各位读者批评指正！

编　者

2022 年 10 月

目录

绪论 认识家庭园艺

【项目目标】

知识目标：掌握家庭园艺概念，能分析家庭园艺发展现状和趋势。

技能目标：能判断实际生活中所见到的家庭园艺类型。

素质目标：培养设计调查问卷能力、团队合作能力、交流总结能力。

【相关知识】

随着城市的发展和人们生活水平的不断提高，居民的消费结构也从"温饱型"转变为"发展型"和"享受型"，并且随着住房条件的不断改善，家里有了阳台、庭院等，人们也不再满足"居而有其所"的简单生活，渴望与大自然亲密接触是很多人的愿望，对家庭园艺的需求持续增长，因此家庭园艺产业也正悄然兴起。家庭园艺传达了健康的生活理念，增添了生活乐趣，室内园艺植物有净化室内空气的作用，同时还有吸收生活废气、调节空气湿度和降低噪声等作用，对居民缓解压力、促进身心健康起到积极作用。

"园"是指用围墙和篱笆围起来的园圃，我国从周代开始出现了"园圃"作为独立经营部门，是皇家的狩猎娱乐场所，"艺"就是"技艺""技术"，因此我国古代的园艺指的是在围篱保护的园圃内进行的植物栽培，包括蔬菜瓜果、花草树木的栽培，后来逐渐把果树、蔬菜、花卉的栽培技术合称为"园艺"。

一、家庭园艺概念

家庭园艺，顾名思义，是指在家庭生活或活动场所内从事园艺植物（即果树、蔬菜、花卉、园林树木等）的栽培和装饰活动（图 0-0-1）。家庭园艺应用场所首先是人们居住和活动的主要场所，如阳台、窗台、庭院、客厅、屋顶、露台等。之前人们所关注的"园艺"，主要是在公共园区中，大多是以被动的身份去欣赏、感受专业人士的设计并管理完成的园艺成果，如公园、花园或生态观光园等。而"家庭园艺"则是人们对于园艺从被动欣赏到主动管理，从关心结果到享受过程的一种飞跃，综合了净化空气的生态需求和愉悦人们精神的需要，这也许是

图 0-0-1　家庭园艺

未来人们对园艺的最高需求，也是家庭园艺发展的主要源动力。

二、家庭园艺类型

由于场所不同，可以把家庭园艺分为室内和室外两种类型，每种类型又分为若干个不同类型。

（一）室内家庭园艺类型

将园艺物件凭借墙架、多宝格等形式加以科学化摆放，进一步衍生出室内家庭园艺景观，此类模式在室内客厅、餐厅、书房等独立空间内部较为常见。其优势表现为能够令园艺景观表现得更为整体且富有规律性，令空间得以有效扩大；而劣势主要是这部分景观通常凭借多宝格、几案等台架位置和形态加以设定，持续到成型之后便无法开展大规模改动。

1. 中心类型　此种类型通常用于面积不大且视野比较集中的场所，包括客厅茶几或是餐桌上（图 0-0-2）。其优点表现为借助特定空间中心进行园艺景观完善化布置，集中人们的视线并使整个空间清爽，让人耳目一新；缺点是由于在人们活动集中的场所，在不影响日常生活的前提下摆放，对园艺植物的要求比较严格，若布置过于繁杂，会令人产生冗杂烦乱等不良感官效应。

图 0-0-2　中心类型

2. 近窗类型　此种类型是将园艺景观在窗户周边予以布置，确保不同方位的窗户整体空间得到充分的开发利用（图 0-0-3）。其优点是能够利用整个窗户做成面的形式，将园艺景观予以生动化展示，赋予人一种自然画卷的即视感；缺点是空间内部近窗植物设计表现难以精确化掌控，如若处理上过于抢眼，便会弱化空间内其余园艺景观的存在感。

3. 环绕类型　此种类型实质上是将园艺植物在室内空间进行围绕摆放，通常在围合和半围合空间内部沿用（图 0-0-4）。其优点是可以确保景观围绕空间，令人们置身其中，调动感官亲近自然；缺点是一旦植物配置过多，便会造成严重的空间拥挤问题，影响空间的正常使用。

4. 摆点类型　此种类型主要在室内通道上布置（图 0-0-5），人们多数情况下不会选择在此类空间内长期静态停留，由此设计主体完全可以考虑将园艺景观加以节奏定点摆放，确保人们在其间行进过程中能够清晰地感知到园艺景观独有的节奏感和跳跃感。其优点是能够凸显园艺景观布置既有的简约和趣味性；缺点是景观布置通常过于分散且稀疏，和其余类型相比，无法在第一时间内吸引人的注意力，因此不会被作为家庭园艺的主要类型。

图 0-0-3　近窗类型

图 0-0-4　环绕类型

图 0-0-5　摆点类型

（二）室外家庭园艺类型

1. 庭院园艺类型　就我国目前现有的状况，农村家庭庭院一般较大，但是一般不做太多设计，以实用为主。城市因为住房的限制，庭院园艺在城市家庭住宅中并不十分常见，通常存在于一些规模较大的私人别墅之中。城市家庭庭院园艺类型细化分为两类，分别是固定风格类型和移动花架式类型。

（1）固定风格类型。该种类型能够依照住户喜好进行庭院园艺风格选定，同时结合特定园艺风格进行规划布置园艺景观（图 0-0-6）。其优点是符合住户的自身喜好，并且布置形式极为多元化；缺点是固定风格之后，庭院园艺整体上便难以进行大规模改变。

（2）移动花架式类型。该种类型倾向于结合庭院实际状况在庭院内部搭设各类花架，借此换取赏心悦目的效果（图 0-0-7）。其优点是搭配模式极为便利、高效且灵活，可选择

图 0-0-6　固定风格类型

性相对较多，尤其是在各类花架搭配作用下往往会产生特殊的观赏效果，最终全方位迎合住户不同阶段的心理需求；缺点是花架搭配形式难以合理把控，而且每个人设计风格不同，效果也不一样，一旦设计失误，便会造成庭院景观不和谐统一，给人杂乱的感觉，或者可能占据过大的空间面积而影响人们的观赏心情。

2. 阳台园艺类型　阳台主要是用来接受阳光、吸收新鲜空气、观赏的私有场所。目前许多城市中房屋都会设计阳台，尽管阳台空间不是很大，但由于环境条件适宜园艺植物生长，已经成为园艺活动的主要场所。阳台园艺也被称为家居园艺、空间农业、市民园艺等，是在阳台进行小规模园艺植物栽培活动的总称（图 0-0-8）。阳台园艺既可以开展传统的在土壤上精耕细作的农业活动，其注重表现植物的生态、美化和收获兼顾的效果，是家庭回归自然的人造空间环境，也可以采用新产品、新技术的无土栽培模式，更具有欣赏性和自给性。

图 0-0-7　移动花架式类型　　　　　　　图 0-0-8　阳台园艺类型

三、家庭园艺发展现状

（一）国外家庭园艺发展现状

在欧美国家中，人们在自家的阳台甚至窗户的栏杆上种植草莓、番茄、豌豆、黄瓜、香葱等蔬菜，亲手管理植物，在自家阳台、楼顶开辟菜园。

在得克萨斯州的农场长大的美国女孩儿 Britta Riley 和她的同事充分利用房间窗户的阳光，通过改装废旧饮料瓶种菜，"窗台农场（windowfarms）"的创意就这样诞生了。

在德国，对阳台蔬菜的播种时间、施肥时间、病虫害防治的农药种类及浓度、蔬菜采收的时间等都有一套既定标准。

加拿大居民在自家阳台、楼顶、庭院种植的各种蔬菜，不但满足了休闲的需要，还可供自己食用。

在日本，只要能种的东西，在以阳台为主的家庭菜园里基本都能看到，在很多超市里都摆放着家庭菜园专用的各种各样的植物、土壤、肥料、器皿等（图 0-0-9）。

图 0-0-9　国外超市销售的阳台蔬菜

针对天气原因造成的蔬菜水果大量减产的情况，韩国人开始自己在家里种植有机蔬菜，自给自足。越来越多的韩国人充当"都市农夫"，其催生出的"阳台经济"也让许多超市受益。

（二）国内家庭园艺发展现状

在北京、上海、南京、广州等寸土寸金的城市，居家环境绿化及营造美丽花园城市也是政府的工作重点之一，为此，政府相继出台了一系列文件。2011 年，北京市政府颁布了《北京市人民政府关于推进城市空间立体绿化建设工作的意见》（京政发〔2011〕29号），明确提出城市空间立体绿化作为城市绿化的重要形式，在拓展城市绿色空间、美化生态景观、改善气候环境和生态服务功能等方面具有重要作用。

2012 年，上海市妇联发起了"美好家园·绿色家庭"阳台菜园绿色公益活动，让阳台菜园真正成为孩子的科普基地、居民的"菜篮子"和休闲怡情场所。

2021 年，常州市家庭园艺文化节以"园艺进万家、幸福常州城"为主题，通过园艺布景和相关活动，引导广大家庭和市民关注家庭园艺，共享美好生活。活动期间推出园艺花境和家庭园艺展示、园艺市集、以盆换花、"最美阳台""最美庭院"作品展、蝴蝶兰展、插花表演、新年晚会等多项活动，为市民建立家庭园艺沟通的桥梁，以此着力提升市民生活品质，推进建设宜居美丽明星城。

此外，各地的行业协会也不断举行一系列家庭绿化设计竞赛、美家园艺大赛、家庭园艺节等活动，极大促进了市民从事家庭园艺的热情（图 0-0-10）。

四、家庭园艺发展趋势

（一）充分利用立体空间，提高利用率

一般城市家庭的阳台数平方米至几十平方米，应当充分挖掘利用家庭阳台、露台、窗台的空间，使其功能达到最大化。首先，充分利用有限的空间和环境条件，采取各种栽培方式，让都市人利用有限的空间打造私家菜园，1米菜园就是这样发展起来的；其次，在有限的空间内采用立体化栽培方式（图0-0-11），在美化城市大环境的同时，还能够让居家环境更加温馨舒适，家庭园艺植物的摆放方式包括格栅式、悬吊式等立体栽培模式。在充分进行地面摆放的同时，可搭起阶梯或安装各种栽培架，种植爬藤植物或枝叶能下垂的植物，景观会更加立体而有美感。

图0-0-10　国内超市销售的盆栽蔬菜　　　　　　图0-0-11　立体化栽培

（二）种植多种植物，达到多种效果

在充分利用有限阳台空间的基础上，实现观赏、食用、环境绿化的和谐统一。在有限的阳台空间内，纯观赏型的绿植、花卉数量逐渐退却，将可食用蔬菜、观果苗木、芳香类植物与造景完美结合（图0-0-12）。在观赏蔬菜方面，如近年来出现的羽衣甘蓝，又称叶牡丹，在秋冬季节，其叶片绚烂，既是很好的盆栽景观，叶片也可食用。也可种植绿色、黄色、红色、紫色的叶用莴苣，既可以鲜食，也是很好的盆景摆设。此外，还包括色彩多样、形状各异的辣椒、多色的叶用甜菜，绿色、紫色罗勒，绿色、紫色的油菜，与传统的阳台花卉相比，通过可食用的植物进行景观营造不但有观赏及绿化效果，而且还会带给居民新奇感、愉悦感。

（三）充分利用各种材料，打造环保理念

现在社会生活物品极大丰富的同时也带来了很多的副产品，更多的包装盒、废弃的水杯、厨余废弃物等（图0-0-13），家庭园艺可以充分体现自然、环保、循环的理念，可以让这些物品更充分地发挥其作用。如将生活各种藤编容器、竹器、瓦罐、铁器等创意地用于阳台园艺栽培，将生活中随处可见的包装盒、包装袋改造成种植容器，将厨余废弃物适当处理，成为阳台园艺的肥料来源。

图 0-0-12　种植植物多样化

图 0-0-13　种植容器多样化、环保化

（四）采用智能化管理系统，解决后顾之忧

科学技术的发展将让家庭园艺的管理更加方便快捷，让人们花费较少的时间和精力同样可以达到陶冶情操、放松身心的目的，同时还可以享用新鲜的时蔬。随着智慧农业及"互联网＋"技术的迅猛发展，自动化、智能化家居园艺管理技术正在悄然走进都市人的生活。人们可以通过设备实现自动浇水（图 0-0-14），还可以通过手机实现远程监控植物长势、调节生长环境的目标。

（五）采用特色设计，提高家庭园艺的观赏性和装饰性

目前家庭园艺的产品，常常重视使用功能而忽略了装饰功能，在布置中也缺乏特色，不能彰显居家及居住者的风格。因此，家庭园艺也需要进行空间和景观设计，做出适合居住者个人喜好的风格（图 0-0-15）。

图 0-0-14　自动化浇水系统

图 0-0-15　特色景观设计

【拓展阅读】

园艺＋生活

科学研究发现，从事园艺除了能陶冶情操、增加生活技能、保证食品安全外，还有一

项极大的好处：促进身心健康。现代园艺已经打破了园圃保护的藩篱，对于丰富人类营养和美化、改造人类生存环境、促进身心健康有着重要的意义。城市化的发展，高楼林立、路桥纵横，地面空间逐渐减少，利用城镇居民房前屋后以及屋顶、室内、窗台、阳台、围墙等零星空间或区域美化生活，越来越受到居民的喜爱，并逐渐成为一种时尚。城市园林除了绿化、美化生活环境之外，也开始重视造型艺术，使之向观赏艺术的方向发展。首先要把园艺变成一种生活方式，利用园艺植物美化庭院、屋顶、阳台或室内。其次，培养儿童、老人等的园艺意识，养成从事园艺的习惯。在家可以为孩子和老人准备植物小菜园、花卉小园等，培养劳动意识和锻炼身心。上班族则可以在办公室养点绿色植物、花卉，学习插花等，以调节工作环境和陶冶身心。周末、假期时，与家人多去郊外走走，感受自然。最后，政府可针对性建造园艺治疗园，培养专业人才。例如，美国西雅图的儿童医院、妇产医院、烧伤医院、精神病院等医疗机构，内含的园艺治疗园都各有特色。在日本，为加强对弱势群体的关怀，政府建有五感花园供有特殊需求的人群享用，以刺激人体视觉、听觉、嗅觉、味觉和触觉 5 种感官，达到防病治病的目的。

【任务布置】

制作一份家庭园艺调查问卷，并进行调查，调查后撰写调查报告。根据调查报告进行小组自评、小组互评和教师评价，并完成巩固练习。完成后将本任务工作页上交。

【计划制订】

表 0-0-1　家庭园艺问卷调查计划

操作步骤	计划决策
制作调查问卷	
小组调查	
调查结果整理	
完成调查报告（附后）	

【任务实施】

上交实施过程中照片。

【总结体会】

【检查评价】

表 0-0-2　认识家庭园艺考核评价

评价内容	评分标准	评价		
		小组自评	小组互评	教师评价
制订计划 （20分）	1. 计划内容全面（10分） 2. 字迹清晰（10分） 未达到要求相应进行扣分，最低分为0分			
任务实施 （20分）	1. 按计划实施（5分） 2. 能够正确处理突发状况（5分） 3. 实施效果好（5分） 4. 团队合作能力强（5分） 未达到要求相应进行扣分，最低分为0分			
实施效果 （20分）	1. 调查个体有代表性（5分） 2. 调查报告论据充分，有说服力（5分） 3. 通过调查能真正了解当前家庭园艺的现状和对未来趋势做出判断（10分） 未达到要求相应进行扣分，最低分为0分			
总结体会 （20分）	1. 能根据实施过程中出现的问题总结发生的原因以及找到解决问题的办法（15分） 2. 能通过本次任务的实施写出自己的体会（5分） 未达到要求相应进行扣分，最低分为0分			
小计				
平均得分				

【巩固练习】

1. 什么是家庭园艺？（10分）

2. 谈谈你对家庭园艺未来发展的见解。（10分）

本次任务总得分：

教师签字：

模块一　家庭园艺基础知识

进行家庭园艺生产之前首先要准备好常用工具，使得播种、育苗、浇水、施肥等更加容易操作。此外，还要了解家庭环境的特点以及植物对环境条件的要求，选择适合种植的植物种类，才能使得家庭园艺省工省力，最终收获产品。

项目一　家庭园艺设施和设备

【项目目标】

知识目标：能说出家庭园艺常用种植容器及无土栽培设备，了解栽培基质性质。

技能目标：能根据实际需要选择相应的设施设备，会测定各基质的理化性质。

素质目标：培养学生创新能力、知识综合运用能力，以及科学严谨的态度。

任务一　家庭园艺种植容器

【相关知识】

家庭园艺中，种植的容器无论从外形、质地还是审美学观点上有多种选择，但都不得违背植物能在其中正常生长，并与植物在形式和色彩上协调的这一基本原则。为了防止盆中积水，种植容器底部或侧面都会有排水孔。因植物种类和栽培用途不同，常用的容器依构成的原料分为素烧盆、塑料盆、陶瓷盆、玻璃钢盆、金属盆、木桶、藤编筐和木筐等，每类都有不同大小、样式和规格，可依需要选用。下面介绍几种常用的种植容器。

一、素烧盆

素烧盆又称瓦盆（图 1-1-1），是使用最广泛的栽培容器，利用黏土在 $800 \sim 900℃$ 高温下烧制而成，有红盆和灰盆两种。其质地粗糙，盆壁上布满无数微细孔，有良好的通气、排水性能，有利于根系的生长和对盆中有机质的分解，又因价格低廉，应用广泛。瓦盆通常分为两类：一种是直径大于盆高的，根据装泥土的质量来命名，如3斤*盆、5斤盆、7斤盆等；另一种为盆高大于直径的，俗称"花托"，根据盆径大小来命名，如6寸*花托、8寸花托、12寸花托等。瓦盆的缺点是易碎、较重，不利于长途运输，盆壁会生苔藓，盆外观朴素，而且使用时间较长时，盆壁细孔会被泥土或苔藓堵塞，透气性能逐渐丧失，还会附着大量盐碱及病菌等。因此，过旧的瓦盆若要再用，需尽量洗刷干净。目前用量逐年减少。

二、陶瓷盆

陶瓷盆是在素陶盆外壁涂上一层釉彩烧制而成（图1-1-2），其形状有圆形、方形、菱形等。品种式样琳琅满目，外形美观，外壁上常具有人物、花鸟等图案，适于室内装饰。这种盆的盆壁没有通透性，水分、空气流通不畅，价格较高，主要用于栽培比较名贵的花卉，也常作为套盆之用。

图 1-1-1 素烧盆

图 1-1-2 陶瓷盆

三、塑料盆

塑料盆是用聚氯乙烯等可塑性高分子化合物制成的（图1-1-3）。这类盆可以根据需要进行设计，造型灵活多变，颜色多样，与花卉相配，可以衬托出青翠的叶色、鲜艳的花色，且盆内外光洁、轻巧，洗涤方便，不易破碎，适宜远途运输，可较长期、多次使用，在家庭中应用十分普遍。塑料盆因制作材料结构较紧密，盆壁孔隙很少，壁面不容易吸收或蒸发水分，所以排水、通气性能比瓦盆差，因此必须注意细心浇水。如植物根系要求氧气较高，可在栽植前先填入通气性、排水性良好的多孔隙的栽培基质。

目前应用较多的一种塑料盆为加仑盆（图1-1-4）。加仑是一种容（体）积单位，常见的如1加仑盆口径16cm、高17cm，2加仑盆口径22cm、高20cm。加仑盆含抗老化添加剂，使用寿命长，露天使用可以达到3年，同时它耐挤压、不变形、不破损，装盆轻便省

---

*斤、寸为非法定计量单位，1斤＝0.5kg，1寸≈3.33cm。——编者注

力，方便植物移栽，节约成本。大号的盆比较深，适合种木本植物。

图 1-1-3 塑料盆

图 1-1-4 加仑盆

四、吊盆

利用麻绳、尼龙绳、金属链等将花盆或容器悬挂起来作为室内装饰，具有空中花园般的特殊美感，还可让人清楚地观察植物的生长（图 1-1-5）。适合作吊盆的容器有质地轻、不易破碎的彩色塑料花盆，颇有风情的竹筒，古色古香的器皿，或藤制的吊篮等，既美观，又安全，还节省室内空间。

图 1-1-5 吊盆

总之，种植容器的种类非常多，还有一些专用的容器如种植水生植物的水养盆、专门种植兰花的兰盆等。种植容器的大小选择也很重要，大小选择和种植植物有关，一般高棵、生长期长的植物用大一些的容器，矮棵、生长期短的可用小一点的容器。

【拓展阅读】

智能花盆

智能花盆是由传感技术支持的根据花卉土壤墒情的变化按需实施供给的一套现代化种植管理系统（图 1-1-6）。其主要通过传感器对植物的各生长环境参数进行监测，对采集的数据进行分析、处理，并与预设值比较，最后通过外围设备的控制对植物的生长参数进行调控。智能花盆的控制需要一套完整、专业的控制系统来实现，通过控制系统对质量和水势进行监测进而精准地浇灌花卉，节省水资源。

图 1-1-6　智能花盆

【任务布置】

以组为单位，各组自主选材设计和制作种植容器，对作品进行小组自评、小组互评和教师评价，并完成巩固练习。完成后将本任务工作页上交。

【计划制订】

表 1-1-1　种植容器设计与制作计划

操作步骤	计划决策
设计	
选材	
制作	
展示	

【任务实施】（实施过程中的照片）

【总结体会】

【检查评价】

表 1-1-2　家庭园艺设施和设备检查评价

评价内容	评分标准	评价		
		小组自评	小组互评	教师评价
制订计划 （20分）	1. 计划内容全面（10分） 2. 字迹清晰（10分） 未达到要求相应进行扣分，最低分为0分			
任务实施 （20分）	1. 按计划实施（5分） 2. 能够正确处理突发状况（5分） 3. 实施效果好（5分） 4. 团队合作能力强（5分） 未达到要求相应进行扣分，最低分为0分			
实施效果 （20分）	1. 选材适宜（5分） 2. 制作精细（5分） 3. 容器坚固、美观（10分） 未达到要求相应进行扣分，最低分为0分			
总结体会 （20分）	1. 能根据实施过程中出现的问题总结发生的原因以及找到解决问题的办法（15分） 2. 能通过本次任务的实施写出自己的体会（5分） 未达到要求相应进行扣分，最低分为0分			
小计				
平均得分				

【巩固练习】

比较种植容器的优缺点。（20分）

本次任务总得分：

教师签字：

任务二　家庭园艺无土栽培设备及辅助设备

【相关知识】

家庭场所受空间局限，所用的无土栽培设备一般要求体积小、美观、智能化和自动化管理等。常用的适宜家庭园艺的无土栽培设备有：

一、水培设备

水培是指植物大部分根系直接生长在营养液的液层中的一种栽培方式。水培设备应选择底部无孔、换水方便的陶瓷、搪瓷、塑料或玻璃容器（图 1-1-7），切勿使用金属容器。花卉市场上可以购买到造型多样、优雅别致的用于水培的容器，同时为方便植株的固定，市场上还销售各种尺寸的定植篮。此外，家中的水杯、茶杯、笔筒等也可以作为水培容器，如用水杯、酒杯、糖果盒、罐头瓶为容器的水培吊兰，鱼缸也是不错的水培容器。另外，我们还可以自己动手（DIY），根据个人喜好利用矿泉水瓶、易拉罐、洗衣液瓶等制作出各式各样的水培容器。

二、管道水培设备

管道水培设备样式繁多，可以根据家庭阳台的面积设计安装，也可直接购买小型管道水培设备成品（图 1-1-8），配合采用自动循环管理，通过定时装置控制水循环。定植后，基本不用人工管理，收获的蔬菜营养卫生，基本不产生虫害。从家庭装饰来说，也不会影响家庭阳台的美观，反而是一道特殊的风景。

图 1-1-7　水培设备

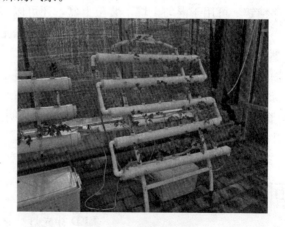

图 1-1-8　管道水培设备

三、固体基质栽培设备

固体基质栽培简称基质培，是指通过各种天然或人工合成的固体基质固定根系，作物从基质中吸收营养和氧气的一类栽培形式（图1-1-9）。基质培的最大特点是有基质固定根系，并借以保持和充分供应营养和空气，能够很好地协调水、肥、气三者关系，设备投资较低，便于就地取材，生产性能优良而稳定。根据栽培形式的不同分为槽培、箱培、袋培、立体栽培等，分别采用相应的设备进行栽培。

图 1-1-9　固体基质栽培设备

四、辅助设备

1. 喷水壶　多用于较大的蔬菜日常浇水，一般喷嘴的出水孔较大，水均匀地从喷嘴的小孔中喷出。

2. 喷雾水壶　也称为细孔喷壶。喷嘴的出水孔较小，水以微小雾滴状从喷嘴中喷出，多用于蔬菜刚播种后浇水或蔬菜苗较小时浇水用。

3. 浇水壶　可用于较大的蔬菜浇水。

4. 起苗铲　用于移苗时将小苗从土中起出。

5. 移植铲　可用于混匀土壤，装土上盆，还可以用来挖坑。

6. 小苗耙　有大小不同的类型，主要用于蔬菜松土。

7. 小镐　用于蔬菜松土或锄草。

8. 油性笔　也称为防水笔，此种笔写在塑料标签上的字迹遇水后不会被冲洗掉。

9. 标签　用于记录播种时间等。

10. 育苗盒套装　由多孔育苗盘、塑料底盒及透明盖组成，底盒用于放育苗块或育苗盘，透明盖用于保温保湿，有利于育苗。

11. 支架　铁丝或竹竿，用于高棵植物的支撑。

【拓展阅读】

LED 补光灯

LED（light emitting diode）是发光二极管的简称，是一种固态的能直接把电能转化为光能的半导体器件。它的工作原理是利用固体半导体芯片作为发光材料，当两端加上正向电压时，半导体中的载流子发生复合，放出过剩的能量而引起光子发射产生可见光，其光谱域宽在±20nm。按发光光谱可以分为红外光、可见光、紫外光等；按发光基色可以分为单色光（红光、蓝光、绿光、紫光、远红光等）和复合光（红橙光、白光等）；按发光强度可分为普通亮度的 LED（发光强度＜10mcd）、高亮度的 LED（发光强度在 10～100mcd）和超高亮度的 LED（发光强度＞100mcd）等；按脉冲连续性可分为连续光源和间歇光源。

LED 因光质光量可调、寿命长、冷光源、高效节能等优点，是近年来比较热门的植物补光灯。但由于 LED 是新型光源，将其应用于植物补光领域的研究还处在发展阶段，故成本较高。

【任务布置】

以组为单位，各组自主选材设计和制作水培设备，根据作品进行小组自评、小组互评和教师评价，并完成巩固练习。完成后将本任务工作页上交。

【计划制订】

表 1-1-3　水培设备的设计与制作计划

操作步骤	计划决策
设计	
选材	
制作	
展示	

【任务实施】（实施过程中的照片）

【总结体会】

【检查评价】

表 1-1-4　家庭园艺无土栽培设备及辅助设备检查评价

评价内容	评分标准	评价		
		小组自评	小组互评	教师评价
制订计划 （20分）	1. 计划内容全面（10分） 2. 字迹清晰（10分） 未达到要求相应进行扣分，最低分为0分			
任务实施 （20分）	1. 按计划实施（5分） 2. 能够正确处理突发状况（5分） 3. 实施效果好（5分） 4. 团队合作能力强（5分） 未达到要求相应进行扣分，最低分为0分			
实施效果 （20分）	1. 选材适宜（5分） 2. 制作精细（5分） 3. 容器坚固、美观（10分） 未达到要求相应进行扣分，最低分为0分			
总结体会 （20分）	1. 能根据实施过程中出现的问题总结发生的原因以及找到解决问题的办法（15分） 2. 能通过本次任务的实施写出自己的体会（5分） 未达到要求相应进行扣分，最低分为0分			
小计				
平均得分				

【巩固练习】

设计水培设备时应该考虑哪些问题？（20分）

本次任务总得分：

教师签字：

任务三　家庭园艺栽培基质

【相关知识】

栽培基质能够为植物根系提供稳定环境,支持并固定植物根系,使得植物能够保持直立而不倒,同时有利于植物根系的附着和发生,为植物根系提供良好的生长环境。优良基质应具备的特点:基质要有较强的保持水分的能力,满足作物生长发育的需求,能较好地协调水分与空气的关系。栽培基质可分为无土基质和有土基质。

一、无土基质

1. 草炭　草炭也称泥炭,是沼泽植物残体在多水的嫌气条件下,未完全分解而堆积形成的产物。草炭含有腐殖质及部分矿物质,其质地松软易散碎,多呈棕色或黑色,pH为5.5～6.5,相对密度为0.7～1.05。草炭通气性好、质量轻、有机含量高、抗病性强,是理想的园艺栽培基质。但草炭属于不可再生资源,其开采会造成一定程度的环境破坏。

2. 椰糠　椰糠是椰子外壳纤维加工过程中脱落下来的纯天然有机质,经脱盐等加工处理后可用作园艺基质。椰糠纤维结构具有超强的弹性,可以被大比例压缩,压缩后的椰糠便于运输,加水即可复原。椰糠属于天然的无土栽培有机介质,不含病原体,无化学添加剂,非常清洁。椰糠生产时可以通过调节椰纤维和椰糠粉的比例来制订适合的透气持水配方。椰糠产品最大的优点是其优异的保水性和透气性,它可以充分保持水分、养分,减少水分、养分的流失,为植物生长提供充足的水分和矿物质营养;椰糠还可以保持透气有氧,促进植物根系生长并防止根系腐蚀。加工后的椰糠可溶性盐浓度(EC值)和pH适合多数植物生长,但需要注意的是,椰糠本身并不含有矿物质营养,需要与营养液或缓释肥配合使用。不同的椰糠产品膨胀率差异很大,一般为5～8倍。椰糠本身不会腐烂且自然分解缓慢,可以反复使用。

3. 岩棉　岩棉是人工合成的无机基质,荷兰于1970年首次将其应用于无土栽培。成型的大块岩棉可切割成小的育苗块或定植块,还可以将岩棉制成颗粒状(俗称粒棉),目前国内已有一批中小型岩棉厂用此工艺生产。由于使用简单、方便、造价低廉且性能优良,岩棉培被世界各国广泛运用,在无土栽培中,岩棉培面积居第一位。岩棉能为植物提供一个保肥、保水、无菌、空气供应充足的良好根际环境。无土栽培中岩棉主要应用在3个方面:一是用岩棉育苗,二是循环营养液栽培(如营养液膜技术)中植株的固定,三是用于岩棉基质的袋培滴灌技术中。

4. 珍珠岩　珍珠岩由硅质火山岩在1 200℃下燃烧膨胀而成,白色、质轻,呈颗粒状,粒径为1.5～40mm,容重0.13～0.16g/cm^3,总孔隙度60.3%,气水比为1:1.04,可容纳自身质量3～4倍的水,易于排水和通气,化学性质比较稳定,含有硅、铝、铁、钙、锰、钾等氧化物,EC值为0.31mS/cm,呈中性,阳离子代换量小,无缓冲能力,不易分解,但遭受碰撞时易破碎。珍珠岩可以单独使用,但质轻粉尘污染较大,使用前最好戴口罩,先用水喷湿,以免粉尘纷飞;浇水过猛、淋水较多时易漂浮,不利于固定根系,因而多与其他基质混合使用。

5. **蛭石**　蛭石是由云母类矿物加热至 800~1 100℃时形成的海绵状物质。质地较轻，容重较小，为 0.07~0.25g/cm³，总孔隙度 95％，气水比为 1∶4.34，具有良好的透气性和保水性，EC 值为 0.36mS/cm，碳氮比低，阳离子代换量较高，具有较强的保肥力和缓冲能力。蛭石中含较多的钙、镁、钾、铁，可被作物吸收利用。因产地、组成不同，可呈中性或微碱性。当与酸性基质（如泥炭）混合使用时不会发生问题，单独使用时如 pH 太高，需加入少量酸调整。蛭石可单独用于水培育苗，或与其他基质混合用于栽培。无土栽培用蛭石粒径在 3mm 以上，用作育苗的蛭石可稍细些（0.75~1.00 mm）。使用新蛭石时不必消毒。蛭石的缺点是易碎，长期使用时，结构会破碎，孔隙变小，影响通气和排水，因此，在运输、种植过程中不能受重压。蛭石不宜用作长期盆栽植物的基质，一般使用 1~2 次后，可以作为肥料施用到大田中。

二、有土基质

穴盘育苗
基质的种类

1. **河沙**　分粗沙和细沙，多取自河滩。粗沙的排水性好，但其本身没有肥力，一般多将其掺入其他较细的培养土中，以利排水。

2. **园土**　也称为田土，是菜园、果园等地表层的土壤。园土含有一定腐殖质，通透性也较好，是配制培养土的最主要原料。

3. **腐叶土**　由森林里的枯枝、落叶经多年堆沤，也可自行由落叶、枯草等堆制而成。其腐殖质含量高，保水性强，通透性好，是配制培养土的主要材料。腐叶土具有丰富的腐殖质，有优良的物理性能，有利保肥及排水，土质疏松偏酸性。

4. **厩肥**　由猪、鸡、鸭等动物粪便等掺入园土、烂菜、落叶加水经过堆积发酵腐熟而成，腐熟后也要晒干和过筛以后才能用。其内含有养分及腐殖质，具有较丰富的肥力，一般可作为基肥掺入培养土。

5. **塘泥**　河塘里面的污泥，肥力较高，呈中性或微碱性。塘泥在南方应用较多，但如果用塘泥，应注意无污染的塘泥才可以用来种菜。

实际生产中可选用以上 1 种或多种基质混合配制成栽培基质，配制时应根据蔬菜生长习性和每种基质的性质来决定种类和比例。

【拓展阅读】

模制基质

随着家庭园艺的兴起，家庭园艺资材及其定制产品也得以快速发展。但这类产品的设计开发要求更加严格，更加强调清洁度和便捷性，因此市场上值得推广的理想定制产品并不多。制约家庭园艺发展的原因之一是浇水后土壤及固体栽培基质的清洁度会降低，而压缩模制基质则可以较好地解决这个问题。模制基质是把基质制成固定的形状，在上面预留栽培穴，种子和幼苗可以直接种在穴内，省去了栽培容器的使用，如海绵育苗块、椰绒栽培块、岩棉种植垫等。模制基质在育苗和花卉栽培上应用方便、实用，是高档栽培基质和部分育苗基质的发展方向。由于草（泥）炭、椰糠等固体基质质地疏松、孔隙度大，模制的同时压缩了体积，方便运输。压缩的基质块用无纺布进行表面包裹，更加清洁、卫生，非常适合家庭园艺种植。

【任务布置】

以组为单位，比较所提供基质的理化性质（容重、pH、EC 值），填写报告单，完成小组自评、小组互评和教师评价，并完成巩固练习。完成后将本任务工作页上交。

【计划制订】

表 1-1-5　基质理化性质测定计划

操作步骤	计划决策
容重	
pH	
EC 值	

【任务实施】（实施过程中的照片）

【总结体会】

【检查评价】

表 1-1-6　家庭园艺栽培基质检查评价

评价内容	评分标准	评价		
		小组自评	小组互评	教师评价
制订计划 （20分）	1. 计划内容全面（10分） 2. 字迹清晰（10分） 未达到要求相应进行扣分，最低分为 0 分			
任务实施 （20分）	1. 按计划实施（5分） 2. 能够正确处理突发状况（5分） 3. 实施效果好（5分） 4. 团队合作能力强（5分） 未达到要求相应进行扣分，最低分为 0 分			
实施效果 （20分）	1. 测定方法正确（5分） 2. 测定过程中操作正确（5分） 3. 测定结果准确（10分） 未达到要求相应进行扣分，最低分为 0 分			
总结体会 （20分）	1. 能根据实施过程中出现的问题总结发生的原因以及找到解决问题的办法（15分） 2. 能通过本次任务的实施写出自己的体会（5分） 未达到要求相应进行扣分，最低分为 0 分			
小计				
平均得分				

【巩固练习】

请说出还有哪些材料可以开发作为栽培基质？（20分）

本次任务总得分：

教师签字：

项目二 家庭场所的环境条件

【项目目标】

知识目标：掌握家庭各场所环境条件特点和园艺植物对环境条件的要求。

技能目标：能观测家庭各场所环境条件，并分析不同环境的特点；会根据不同场所特点和植物对环境条件的要求，选择各场所适合种植的园艺植物。

素质目标：培养实地环境观测、总结能力。

任务一 家庭场所环境条件特点

【相关知识】

一、庭院

我国房屋建筑大多是坐北朝南的，庭院大多在住房的前面，东、西和南边有房屋或围墙等（图1-2-1），使庭院具有优良的小气候环境条件，背风向阳，光照充足。由于砖地、水泥地及房屋墙壁等建筑物白天吸热多，晚上放热快，气温比大田空旷地高出 2～3℃，因此，在庭院中的植物，一般发芽能早1周，落叶较晚1周，生长期能延长半个月左右，有利于园艺产品提前收获和不耐寒植株的安全越冬；另外，庭院由于受四周建筑物和围墙的影响，风速较小，水分蒸发慢，空气湿度比大田高，有利于植株生长；庭院环境由于受人们活动影响，空气中二氧化碳浓度相对较高，对植物光合作用有利。

图 1-2-1 庭院

二、阳台（窗台）

阳台泛指有永久性上盖、有围护结构、有台面、与房屋相连、可以活动和利用的房屋附属设施。阳台是建筑物室内的延伸，是居住者呼吸新鲜空气、晾晒衣物、种植园艺植物的场所，大多城市居民住宅都会有一个或两个阳台。多数阳台的空间不大，为砖石或水泥结构的贴面墙壁，夏、秋期间，其光照强、吸热多、散热慢、蒸发大、环境高温干燥；冬季有阳光的白天温度较高，夜间保温差、降温快，昼夜温差大。

根据其封闭情况分为非封闭阳台和封闭阳台。封闭阳台是由金属材料和大屏玻璃构成的透明屋体，具有透光、遮雨、保温等特点，但通风差、空气湿度低，在我国北方和长江流域地区应用较普遍，往往是居室（客厅、卧室、书房）的延伸部分。非封闭阳台直接和外界接触，受外界环境影响较大（图1-2-2）。

根据其与主墙体的关系分为凹阳台和凸阳台。凸阳台一般比凹阳台受光面大、光照充足，但保温性差、风大。

不同朝向的阳台气候条件也有差别。朝南、朝东阳台的光照度和风速要比朝西阳台平稳一些，家庭中较多应用为家庭园艺。朝北阳台的光照最差，冬季也最冷，很少作家庭园艺应用。朝西的封闭阳台，在夏季高温、强光下，要及时遮阳、通风降温；冬季要设置厚质窗帘，注意保温防寒。在不同朝向的封闭阳台中种养园艺植物，最重要的是要注意通风、遮阳和提高空气湿度。

三、室内

家庭室内环境条件主要是光照弱（图1-2-3），室内光照度只是露地的几分之一至十几分之一甚至几十分之一，只适合种植耐阴植物，对于需要强光照的园艺植物生长很不利；室内温差小，植物容易发生徒长，不适宜种植在花芽分化阶段需温差大植物；在北方天气寒冷时不能开窗，通风条件差；在取暖期间空气湿度小。这些环境条件对很多植物生长来说是不利的，因此，室内适合种植观叶类花卉和一些耐阴的蔬菜，一般不种植果树类园艺植物。

图1-2-2 非封闭阳台

图1-2-3 家庭室内

【拓展阅读】

露台和阳台的区别

从一般意义上来说，露台又称阳台、阴台，是一种从大厦外壁突出，由圆柱或托架支撑的平台，其边沿则建栏杆，以防止物件和人落出平台范围，是建筑物的延伸。尽管露台和阳台泛指同一种建筑物，但其实两者稍有分别：无顶也无遮盖物的平台称露台，有遮盖物的平台称阳台。我们在生活中所指的露台，一般是指住宅中的屋顶平台或由于建筑结构需求而在其他楼层中做出大阳台，由于它面积一般均较大，上边又没有屋顶，所以称作露台。也就是说露台有两个基本特点，一个是面积比较大，另一个是顶上没有遮盖物。一般来说露台和阳台的区别是面积不同。阳台大部分都是一般楼房住户当中，从居室里面延伸出去的一块面积。但是露台是住宅或者是大型住宅当中屋顶的平台，或者是由建筑本身根据需求设定出来的大型阳台。露台的环境条件和外界条件相似，如果是在楼房北侧搭建的露台，温度和光照要比外界环境弱。

【任务布置】

根据教师指定的家庭场所，观测各场所的环境条件，总结各场所环境适合植物的特点。根据总结进行小组自评、小组互评和教师评价，并完成巩固练习。完成后将本任务工作页上交。

【计划制订】

表 1-2-1　家庭场所环境条件观测计划

操作步骤	计划决策
指定观测地点	
观测指标	
总结报告	

【任务实施】（上交实施过程中照片）

【总结体会】

【检查评价】

表 1-2-2　家庭场所环境条件特点考核评价

评价内容	评分标准	评价		
		小组自评	小组互评	教师评价
制订计划 （20分）	1. 计划内容全面（10分） 2. 字迹清晰（10分） 未达到要求相应进行扣分，最低分为0分			
任务实施 （20分）	1. 按计划实施（5分） 2. 能够正确处理突发状况（5分） 3. 实施效果好（5分） 4. 团队合作能力强（5分） 未达到要求相应进行扣分，最低分为0分			
实施效果 （20分）	1. 观测方法正确、观测及时准确（5分） 2. 观测项目全面（5分） 3. 观测结果客观真实（10分） 未达到要求相应进行扣分，最低分为0分			
总结体会 （20分）	1. 能根据实施过程中出现的问题总结发生的原因以及找到解决问题的办法（15分） 2. 能通过本次任务的实施写出自己的体会（5分） 未达到要求相应进行扣分，最低分为0分			
小计				
平均得分				

【巩固练习】

比较3种家庭场所环境的不同。（20分）

本次任务总得分：

教师签字：

任务二　园艺植物对环境条件要求

【相关知识】

园艺植物的生长发育及产品器官的形成，一方面取决于植物本身的遗传特性，另一方面取决于外界环境条件。因此，我们必须了解各种环境条件对园艺植物生长发育的影响，才能正确运用栽培技术，创造适宜的环境条件，达到高产优质的目的。影响植物生长发育主要的环境条件包括温度、光照、水分、土壤营养等。

一、园艺植物对温度条件的要求

温度是园艺植物生长发育的基本条件之一，每种园艺植物对温度的要求不同，但都有各自温度要求的"三基点"，即最低温度、最适温度和最高温度。最低温度、最高温度是园艺植物生长发育的限制温度，低于最低温度或高于最高温度将严重影响园艺植物的生长发育，甚至造成植株死亡。在最适温度条件下，园艺植物生长速度快，发育良好。同种植物不同的发育阶段对温度的要求也不同。根据园艺植物对温度的适应性，可将园艺植物分为以下几种类型：

1. 耐寒性植物　一些多年生宿根园艺植物耐寒性较强，例如苹果、桃、丁香、凌霄、连翘等木本的落叶果树和花卉，冬季地上部枯黄脱落，进入休眠期，此时地下部可耐$-12\sim-10℃$的低温；芦笋、韭菜、黄花菜、玉簪、石竹等宿根草本园艺植物，当冬季严寒到来时，地上部全部干枯，到翌年春季温度回升后重新萌发，其地下宿根能耐$0℃$以下甚至$-10℃$的低温；菠菜、大葱、金鱼草、三色堇等一、二年生的园艺植物也较耐寒，其植株能耐$-2\sim-1℃$的低温，短期内可以忍耐$-10\sim-5℃$的低温。这些耐寒植物适合庭院栽培。

2. 半耐寒性植物　萝卜、胡萝卜、芹菜、豌豆、蚕豆、甘蓝、白菜等蔬菜，以及金盏菊、紫罗兰、月季等花卉属于半耐寒性植物，其不能忍耐长期$-2\sim-1℃$的低温。这些植物在长江以南均能露地越冬，华南各地冬季可以露地生长，而在北方冬季需采取简易的防寒保温措施才可安全越冬。这些半耐寒性植物可在家庭中温度较低的场所种植。

3. 喜温植物　黄瓜、番茄、茄子、甜椒、菜豆、热带睡莲、变叶木等则属于喜温植物，其最适生长发育温度为$20\sim30℃$。当温度超过$40℃$，植株生长几乎停止；低于$10℃$，植株生长不良，易引起落花落果。其中西瓜、蕹菜等在$40℃$的高温下仍能正常生长，植株耐热性较强。这些喜温植物于北方冬季必须在有加温设备的家庭环境中种植。

二、园艺植物对光照条件的要求

光照是园艺植物生长发育的重要环境条件。光对园艺植物生长的作用是多方面的，既有直接的又有间接的，其影响主要通过光照度、光周期和光质等来实现。

（一）光照度

植物对光照的需求与种类、品种、原产地及其长期对自然条件的适应等有关。光照不足或光照过强均会影响植物的正常生长、开花结果，并造成植株的生理病害甚至死亡。根据园艺植物对光照度的要求，通常可分为3类：

1. 喜光植物 此类植物在较强的光照下生长良好，桃、杏、枣、苹果等绝大多数落叶果树，茄果类及瓜类等蔬菜，大多数露地一、二年生花卉及宿根花卉，仙人掌科、景天科和番杏科等多浆多肉植物均属此类。适合在家庭光照充足的环境中种植。

2. 耐阴植物 此类植物不能忍受强烈的直射光线，需在适度荫蔽下才能生长良好，如蕨类植物、兰科、天南星科、茶花、绿萝等均为耐阴植物。也有一些园艺植物如莴苣、茼蒿、芹菜等绿叶菜类在光照充足时能良好生长，但在较弱的光照下，产品器官生长快、品质柔嫩。还有一些如芽苗菜，光照充足会影响产品口感，因此需在家庭光照条件较弱的环境中种植。

3. 中性植物 此类植物对光照的要求介于上述两者之间，或对日照长短不甚敏感，通常喜欢光照充足，但夏季光照过强时要适当遮阳，如桔梗、桂花、茉莉花、白菜、萝卜、甘蓝类、葱蒜类等。这些植物在生长过程中也不要长期处于弱光条件下，否则产品器官的形成会受影响。

（二）光周期

植物光周期现象是指日照长短对于植物生长发育的影响，光周期不仅影响到花芽分化、开花结实、分枝，而且影响到一些地下贮藏器官如块茎、块根、球茎和鳞茎等的形成。根据园艺植物对光周期反应的不同，通常可将园艺植物分为3类：

1. 长日照植物 指在24h昼夜周期中，日照长度长于一定时数（一般为12h以上）才能成花的植物。对这些植物延长光照时数可促进或提早开花，相反，如延长黑暗时数则推迟开花或不开花。如白菜、甘蓝、芥菜、萝卜、胡萝卜、芹菜、菠菜、莴苣、大葱、大蒜等一、二年生蔬菜，唐菖蒲、瓜叶菊、茉莉花等花卉，其在露地自然栽培条件下多于春季长日照下开花。

2. 短日照植物 指在24h昼夜周期中，日照长度短于一定时数（一般在12h以下，但不少于8h）才能成花的植物。对这些植物适当延长黑暗或缩短光照时间可促进或提早开花，相反，如延长光照时间则推迟开花或不能开花。如菊花、一品红、长寿花、豇豆、扁豆、刀豆、茼蒿、苋菜、蕹菜、草莓、黑穗状醋栗等园艺植物，它们大多在秋季短日照下开花结实。

3. 中光性植物 中光性园艺植物对每天日照时数要求不严，在长短不同的日照环境中均能正常开花。如大多数果树花芽的形成对日照长短不敏感，但较强的光照和长日照时数通过对营养生长的一定抑制作用，而间接地促进花芽形成；又如番茄、甜椒、黄瓜、菜豆等蔬菜作物只要温度适宜，一年四季均可开花结果。家庭园艺栽培时，利用这些蔬菜对日照长短要求不严的特性，可进行周年生产，达到均衡供应的目的。此外，一些花卉植物如矮牵牛、香石竹、大丽花、月季等，虽然也对日照时数需求不严格，但以在昼夜长短较接近时适应性最好。

（三）光质

光质又称光的组成，是指具有不同波长的太阳光谱成分。其中波长为380~710nm的光（即红、橙、黄、绿、蓝、紫）是太阳辐射光谱中具有生理活性的波段，称为光合有效辐射。植物同化作用吸收最多的是红光，其次为黄光，蓝紫光的同化效率仅为红光的14%。红光不仅有利于植物碳水化合物的合成，还能加速长日植物的发育；相反，蓝紫光则加速短日植物发育，并促进蛋白质和有机酸的合成；而短波的蓝紫光和紫外线能抑制茎节间伸长，促进多发侧枝和芽的分化，且有助于花色素和维生素的合成。在家庭园艺中，由于玻璃的阻挡，紫外光透过率较低，植物容易发生徒长；庭院栽培没有遮挡的情况下，接受自然光，不容易徒长。

三、园艺植物对水分条件的要求

水是园艺植物进行光合作用的主要原料，也是植物的主要组成成分。水是植物吸收和运输物质的良好溶剂，根系吸收营养物质只有在良好的水分情况下才能很好地进行。原生质的代谢活动、细胞的分裂，特别是细胞的伸长生长都必须在细胞水分接近饱和的情况下才能顺利进行。从种子萌发到叶片或果实的生长，均需在有足够的水分条件下才能完成。只有细胞含有大量水分，保持细胞的紧张度，才能保持植物枝叶挺立以及维持植株体温的相对稳定。园艺植物尤其是蔬菜，其产品器官很多具鲜嫩多汁的特点，需要充足的水分供应，才能保证优质与高产。

（一）园艺植物的需水特性

园艺植物的需水特性主要由遗传性决定，影响其吸收水分的能力和对水分的消耗量。而植物吸收水分的能力主要取决于植物根系的强弱与吸水能力的大小，对水分消耗量的大小主要取决于植物叶片的组织和结构，后者直接关系到植物的蒸腾效率。根据需水特性可将园艺植物分为以下3类：

1. 旱生植物　这类植物耐旱性强，能忍受较低的空气湿度和土壤含水量，其耐旱性表现在：一方面具有旱生形态结构，如叶片小或叶片退化变成刺毛状、针状，表皮角质层加厚，气孔下陷，气孔少，叶片具厚茸毛等，以减少植物体水分蒸腾，石榴、沙枣、仙人掌、大葱、洋葱、大蒜等均属此类；另一方面则是具有强大的根系，吸水能力强，耐旱力强，如葡萄、杏、南瓜、西瓜、甜瓜等。

2. 湿生植物　该类植物耐旱性弱，需要较高的空气湿度和土壤含水量才能正常生长发育。其形态特征为：叶面积较大，组织柔嫩，消耗水分较多；而根系入土不深，吸水能力不强。如黄瓜、白菜、甘蓝、芹菜、菠菜、香蕉、枇杷、杨梅及一些热带兰类、蕨类和凤梨科植物等。此外，藕、茭白、莲、睡莲、王莲等水生植物属于典型的湿生植物，它们的根、茎、叶内多有通气组织与外界通气，一般原产热带沼泽或阴湿地带。

3. 中生植物　此类植物对水分的需求介于上述两者之间，既不耐旱，也不耐涝，要求经常保持土壤湿润。这类植物种类最多，如常见果树中的苹果、梨、樱桃、柿、李、梅、柑橘等，蔬菜中的茄子、辣椒、菜豆、萝卜等，以及大多数露地花卉。

（二）空气湿度

空气湿度对园艺植物的生长结果以及果实品质有多方面的影响。空气湿度降低，植株蒸腾作用增强，直接影响到体内的水分平衡，从而影响到植株多种生理作用，如易引起植株叶片萎蔫、气孔开张度减小、光合作用减弱等；空气湿度过低还易造成柱头干燥，抑制花粉发芽，影响授粉受精，加重幼果脱落。

四、园艺植物对土壤营养条件的要求

土壤是园艺植物生长发育的物质基础，植物所需的水分和养分主要来自土壤。同时土

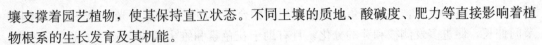

壤支撑着园艺植物，使其保持直立状态。不同土壤的质地、酸碱度、肥力等直接影响着植物根系的生长发育及其机能。

(一) 土壤质地

土壤颗粒大小和含量决定土壤质地。含黏粒为主的土壤为黏土，含粗沙粒为主的土壤为沙土，介于两者之间的为壤土。

1. 黏土 黏土土质细密，具有保肥保水性强、养分含量高、有机质含量较稳定等优点，同时也存在土壤间隙小、排水不良、通透性差、可耕性差、土表易板结开裂等缺点。黏土昼夜土壤温差较小，春季土温上升慢，俗称"凉性土"。可用来栽培一些果树或木本花卉。

2. 沙土 沙土土壤具有通透性强、排水良好、不易板结、不易开裂、耕作方便等优点，但保肥性差，土壤中有机质易分解和淋失，因此有机质少，土温上升快下降也快，昼夜温差大，又称"热性土"。在有肥水保证的条件下适宜栽培果树和瓜类，栽培的产品品质好，也可以栽植较耐旱、耐瘠薄的蔬菜或花卉。

3. 壤土 壤土具有黏土、沙土两者的优点，通透性适中，保水保肥性均好，有机质含量与温度状况均较稳定，是最适宜园艺植物种植的土壤。

(二) 土壤酸碱度

土壤酸碱度即土壤溶液的酸碱度，用 pH 表示。它对土壤的化学风化和腐殖化起作用，更直接影响着矿质盐类的溶解度、有效性及园艺植物对其的吸收程度，从而影响园艺植物的生长发育。不同园艺植物对土壤酸碱度的反应表现不同，大多数园艺植物喜微酸至中性土壤 (pH 为 6.0～7.0)。柑橘类、凤梨科等果树和仙人掌类等花卉，番茄、南瓜、萝卜等蔬菜能在弱酸性土壤中生长；对喜酸性土壤的园艺植物，如山茶、杜鹃、苏铁、南洋杉、蓝莓等对酸性要求严格，常因 pH 过高而产生生理性黄化病；葡萄、枣等果树以及紫罗兰、非洲菊、郁金香等花卉喜微碱性土壤，茄子、甘蓝、芹菜、甜瓜等蔬菜较耐盐碱性土壤。

(三) 土壤肥力

土壤肥力指土壤中有机质和矿物质元素含量的高低。土壤有机质含量高，磷、钾、钙、镁、铁、锰、硼、锌等矿质营养元素种类齐全，互相间平衡且有效性高，是园艺植物正常生长发育所应具备的基本营养条件。一般来说，土壤有机质含量应在 2% 以上才能满足园艺植物高产、优质生产所需。目前实际生产中化肥用量偏多，造成土壤肥力下降，有机质含量多在 0.5%～1.0%。因此，增施有机肥，提高土壤中有机质含量，以及平衡施肥，改善矿质营养水平，是实现园艺产品高效、优质、丰产的重要措施。

(四) 土壤营养

在家庭园艺中，土壤营养起着重要作用。土壤营养指土壤中所含的营养元素。植物整个生长期内的必需营养元素有碳 (C)、氢 (H)、氧 (O)、氮 (N)、磷 (P)、钾 (K)、钙 (Ca)、镁 (Mg)、硫 (S)、铁 (Fe)、锰 (Mn)、锌 (Zn)、铜 (Cu)、钼 (Mo)、硼 (B)、氯 (Cl) 16 种。这 16 种必需营养元素又可分为大量营养元素、中量营养元素、微量营养元素。

1. 大量营养元素 在植物体内含量为植物干重的千分之几到百分之几。包括碳 (C)、氢 (H)、氧 (O)、氮 (N)、磷 (P)、钾 (K)。

2. 中量营养元素 包括钙 (Ca)、镁 (Mg)、硫 (S)。

3. **微量营养元素**　在植物体内含量很少，一般只占干重的十万分之几到千分之几。包括铁（Fe）、锰（Mn）、锌（Zn）、铜（Cu）、钼（Mo）、硼（B）、氯（Cl）。

不同植物和同一园艺植物在不同生育期对营养元素需要量不同，生产上了解各种营养元素的作用和园艺植物不同生育期的生理特征，采取相应施肥措施是栽培成功与否的关键。

【拓展阅读】

植物缺素症

植物所含碳、氢、氧从二氧化碳及水中获得，继而由光合作用转化为简单的碳水化合物，最终形成氨基酸、蛋白质，进而形成原生质，一般认为，这些元素不是矿质养分。人类除能控制水分或在更小程度上控制二氧化碳外，几乎没有什么重要的措施来改变这些元素对植物的供应。作物缺氯症很少出现，因为大多数植物均可从雨水或灌溉水中获得所需要的氯，而且氯离子对很多作物有着某种不良的反应。如烟草施用大量含氯的肥料会降低其燃烧性，薯类作物会减少其淀粉的含量等，蔬菜作物一般不施用含氯肥料，容易导致品质下降。但其他营养元素在植物生长过程中经常会出现缺乏现象，并表现出缺素症，植物常见的缺素症主要表现为：

1. **缺氮**　缺氮会使植物从下部叶片开始逐渐向上变成淡绿色或黄白色，枝细弱，叶片薄，顶梢新叶逐渐变小同时易落叶。

2. **缺磷**　磷肥不足会妨碍作物花芽的形成，使作物花小而少，并容易造成果实发育不良。

3. **缺钾**　缺钾会使植物茎秆纤细，严重时叶尖叶缘枯焦，叶片皱曲，老叶叶缘卷曲呈黄色及火烧色并易脱落。

4. **缺镁**　缺镁会使植物先在老叶的叶脉间发生黄化，逐渐蔓延至上部新叶，叶肉呈黄色而叶脉仍为绿色，并在叶脉间出现各种色斑。

5. **缺铁**　缺铁的症状与缺镁相似，不同的是缺铁会使植物先从新叶的叶脉间出现黄化，叶脉仍为绿色，继而发展成整个叶片转黄或发白。

6. **缺锰**　缺锰的症状与缺镁相似，叶脉之间出现失绿斑点，并逐渐形成条纹，但叶脉仍为绿色。

7. **缺硼**　缺硼会使植物嫩叶失绿，叶片肥厚皱缩，叶缘向上卷曲，根系不发达，顶芽和细根生长点死亡，落花落果。

8. **缺钙**　缺钙会使植物顶部出现症状，如番茄脐腐病，并出现根尖坏死，嫩叶失绿，叶缘向上卷曲枯焦，叶尖常呈钩状。

9. **缺硫**　缺硫会使植物叶色变成淡绿色，甚至变成白色，扩展到新叶，叶片细长，植株矮小，开花推迟，根部明显伸长。

10. **缺锌**　缺锌会使植物植株节间明显萎缩僵化，叶片变黄或变小，叶脉间出现黄斑，蔓延至新叶，幼叶硬而小，且黄白化。

11. **缺钼**　缺钼会使植物幼叶黄绿色，叶片失绿凋谢，易致坏死。

12. **缺铜**　缺铜会使植物叶尖发白，幼叶萎缩，出现白色叶斑。

【任务布置】

　　每组根据教师提供的园艺植物，查找资料，写出该植物对环境的要求，分析该植物适合种植的家庭场所。根据调查报告进行小组自评、小组互评和教师评价，并完成巩固练习。完成后将本任务工作页上交。

【计划制订】

表 1-2-3　园艺植物对环境条件要求计划

操作步骤	计划决策
查找资料	
资料汇总	
分析其适合的家庭种植场所	

【任务实施】（上交实施过程中照片）

【总结体会】

【检查评价】

表 1-2-4　园艺植物对环境条件要求考核评价

评价内容	评分标准	评价		
		小组自评	小组互评	教师评价
制订计划 （20分）	1. 计划内容全面（10分） 2. 字迹清晰（10分） 未达到要求相应进行扣分，最低分为 0 分			
任务实施 （20分）	1. 按计划实施（5分） 2. 能够正确处理突发状况（5分） 3. 实施效果好（5分） 4. 团队合作能力强（5分） 未达到要求相应进行扣分，最低分为 0 分			
实施效果 （20分）	1. 资料查找全面（5分） 2. 资料汇总清晰、有条理（5分） 3. 能通过该植物对环境条件的要求分析其适合种植的家庭场所（10分） 未达到要求相应进行扣分，最低分为 0 分			
总结体会 （20分）	1. 能根据实施过程中出现的问题总结发生的原因以及找到解决问题的办法（15分） 2. 能通过本次任务的实施写出自己的体会（5分） 未达到要求相应进行扣分，最低分为 0 分			
小计				
平均得分				

【巩固练习】

可通过哪些措施调控园艺植物开花时间？（20分）

本次任务总得分：

教师签字：

模块二　庭院园艺

　　庭院园艺利用家庭居住的庭院空地进行蔬菜、果树和花卉的种植，发展特色花卉、珍稀蔬菜、园艺盆景等。庭院建设一直是农村发展、乡村美化和新农村建设的主要内容之一，在美化农村居住环境的同时又能产生效益。适合庭院栽培的园艺植物种类很多，南北方也有差异，现介绍一些代表性园艺植物的庭院栽培技术。

项目一　庭院蔬菜

【项目目标】

　　知识目标：能说出常见庭院蔬菜的生长习性、品种类型及栽培技术。
　　技能目标：掌握庭院蔬菜的栽培管理技术。
　　素质目标：积极参加劳动教育，深入理解实践出真知的道理，培养为建设新农村做贡献的情怀。

任务一　根茎类蔬菜庭院栽培

【相关知识】

　　根菜类蔬菜为深根性植物，适宜在土层深厚、肥沃疏松、排水良好的土壤里栽培，土壤瘠薄、黏重、多石砾易产生畸形根。播种时多用种子直播，不耐移植，因为移栽容易损伤根系或块茎，影响产量。同科的根菜有共同的病虫害，不宜连作。

　　茎菜类蔬菜是以植物的嫩茎或变态茎作为食用部分的蔬菜，按照供食部位的生长环境，可分为地上茎类蔬菜和地下茎类蔬菜。茎菜类蔬菜营养价值大，用途广，含纤维素较少，质地脆嫩。由于茎上具芽，所以茎菜类蔬菜一般适于短期贮存，并需防止发芽、抽薹等现象。

一、胡萝卜庭院栽培

　　胡萝卜又称红萝卜，是伞形科胡萝卜属二年生草本植物，以肥大的肉质根供食用。胡萝卜原产于中亚、西亚一带，栽培历史悠久，是目前世界各地普遍食用的蔬菜之一。由于胡萝卜适应性强，病虫害少，栽培技术简单，耐贮藏，目前在我国南北各地均有栽培，是北方冬季主要冬贮蔬菜之一。黄色胡萝卜所含胡萝卜素是黄瓜的 30 倍，是番茄的 10 倍。胡萝卜素在人体内可分解转化为维生素 A，故把胡萝卜素称为维生素 A 原。

（一）生长习性

1. 温度 胡萝卜为半耐寒性蔬菜，其耐寒性和耐热性稍强于萝卜。4～6℃时，种子即可萌动，但发芽适温为 20～25℃。生长适温为白天 18～23℃，夜间 13～18℃，25℃以上生长受阻，3℃以下停止生长。

2. 光照 胡萝卜为长日照植物，生长发育要求中等强度光照。光照不足，会引起叶柄伸长，叶片小，植株生长势弱，下部叶营养不良，提早衰亡，根部膨大受到抑制。

3. 水分 胡萝卜根系发达，叶面积小，失水少，较耐旱。土壤过湿，根表面易生瘤状物，且裂根增多；土壤过干，肉质根小，质地硬。土壤含水量以田间最大持水量的 60% 为宜。

4. 土壤及营养 胡萝卜要求土层深厚、肥沃、排水良好的沙质壤土，土壤黏重、排水不良或土层浅易发生歧根、裂根、烂根等现象。胡萝卜对土壤的酸碱度适应性较强，pH 适应范围为 5～8。

胡萝卜在整个生长发育过程中吸收钾最多，氮和钙次之，磷、镁较少，氮、磷、钾、钙、镁的吸收比例为 100∶（40～50）∶（150～250）∶（50～70）∶（7～10）。氮是构成植物体和产品的基本物质，但不宜过多，否则会使叶片徒长，肉质根细小，产量降低。钾能促进根部形成层的分生活动，增产效果十分显著。据试验，每生产 1 000kg 产品约吸收氮 3.2kg、磷 1.3kg、钾 5.0kg。

（二）品种类型

胡萝卜依根形可分为长圆柱形、短圆柱形、长圆锥形和短圆锥形。

1. 长圆柱形 肉质根长 20～40cm，肩部柱状，尾部钝圆，晚熟。代表品种有沙苑红萝卜、常州胡萝卜、南京长红胡萝卜等。

2. 短圆柱形 肉质根长度在 19cm 以下，短柱状，熟期为中、早熟。代表品种有西安红胡萝卜、新透心红、小顶黄胡萝卜和华北、东北的三寸胡萝卜等。

3. 长圆锥形 肉质根细长，一般长 20～40cm，先端渐尖，熟期多为中、晚熟。代表品种有小顶金红胡萝卜、汕头红胡萝卜、四川小缨胡萝卜、山西等地的蜡烛台等。

4. 短圆锥形 根长在 19cm 以下，圆锥形。代表品种有烟台五寸、夏播鲜红五寸、新黑田五寸胡萝卜等。

（三）栽培技术

我国大部分地区庭院种植胡萝卜主要是夏秋播种，初冬收获。南方冬季气候温和的地区则可秋季播种，田间越冬，翌年春季收获。

1. 播种期 根据胡萝卜叶丛生长期适应性强、肉质根膨大要求凉爽气候的特点，在安排播种期时，应尽量使苗期在炎热的夏季或初秋，使肉质根膨大期尽量在凉爽的秋季。

胡萝卜播种过早，肉质根膨大期适逢高温季节，呼吸作用旺盛，影响营养物质积累，不但产量降低，而且植株提早老化，如不收获，肉质根易老化、开裂，质量降低；而收获过早，因外界气温尚高，又影响贮藏。播种期过晚，生育期缩短，严霜到来时肉质根尚未膨大, 会降低产量。故播期一定要适时。

我国地域广阔, 各地气候条件差异很大, 应根据当地气候条件和选用品种确定适宜的播种期。秋季播种时, 北方地区在 7 月上中旬播种, 江淮地区在 7 月中旬至 8 月中旬播种, 华南地区 7—9 月皆可播种。

2. 整地施肥 胡萝卜宜选择土层深厚、土质疏松、排水良好的沙壤土或壤土栽植。由于胡萝卜肉质根入土深, 吸收根分布也较深, 如耕翻太浅或是心土硬实, 会使主根不能深扎, 肉质根易弯曲, 甚至发生叉根。为了有利于播种和出苗整齐, 除了深耕使土壤疏松外, 表土还要细碎、平整。前茬作物收获后及时清洁田园, 先浅耕灭茬, 而后可每平方米施入腐熟的有机肥 10kg, 均匀撒施, 然后深翻 25～30cm, 将肥料和土混合, 耙平后做畦。

做畦方式因品种、地区及土壤状况而异。如土层较薄、多湿地块或多雨地区宜用高畦或垄, 以利增厚土层与排水, 土层深厚、疏松、高燥及少雨地区可做平畦。平畦或高畦一般畦面宽 1.2～1.5m。如做垄, 垄距 80～90cm, 垄面宽 50cm, 沟宽 40cm, 垄高 15～20cm, 每垄播 2 行。

3. 播种 生产上所用的胡萝卜种子实际上是果实, 果皮厚, 通气性、透水性差, 发芽困难。为保证胡萝卜出苗整齐和全苗, 除注意整地做畦质量外, 还需要采取一些措施。首先, 要注意种子质量和发芽率, 播种前要对种子进行筛选, 除去秕、小种子; 其次, 要搓去种子上的刺毛, 以利吸水和播种均匀; 最后, 为了加快出苗可进行浸种催芽, 方法是将搓毛后的种子在 40℃ 的温水中浸种 2h, 出水后用纱布包好, 置于 20～25℃ 条件下催芽, 2～3d 后种子露白即可播种。

胡萝卜的播种有条播和撒播两种方法。条播按 20～25cm 行距开 2～3cm 深的沟, 将种子均匀播于沟内, 为保证播种均匀, 可用适量的细沙与种子混匀后播种。播后覆土 2cm, 轻轻镇压后浇水。在北方风多、干旱地区, 以及南方高温多雨地区最好播后在畦面上覆盖麦秸草等, 有保墒、降温、防大雨冲刷的作用, 有利于出苗。出苗后陆续撤去覆草。

4. 田间管理

(1) 间苗、除草。出苗后, 气温高, 杂草生长很快, 应及时人工拔除, 以免影响幼苗生长。定苗前应进行 2 次间苗。第一次间苗在幼苗 2～3 片叶时进行, 拔去过密苗、弱苗、不正常的苗, 留苗株距 3cm 左右; 第二次间苗在幼苗 3～4 片叶时进行, 留苗株距 6cm 左右。当幼苗 4～5 片叶时定苗, 小型品种株距 12cm, 大型品种株距 15～18cm (图 2-1-1)。留苗过密, 植株互相遮蔽, 光合作用减弱, 下部叶片易提早衰亡, 最后导致减产; 反之, 留苗过稀, 单位面积植株数量减少, 也会造成减产。每次间苗和定苗时都要结合中耕松土、除草。雨后还要进行清沟和培垄等工作。

(2) 合理浇水。播种后至出齐苗期间若天旱无雨, 应连续浇水保持土壤湿润, 才能保证出苗整齐, 一般应浇 2～3 次水。齐苗后, 幼苗需水量不大, 不宜过多浇水, 保持土壤见干见湿, 一般每 5～7d 浇 1 次水, 以利发根, 防止幼苗徒长。苗期正值雨季, 大雨后应及时排水防涝, 遇涝易造成死苗。在定苗后浇 1 次水, 水后趁土壤湿润进行深中耕蹲苗, 至 7～8 片叶肉质根开始膨大时结束蹲苗。肉质根膨大期至收获前 15d 左右, 应及时浇水, 每 3～5d 浇 1 次水, 保持土壤湿润, 以促进肉质根迅速膨大。

（3）科学施肥。胡萝卜幼苗期需肥量不大，可不追肥。结束蹲苗时，肉质根开始膨大，需肥量增加，可追施腐熟粪肥或饼肥。施肥量不应过大，防止叶丛生长过旺影响肉质根膨大，并降低品质。在叶丛封垄（行）前进行最后一次中耕，并将细土培至根头部（图2-1-2），以防根部膨大后露出地面，皮色变绿影响品质。

图 2-1-1　胡萝卜间苗后

图 2-1-2　胡萝卜中耕培土后

5. 收获　胡萝卜自播种至采收的天数依品种而定，早熟种 80～90d，中晚熟种 100～120d。原则上讲，待肉质根充分膨大、符合商品要求时，即可随时收获，用于贮藏的要适当晚收。收获过早，肉质根未充分膨大，产量低，品质较差；收获过迟，肉质根易木栓化，心柱变粗，降低品质。在我国北方，只要播种期适宜，以土壤初冻前收获为宜，华北地区以 11 月上中旬为收获适期，过晚可能受冻。南方可在冬季随时收获上市，也可在田间越冬，翌年春季收获，但不能过晚，否则天气变暖，须根再次生长，甚至抽薹，品质和产量将严重下降。

6. 生产中应注意的问题

（1）先期抽薹。以生产肉质根为目的的胡萝卜栽培，在肉质根未达到商品采收标准前而抽薹的现象，称为先期抽薹。先期抽薹的植株肉质根不再膨大，纤维增多，失去食用价值，产量严重降低。

胡萝卜是绿体植株，为（幼苗期）低温感应型的蔬菜，在植株长到一定大小后，遇到 15℃ 以下低温，经 15d 以上就可通过春化，进行花芽分化。花芽分化以后在温暖及长日照条件下抽薹开花，但品种间有差异。一般胡萝卜在夏秋播种，不具备通过春化阶段的低温环境，生育后期，气温较低，也不适于抽薹开花，因此很少有先期抽薹现象的发生。

春季栽培胡萝卜先期抽薹率与播种期有十分密切的关系。春播越早，幼苗处于低温环境的时间越长，先期抽薹率越高，反之则较低。在倒春寒气候反常年份，先期抽薹率较高。陈旧的胡萝卜种子生活力低，长成的幼苗生长势弱，在相同的环境中先期抽薹率也会增加。

防止春播胡萝卜先期抽薹的措施：播期要适宜，不能过早，有条件的地方尽量利用塑料大、中、小棚栽培，尽量用新种子；采种技术要严格，不要用先期抽薹植株采种，要选用冬性强、不易抽薹的品种。

（2）肉质根分杈。胡萝卜正常的肉质根是直圆柱形或圆锥形，肉质根上有 4 列相对的侧根，一般情况下不会膨大。但如果环境条件不适，侧根膨大，使直根变为两条或更多的分杈。其原因主要有以下几个方面：

①种子生活力弱。陈种子及瘪、残种子生活力较弱，发芽不良或不正常，影响幼根先端的生长。幼根先端生长迟滞，侧根往往代之膨大生长而形成分杈。

②土壤条件不适。当耕层浅，土质黏重，土壤中有较多的石块、废塑料等硬质杂物时，肉质根的正常膨大和伸长受阻，从而使侧根膨大形成分杈。

③施肥不当。施肥过量，肉质根先端遇到较浓的肥料往往枯死，不能继续伸长生长，于是侧根代之伸长膨大而成为分杈；同样，施用未腐熟的有机肥或肉质根先端遇到大块肥料也会形成分杈。

④地下害虫危害。地下害虫过多，往往咬伤根的先端，使伸长生长停滞，引起侧根膨大而分杈。

⑤品种。长形品种比短形品种容易产生分杈。

根据以上造成肉质根分杈的原因，采取相应的措施，即采用新的、饱满的种子，选择土层深厚、土质疏松的沙壤土地块，精细整地，适当施肥，有机肥应腐熟，及时防治地下害虫，等等。

（3）肉质根弯曲。在肉质根发生分杈时，也伴随着弯曲，有时只弯曲而不分杈，而多数是只分杈不弯曲。弯曲的原因和防止措施与分杈相同。

（4）肉质根裂根。胡萝卜肉质根多发生纵向开裂，深达心柱。开裂后的肉质根不仅影响商品质量，而且易腐烂，不耐贮藏。肉质根开裂主要与土壤水分供应不均有关。干旱时肉质根周皮层木质化程度增加，硬度增加，此时突然浇大水，肉质根内部剧烈膨胀，而周皮层不能相应胀大，导致破裂。此外，收获过迟也会加剧裂根现象。可通过均匀浇水、适时收获来防止裂根发生。

二、芦笋庭院栽培

芦笋又称石刁柏、龙须菜，为百合科天门冬属多年生宿根草本植物，一次种植可采收 15 年，以抽生的嫩茎为主要食用部位。原产于地中海沿岸，随着世界芦笋的需求量增加，我国芦笋栽培面积也在逐步扩大，以满足加工出口的需要。生产加工的芦笋大多是白芦笋，鲜食的主要是绿芦笋。据报道，绿芦笋具有更高的营养价值，其嫩茎中富含多种氨基酸、蛋白质和维生素，其中维生素 A 的含量是胡萝卜的 15 倍，B 类维生素的含量之多，为一般蔬菜和水果所不能比拟。芦笋中含有天门冬酰胺、天门冬氨酸、叶酸以及多种甾体皂苷物质和微量元素硒、钼、铬、锰等，具有调节机体代谢、提高机体免疫力的功效，因此芦笋也有"蔬菜之王"的美誉。

（一）生长习性

芦笋为雌雄异株宿根性多年生草本植物，可连续生长 10～20 年。这期间，根据其一生的生长过程可分为幼苗期、幼株期、成株期和衰老期。幼苗期从种子发芽到定植，一般为几个月至一年；幼株期从定植至开始采收，主要形成地下茎，一般 2～3 年；成株期开始采收后，产量逐年增加，5～6 年后进入盛采期；在 10～12 年后，产量下降，进入衰老期。

1. 温度 芦笋对温度适应性很强，既耐寒又耐热，但以夏季温暖、冬季冷凉的气候最适宜生长。种子发芽的始温为 5℃，适温为 25～30℃。春季地温回升到 5℃ 以上时，鳞芽开始萌动；10℃ 以上时嫩茎开始伸长；15～17℃ 最适于嫩茎生长；25～30℃ 嫩茎伸长最快，但嫩茎基部及外皮容易纤维化，笋尖鳞片易松散，茎细味苦，品质低劣；35℃ 以上植株生长受抑制，进入夏眠。植株在 15℃ 以下生长开始缓慢，嫩茎发生数量少；5～6℃ 为生长的最低温度；晚秋初冬遇霜地上部枯萎进入冬眠。休眠期的植株地下部可在 −37～−20℃ 的冻土中越冬。

2. 光照 芦笋生长需要充足光照，光饱和点为 40klx。

3. 水分 芦笋根系分布广而深，地上部叶片退化，蒸腾弱，故表现耐旱能力强的特性。但是采笋期间要保证充足的水分供应，过于干旱，必然导致嫩茎细弱，生长芽回缩，严重减产。地上部生长期间，也应供给充足的水分，使植株茂盛，为嫩茎丰产奠定基础。一般适宜的土壤含水量为 80%～90%。芦笋极不耐涝，经常积水会导致地下部鳞芽和根部腐烂、植株死亡。

4. 土壤及营养 芦笋对土壤的适应性广，但宜选用富含有机质、疏松透气、土层深厚、地下水位低、排水良好的壤土或沙壤土种植，适宜的土壤 pH 为 6.0～6.7。芦笋耐轻度的盐碱，土壤含盐量不能超过 0.2%。芦笋对矿质营养要求以氮、钾为多，需磷较少，还需较多的钙。

(二) 品种类型

根据芦笋嫩茎颜色的不同，可分为绿色芦笋、白色芦笋、紫绿色芦笋、紫蓝色芦笋、粉红色芦笋等几种。多数品种在不同的栽培条件下，嫩茎的颜色也不同。例如，在芦笋生产中，同一品种既可采收绿笋也可以采收白笋，在嫩茎长出地平面之前培成小高垄，使嫩茎不见光，在黑暗的土壤中生长，在嫩茎出土之前进行采收，嫩茎为白色，故称为白笋；如果在嫩茎长出地平面之前不培小高垄，使嫩茎在自然光照条件下生长，嫩茎为绿色，故称为绿笋。由于品种的不同或环境的变化，也会使一些芦笋的嫩茎基部或头部形成紫色、紫绿色、紫蓝色、粉红色等颜色。

(三) 栽培技术

家庭庭院栽培以绿芦笋为主，其栽培技术要点如下：

1. 栽培田选择 栽培芦笋以土层深厚、土质疏松、排灌方便、保水保肥力强、地下水位低、含有丰富有机质的微酸沙土和沙壤土为最好，前作不能是果树等。

2. 品种选择 要选择嫩茎整齐、质地细嫩、纤维含量少、笋尖鳞芽包裹紧密、不易开散、笋头平滑光亮、产量高、抗病性强的杂交一代品种，如绿塔、京绿芦 1 号、冠军 F_1 和阿波罗芦笋种子等。

3. 育苗

(1) 育苗时期。芦笋春、夏、秋都可以育苗、移栽。春季育苗生长期长，利于根盘发育，提高下一年的产量。一般春季育苗，夏季就可移栽，第二年就能采收。北方地区育苗一般在 3 月中下旬采用阳畦育苗，苗龄 60～70d。

(2) 种子处理。芦笋种子皮厚坚硬，外有蜡质，吸水困难，新种子有一定的休眠期，因此播前需做发芽试验并做好播前处理。首先晒种 2～3d，再用凉水漂种，漂去瘪种，用 50% 多菌灵可湿性粉剂 300 倍液浸泡杀菌 12 h。然后用 30～40℃ 的温水浸泡 2～3d，每天换水两次，等种子充分吸水后，用湿毛巾包裹种子，催芽温度为 20℃ 左右，为提高出芽速度和整齐度，可采用昼高夜低变温催芽方法，每天要冲洗 2 次。当有 10% 的种子露白后，即可播种。

（3）播种。为了便于管理，最好将种子直播在营养钵中，每钵 1 粒，播后均匀覆土 2cm。为提高地温，保持湿度，要立即覆盖塑料薄膜，温度控制在 25～30℃。苗出齐后，及时揭掉地膜，苗期保持土壤湿润，定植前 1 周炼苗。

4. 定植

（1）定植前的准备。

①挖定植沟。在深翻整平的地面上，沿南北方向挖沟，沟宽 40cm、深 40～50cm，沟距 1.5m，每平方米定植 4 株。密度过大，成年笋产量下降，嫩茎变细。

②填施肥沟。每平方米用 5kg 农家肥拌土填入沟内，使沟面略低于原地平面 8cm 左右，搂平沟面。

（2）起苗定植。当芦笋幼苗地上茎长出 3 节以上时即可定植。按株距 25cm 摆苗，使鳞芽盘的生长方向与定植沟的方向一致，以使抽生的嫩茎集中着生在畦中央，便于培土和采收。笋苗鳞芽盘低于定植沟表面 10～12cm，然后浇水自然塌实，等水渗下后，适时松土保墒。定植深度不能过深，否则会影响鳞芽发育，产生畸形笋，并且使早熟性降低。

5. 定植后的管理

（1）定植当年的管理。定植后要视墒情适时浇水，加速笋苗生长。进入 8 月以后，芦笋进入秋季旺盛生长阶段，应重施秋发肥，保证芦笋的安全越冬，为翌年早期丰产奠定基础。一般每平方米施有机肥 3kg 以上、复合肥 30g，采用条施方法。入冬后，芦笋地上部分开始枯萎，其植株内营养向地下根部转移，有利壮根，保证春发高产。立冬前后浇 1 次大水，然后适当培土，培土厚 10～15cm，以利于安全越冬。

芦笋定植

（2）定植第二年及以后的管理。

①清理田园。在芦笋萌发前，应彻底清理地上植株，将清扫的枯枝落叶清出园外烧掉或深埋。每平方米施农家肥 3kg、过磷酸钙 2g、复合肥 2g，与土拌匀后覆土。

②喷药防病。5—9 月，每隔 7d 左右喷 1 次波尔多液，下雨后补喷 1 遍，喷药时要以地面上 60cm 的主茎为主、上部枝叶为辅，要喷透喷匀。

③摘心防倒伏。当植株高 70cm 左右时应适时摘心，有利于集中营养，促进地下根茎生长，控制植株高度在 1.2m 左右，同时顺畦垄方向拉绳（图 2-1-3），防止植株倒伏，隔半个月疏枝 1 次，以免诱发病害。

④留养母茎。留养母茎是栽培中的重要环节，主要目的是供养根株，为下一年打下基础。

留养母茎分两次进行。第一次是春季留养，具体方法：5 月上中旬前长出的嫩茎可全部采收，5 月上中旬后视出笋情况一部分采收，一部分作为留养母茎，1～2 年生植株每株留 2～3 根，三年生的植株每株留 5～7 根，四年生的可留 10 根，所留母茎要均匀分布，不要靠在一起。当留养的春母茎长至 5cm 高时，即用 50% 多菌灵可湿性粉剂 50 倍液涂茎，隔天涂 1 次，连涂 3～4 次；母茎分枝后，用 50% 多菌灵可湿性粉剂 500 倍液喷施，隔 2d 喷 1 次，喷 3～4 次；放叶后，再用 50% 多菌灵可湿性粉剂 700 倍液喷施，前期隔 3～5d，后期隔 5～7d 喷 1 次，至 6 月底春母茎成熟为止；以后视生长情况隔 10～15d 再喷 1 次。涂、喷药后如遇下雨，雨停后要补涂、补喷 1 次。留养母株成株后新发嫩茎可继续采收至 8 月上中旬。

第二次为秋季留养，具体方法是：9 月初清理田园，进行一次全面更新，将老母茎全部割除，重施 1 次秋发肥，一般每平方米施复合肥 50g、过磷酸钙 30g。10 月以后，气候温和，植株生长适宜，应停止采收，让抽生的幼茎全部都长成成株，作为母茎留养，制造更多养分积累到地下部，为第二年产笋准备充足营养条件。

6. 采收 商品绿芦笋要求色泽深绿，鲜嫩，整齐，笋尖鳞片抱合紧密不散头，笋条直不弯曲，无畸形，无虫蚀。为延长嫩茎的光照时间，增加其绿色度，采收不宜过早，宜在上午 9 时后进行，但不要延迟到中午采收。要根据当地收购标准确定嫩茎的长度，采收嫩茎的长度还必须比收购嫩茎的标准再多出 2～3cm。一般情况下嫩茎细弱的应采收短一些，嫩茎粗壮的应采收长一些。

当嫩茎发育到采收标准时，左手握住嫩茎的中间部位，右手拿采笋刀将嫩茎割下随手放入容器内。根据芦笋移栽的深度，一般以从地下茎盘之上 3～5cm 处割除比较适宜。在采收嫩茎的过程中一定要注意不要损伤其他嫩茎、鳞芽、地下茎盘。由于嫩茎比较脆弱，要轻拿轻放，防止折断。

三、莴笋庭院栽培

莴笋（图 2-1-4）别名莴苣、千金菜、莴菜、莴苣菜等，原产于地中海沿岸。莴笋主要食用部位为叶和茎，现全国各地均有栽培。莴笋营养丰富，肥胖或超重的糖尿病患者宜食用莴笋，其含有很少的能量，每 100g 莴笋仅有 58.6 kJ 能量，含蛋白质 1g、脂肪 0.1g、糖类 2.2g、膳食纤维 0.6g，此外，莴笋含有多种维生素和矿物质元素，如胡萝卜素 0.15mg、钙 23mg、铁 0.9mg、磷 48mg、钾 318mg、钠 36.5mg、铜 0.07mg、镁 19mg、锌 0.33mg、烟酸 0.5mg、维生素 A 25mg、维生素 B_1 0.02mg、维生素 B_2 0.02mg、维生素 B_6 0.05mg、维生素 E 0.19mg、叶酸 120μg、泛酸 0.23μg、硒 0.54μg 等。莴笋叶俗称"凤尾"，它的营养素含量绝不逊色于莴笋茎，有些营养素的含量还高于嫩茎。比如，每 100g 莴笋叶中含胡萝卜素 0.88mg，此外，莴笋叶中的膳食纤维、B 族维生素、维生素 C、硒和锰等营养素含量也高于莴笋茎。

图 2-1-3　芦笋防倒伏　　　　　　图 2-1-4　莴笋植株

（一）生长习性

1. 温度　莴笋属耐寒性蔬菜，喜冷凉气候，稍耐霜冻，不耐高温。种子在4℃以上就能开始发芽，发芽适温15～20℃，30℃以上发芽受阻，因此，在高温季节栽培时，必须经过低温催芽后方可播种育苗。幼苗的生长适温为15～20℃，12℃以下生长缓慢，但较壮实，29℃以上生长不良，可耐−6℃的低温。茎生长最适宜温度是11～18℃。喜昼夜温差大，白天20℃、夜间5～8℃时，莴笋生长旺盛，叶片肥大，茎粗，产量高，品质好。日均温度超过24℃或日照时数在14h以上的高温长日照条件下，容易引起先期抽薹，造成肉质茎细长，影响产量和品质。开花结实期要求温度较高，低于15℃开花结实受阻。

2. 光照　莴笋为喜光植物，生长期间需要中等强度的光照，光照较弱时会造成莴笋徒长现象，甚至有空心植株出现。因此，莴笋在发芽时要有适当的散射光线。

3. 水分　苗期要求土壤湿润，切忌过干或者过湿，莲座期应控制水分，抽薹期应给予充足的水分，在茎部肥大和结球后期应适当控水，水多则裂球，还会导致软腐病的发生。

4. 土壤及营养　莴笋喜疏松肥沃的土壤，喜氮肥，氮在任何时期都不能缺少；苗期不能缺磷，否则会叶数少、植株小、产量低；在抽薹期需要大量的钾肥以及适当的磷肥。莴笋对土壤酸碱反应敏感，适合在微酸性土壤（pH为6.0～6.5）种植。

（二）品种类型

根据莴笋叶片形状可分为尖叶和圆叶两个类型，各类型中依茎的色泽又有白笋、青笋和紫皮笋之分。

1. 尖叶莴笋　叶簇较小，叶片披针形，先端尖，叶面平滑或略有皱缩，绿色或紫色。节间较稀，茎棒状，上细下粗（图2-1-5）。较晚熟，幼苗耐热性强，适宜秋季或越冬栽培。代表品种有柳叶笋、白皮香早种等。

2. 圆叶莴笋　叶簇较大，叶长倒卵形，顶部稍圆，叶面微皱，叶淡绿色（图2-1-6）。节间较密，茎粗大，中下部较粗，两端较细。较早熟，耐寒性强，耐热性较差，品质好，多作越冬栽培。代表品种有北京鲫瓜笋、上海大圆叶、南京紫皮香等。

图2-1-5　尖叶莴笋

图2-1-6　圆叶莴笋

（三）栽培技术

1. 品种选择　应该选择耐热不易抽薹的品种，目前比较好的有圆叶青皮种，肉质为淡绿色，单株重 0.6～1.0kg。地方品种有济南白莴笋、陕西圆叶白笋、重庆二白皮等。

2. 适期播种　秋季莴笋生育期一般要求 95d 左右，但不应超过 100d，应 11 月上旬采收，采收过晚易受冻害，因此要求 8 月上旬前后播种。

（1）种子处理。莴笋种子小，发芽快，一般多用干籽直播。种子一般只进行晾晒灭菌。如浸种催芽，则先将种子用纱布包扎好后用清水浸泡 5～6h，然后放到 16～18℃条件下见光催芽，经 2～3d 露白即可播种。

（2）播种。选择晴天 16 时以后进行播种，育苗床面积与实际栽植面积比为 1∶10，每平方米用种量 2～3g，在苗床上先浇透水，把催过芽的种子用细沙拌开，均匀地撒在苗床上，然后覆 1 层细土，再撒 1 层稻糠或麦糠，有条件的最好用遮阳网，一般 3～5d 即可出苗。

（3）苗期管理。播种后，保持苗床土壤湿润利于发芽。至苗出齐，逐渐撤掉遮阳网。及时间苗，第一次间苗在苗出齐后，苗间距 1.5～2.0cm。待长出 2 片真叶时每 10d 喷叶面肥 1 次，培育壮苗。幼苗 4～6 片真叶时，可起苗定植，防止拔节苗。幼苗期对磷肥很敏感，缺磷生长衰弱，叶色暗绿，应及时追施磷肥。苗期喷 1～2 次 75％百菌清可湿性粉剂 600 倍液防止病害的发生，当幼苗第 4～5 片真叶展开时即可定植，通常苗床 25d 后可移植。起苗前 1d 淋水，避免拔苗伤根。大小苗分开定植，便于田间管理。

3. 定植前准备　莴笋需肥量大，要选择保肥力强的疏松壤土，每平方米施腐熟优质有机肥 3kg、过磷酸钙 100g、复合肥 100g，深翻 20cm，翻耕使土壤与肥料充分混合，整平做畦。

4. 定植　按株距 33cm，行距 50cm，每平方米定植 6 株。定植应在阴天或晴天 15 时以后进行，起苗时要多带土，少伤根。浅栽，不盖心叶，栽后立即浇透定根水。

5. 田间管理

（1）查苗补苗。定植后 3～5d 及时补苗。

（2）中耕锄草。定植后应及时松土，增温保墒，促进根系发育和幼苗生长，适当蹲苗，消灭杂草。莲座期封行以前一般中耕 2 次。

（3）水分管理。定植后要及时灌水，以促进缓苗。莲座叶形成前适当控制水分，进行蹲苗，以形成强健的根系和繁茂的叶丛，待叶片肥厚、已长出 2 个叶环、心叶与莲座叶平头时茎部开始肥大，此时结束蹲苗，及时浇水并追施速效性氮肥与钾肥，及时由控转为促。

（4）施肥。幼苗成活后，第一次追肥在定植后 5d 内进行，用 1％冲施肥浇施。以后用 1％尿素或 2％复合肥进行浇施，每 10d 左右追肥 1 次，连施 2～3 次，促进叶生长。莴笋进入莲座期封行前，应重施 1 次壮秆肥，每平方米用氮、磷、钾三元复合肥 50g，条施，施后盖土，随后灌水，促使茎部肥大，延迟抽薹。至莴笋高 30cm 时，应喷 0.2％～0.3％硼砂，每 10d 喷 1 次，以防茎秆开裂、空心。采收前 10d 停止肥水供应，促进茎秆膨大成熟。

6. 适时采收　当莴笋主茎顶端与最高叶片的叶尖相平时为收获适期，这时茎部已充分膨大，品质脆嫩。若采收太晚，花茎伸长，纤维增多，肉质变硬甚至中空。

7. 莴笋常见生理性障碍

（1）莴笋裂口。在莴笋膨大后期，肉质茎纵向裂开，深达茎的中部，裂开部位呈黄褐色，易腐烂，降低食用价值。裂口的出现与品种有关，紫色莴笋含水量大，产量高，易裂口。裂口主要与水肥供应不均匀、忽旱忽涝有关。在肉质茎接近成熟时，外皮已木质化，此时大量浇水，肉质茎突然膨大，表皮不能随之胀大而裂口。防止莴笋裂口的措施是：采用不易裂口的品种；水肥管理应适当；适期早收获；一旦裂口，尽快采收上市，勿待腐烂。

（2）先期抽薹。莴笋初冬早春栽培中易出现先期抽薹现象。先期抽薹，植株肉质茎尚未膨大，而花薹已伸长，会降低产量和食用品质。其发生原因是冬季干旱，种子发芽困难，幼苗生长缓慢，加上昼夜温差过小，呼吸作用旺盛，消耗营养过大，幼苗易徒长，同时受4月高温、长日照的影响，莴笋迅速分化花芽而抽薹开花。防止莴笋先期抽薹的措施是：苗期加强水肥管理，促进幼苗生长发育；苗期喷施氮肥1次，促进营养生长，抑制生殖生长。

四、芋庭院栽培

芋，别名芋头、芋芳、毛芋等，原产于亚洲南部的热带沼泽地区，属天南星科芋属多年生单子叶草本湿生植物，在我国常作一年生植物栽培。以地下球茎为食用器官，富含糖类，因此芋头属菜粮兼用作物。产品较耐贮运，供应时间长，在解决蔬菜周年供应上有一定作用。

（一）生长习性

1. 温度 球茎10℃以上开始发芽，发芽适温20℃，生长发育适温为25～30℃，低于20℃或高于35℃对生长不利，球茎发育则以27～30℃为宜，气温降至10℃时基本停止生长。不同类型和不同品种芋头对温度的要求和适应范围有所不同。多子芋能适应较低的温度，而魁芋要求较高的温度和较长的生长期，球茎才能充分生长。冬季贮藏期间，多子芋只要窖温不低于6℃就不会出现冻害和冷害。

2. 水分 喜湿不耐旱，生长期不可缺水。除水芋栽于水田或低洼地外，旱芋也应选潮湿地栽培。干旱使其生长不良，叶片不能充分生长，严重减产。

3. 光照 芋较耐阴，强烈的日照加以高温干旱常导致叶片枯焦。较短日照有利于球茎的形成，但有的种类对日照长短不敏感。

4. 土壤及营养 土壤疏松透气性好，能促进根部发育和球茎的形成与膨大。当土壤通气性不良时，因氧气不足而影响根部的正常呼吸。栽培上需要深耕深翻，做好排涝，创造一个疏松通气的环境，为高产栽培打下良好的基础。芋需肥量较大，每形成1 000kg产品需吸收氮5～6kg、磷4.0～4.2kg、钾8.0～8.4kg。

（二）品种类型

根据母芋、子芋的发达程度及子芋着生习性可分为魁芋、多子芋和多头芋3种类型（图2-1-7）。

1. 魁芋 植株高大（图2-1-8），母芋大，子芋小而少。以食用母芋为主，母芋质量为1.5～2.0kg，占球茎总质量的1/2以上，品质优于子芋。淀粉含量高，香味浓，肉质细软，品质好。

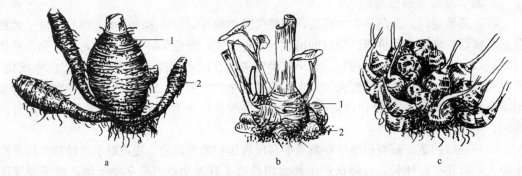

图 2-1-7 芋的不同类型
a. 魁芋　b. 多子芋　c. 多头芋
1. 母芋　2. 子芋

图 2-1-8 魁芋植株

2. 多子芋　子芋大而多，无柄，易分离，产量和品质超过母芋，一般为黏质。母芋质量小于子芋总质量。

3. 多头芋　球茎丛生，母芋、子芋、孙芋无明显区别，相互密接重叠，质地介于粉质与黏质之间，一般为旱芋。

（三）栽培技术

1. 整地施肥　选择有机质丰富、土层深厚、保水保肥的壤土或黏土，水芋选水田或低洼地，旱芋选潮湿地。芋忌连作，需实行 3 年以上轮作。种植地块应秋翻晒垡，结合整地重施基肥。旱芋一般每平方米施腐熟有机肥 50g 和复合肥 40g，水芋可用厩肥、河塘泥和绿肥。

2. 种芋的准备　从无病田块中的健壮株上选母芋中部的子芋作种。种芋单个质量以 25～75g 为宜，要求顶芽充实、球茎粗壮饱满、形状整齐。白头、露青和长柄球茎组织不充实，不宜作种。多头芋可分切若干块作种。也可采用母芋作种，利用整个母芋或母芋切块（1/2 母芋），但需洗净、晾干，愈合后再种。槟榔芋繁殖系数低，部分子芋种用产量低，为了提高利用率，可将子芋假植 1 年培养成单个质量 150～200g 的小母芋作种芋。

3. **催芽育苗**　芋生长期长，催芽育苗可以延长生长期，提高产量。通常在早春提前 20～30d 在冷床育苗，床土 10～15cm，限制根系深入，便于移植成活。在苗床内密排种芋，覆土 10cm 左右，保持 20～25℃床温和适宜的湿度，当种芋芽长 4～5cm，露地无霜冻时即可栽植。

4. **定植**　芋较耐阴，应适当密植，但因品种和土壤肥力不同而异。一般魁芋类植株开展度大，生长期长，宜稀植，其他宜密植。为提高叶面积系数，新法采用大垄双行栽植方式，小行距 30cm，大行距 50cm，株距 30～35cm，每平方米栽苗 9 株。

芋宜深栽，利于球茎生长。可按行距开 12～14cm 的沟，将已发芽的种芋按株距摆于沟内，覆土盖种芋，以微露顶芽为准，栽后覆地膜增温保墒。水芋栽种前施肥、耙田、灌浅水 3～5cm，按一定株行距插入泥中即可。

5. **田间管理**　出苗前后应多次中耕、除草、疏松土层，提高地温，促进生根、发苗，发现缺苗及时补苗。地膜覆盖栽培，当幼芽出土时及时破膜，防止高温灼伤，并覆土压实膜口。

芋需肥量大，除基肥外，应采取分次追肥，促进植株生长和球茎发育。追肥的原则是苗期轻追肥，发棵和结芋时重追肥。1 叶期每平方米施尿素 15g；3～4 叶时用饼肥 70g，加复合肥 40g；株高 1m 封行前施复合肥 40g，并加施钾肥，促进养分积累，提高产量和品质。

生长前期气温不高，生长量小，土壤水分不宜过大，浇水应见干见湿。中后期生长旺盛及球茎形成时（南方梅雨过后）须充足供水，保持土壤湿润，高温期忌中午灌水。立秋以后灌水开始减少，以土壤不干为度。

幼苗期结束时，中耕使栽培沟成为平地。一般在 6 月子芋和孙芋开始形成时培土，进行 2～3 次，厚达 20cm。培土的目的在于抑制子芋、孙芋顶芽的萌发和生长，减少养分消耗，促进球茎膨大和发生大量不定根，增加抗旱能力。同时，球茎会随着叶片的增加而逐渐向上生长，不进行培土就会露出地面，从而影响芋的生长。有的在大暑期间一次培土，效果也不错，省时省力，减少多次培土造成的伤根影响。地膜覆盖栽培的不必培土。

水芋移栽成活后，可先放水晒田，提高地温，促进生长。培土时放干，结束后保持 4～7cm 水深。7—8 月须降低地温，水深保持 13～17cm，并经常换水。处暑后放浅水，白露后放干以便采收。

6. **收获**　叶片变黄衰败是球茎成熟的象征，此时收获淀粉含量高、品质好、产量高。为调节供应也可提前或延后采收。采前 6～7d 在叶柄 6～10cm 处割去地上部，伤口愈合后在晴天挖掘，注意切勿造成机械损伤。收获后去掉败叶，不要摘下子芋，晾晒 1～2d，入窖贮藏。

【拓展阅读】

豆薯是根菜类蔬菜吗?

许多人都很爱吃豆薯，因为大家都喜欢它的味道，吃起来比较清脆，而且有一定的甘甜口感，很多人会质疑豆薯到底是不是属于根菜类蔬菜。其实豆薯确实是属于根菜类蔬菜的一种，而且属于藤本植物，其营养价值之高是很多蔬菜都不能比的。

　　豆薯中富含各类营养素，不仅含有丰富的淀粉，而且还含有多种糖类以及大量的蛋白质，豆薯中含有的维生素C和微量元素也很多，尤其是其中含有的铁、钙、铜、磷等元素非常丰富，最特别的是在豆薯中还含有一定量的豆薯皂苷元、豆薯黄酮等成分。

　　因为豆薯的营养价值高，含有的各类营养成分多能够起到滋补强身的作用，平时适当食用一些对于我们的身体健康有益。此外，食用豆薯还可以提高人们的免疫力，有助于促进肠道的消化作用。

【任务布置】

以组为单位，任选一种或几种根茎类蔬菜进行庭院栽培，制订生产计划及实施，并将生产过程制作成短视频。实施后根据各组生长状态进行小组自评、小组互评和教师评价，并完成巩固练习。完成后将本任务工作页上交。

【计划制订】

表 2-1-1　根茎类蔬菜庭院栽培计划

操作步骤	制订计划
品种选择	
种子处理	
生长期管理	
收获	

【任务实施】（实施过程中的照片）

【总结体会】

【考核评价】

表 2-1-2　根茎类蔬菜庭院栽培考核评价

评价内容	评分标准	评价		
		小组自评	小组互评	教师评价
制订计划 （20 分）	1. 计划内容全面（10 分） 2. 字迹清晰（10 分） 未达到要求相应进行扣分，最低分为 0 分			
任务实施 （20 分）	1. 按计划实施（5 分） 2. 能够正确处理突发状况（5 分） 3. 实施效果好（5 分） 4. 团队合作能力强（5 分） 未达到要求相应进行扣分，最低分为 0 分			
实施效果 （20 分）	1. 种子处理方法正确（5 分） 2. 蔬菜产品商品性高，生长整齐（10 分） 3. 产量高、品质好（5 分） 未达到要求相应进行扣分，最低分为 0 分			
总结体会 （20 分）	1. 能根据实施过程中出现的问题总结发生的原因以及找到解决问题的办法（15 分） 2. 能通过本次任务的实施写出自己的体会（5 分） 未达到要求相应进行扣分，最低分为 0 分			
小计				
平均得分				

【巩固练习】

1. 胡萝卜种子播种前怎样处理？（10 分）

2. 莴笋生理障碍有哪些？发生原因分别是什么？（10 分）

本次任务总得分：

教师签字：

任务二 叶菜类蔬菜庭院栽培

【相关知识】

叶菜类蔬菜多为植株营养体，一般个体小，生长迅速，以叶片、叶球、叶丛、变态叶和叶柄、嫩茎为产品，没有严格的采收标准或采收期限，适于分期排开播种，较长时期收获上市，对满足人们日常需要、改善群众生活、保障市场供应有着重要意义，而且生产技术简单易操作，生产周期较短。

一、苋菜庭院栽培

苋菜（图 2-1-9），别名米苋，为苋属中以嫩叶为食的一年生草本植物，原产于我国，只有我国及印度作为蔬菜栽培。每 100g 鲜菜中含糖类 5.4g、水分 90.1g、蛋白质 1.8g，另外还富含钙、磷、胡萝卜素和维生素 C。嫩茎叶可炒食、做馅、做汤。

图 2-1-9 苋菜

（一）生长习性

1. 温度 苋菜喜温暖，较耐热，不耐寒冷。生长适温 23～27℃，20℃以下植株生长缓慢，10℃以下种子发芽困难。

2. 光照 苋菜属短日照蔬菜，在高温短日照条件下极易开花。在气温适宜、日照较长的春季栽培，抽薹迟，品质柔嫩，产量高。

3. 水分 苋菜具有一定的抗旱能力，不耐涝，对空气湿度要求不严，在排水不良的田块生长较差。

4. 土壤及营养 苋菜不择土壤，但以偏碱性土壤生长较好。

（二）品种类型

依叶片颜色的不同，可分为 3 个类型。

1. 绿苋 叶和叶柄绿色或黄色，食用时口感较红苋和彩苋硬，耐热性较强，适于春季和秋季栽培。代表品种有上海白米苋、广州柳叶苋及南京木耳苋等。

2. 红苋 叶边缘绿色，叶脉附近紫红色，质地较绿苋软糯，耐热性中等，适于春季和秋季栽培。代表品种有重庆大红袍、广州红苋及昆明红苋菜等。

3. 彩苋 叶边缘绿色，叶脉附近紫红色，质地较绿苋软糯，早熟，耐寒性较强，适于春季栽培。品种有上海尖叶红苋及广州尖叶花红等。

（三）栽培技术

苋菜从春季到秋季都可栽培，春播抽薹较迟，品质柔嫩；夏、秋播种较易抽薹开花，品质粗老。北方地区4月下旬至9月上旬播种，5月下旬至10月上旬采收，生长期30～60d。一般采用平畦撒播的形式栽培。

1. 选择品种 夏季露地宜选用耐热力强、耐旱性强、抗病虫能力较强、高产优质的大叶红苋菜、圆叶苋菜及尖叶红苋菜等。

2. 整地做畦、施基肥 选地势平坦、排灌方便、肥沃疏松、偏碱性的沙壤土或黏壤土，前茬作物收获后及时整地，每平方米施腐熟的有机肥5kg，深翻耙平后做成1.5m宽的平畦。

3. 播种 一般采用直播，以采收幼苗供食用，于5月至6月下旬分期播种。采用撒播，每平方米用种量为1.5g，播后覆土厚0.5cm，压实后浇蒙头水。

4. 田间管理 苋菜属野生蔬菜，管理容易，经常保持田间湿润即可。夏播苋菜3～6d出苗，出苗后及时除草，并加强水肥管理，保持土壤湿润。在盛夏高温期，还需覆盖遮阳网降温保湿，昼盖夜揭，创造有利于苋菜生长的适温环境，这样有利于提高产量和改善品质。从播种到长有2片真叶时，选晴天进行第一次追肥，每平方米追氮肥15g；约过12d后进行第二次追肥，当第一次间拔采收后进行第三次追肥，每次追肥均施以氮肥为主的稀薄液肥，若施速效氮肥，可结合浇水进行。每次追肥后及时浇水，以后每间拔采收1次即追肥1次。基肥充足的，生长期间可不追肥。

5. 适时采收 播后45～50d、苗高12～15cm、有5～6片叶时进行第一次采收，即间拔一些过密植株。再过20d，株高20～25cm时，在基部留5cm进行第二次采收。之后侧枝萌发长成约15cm时进行第三次采收。

二、大白菜庭院栽培

大白菜为十字花科芸薹属中能形成叶球的亚种，属一二年生草本植物，原产于我国，在我国有悠久的栽培历史，是著名的特产蔬菜。现今大白菜在我国分布十分普遍，各地均有栽培。大白菜营养价值很高，含有大量的维生素和矿物盐。每100g叶球中含蛋白质1.2g、脂肪0.1g、糖类2.0g、钙40mg、磷28mg、铁0.8mg、胡萝卜素0.1mg、核黄素0.06mg、烟酸0.5mg、维生素C 31mg。

（一）生长习性

1. 温度 大白菜是半耐寒性植物，其生长要求温和冷凉的气候。发芽期适宜温度为20～25℃。幼苗期对温度变化有较强的适应性，适宜温度为20～25℃，但可耐−2℃的低温、28℃左右的高温。莲座期对温度的要求较严格，适宜温度为17～22℃。温度过高，莲座叶生长快但不健壮；温度过低，则生长迟缓。结球期对温度的要求最严格，适宜温度为12～22℃，昼夜温差以8～12℃为宜。大白菜叶球形成后，在较低温度下保持休眠，一般以0～2℃为最适；在−2℃以下，易生冻害；高于5℃，呼吸作用旺盛，消耗养分过多。

生殖生长阶段要求的温度较高，一般抽薹期的适宜温度为 12～22℃，开花结果期为 17～25℃。

2. 光照 大白菜需要中等强度的光照，其光合作用光的补偿点较低，适于密植。但植株过密，光照不足，则会造成叶片变黄，叶肉薄，叶片趋于直立生长，大幅度减产。

3. 水分 大白菜叶面积大，蒸腾耗水多，但根系较浅，不能充分利用土壤深层的水分。因此，生育期应供应充足的水分。幼苗期应经常浇水，保持土壤湿润，若土壤干旱，极易因高温干旱而发生病毒病；莲座期应适当控水，浇水过多易引起徒长，影响包心；结球期应大量浇水，保证球叶迅速生长，但结球后期应少浇水，以免叶球开裂和便于贮藏。

4. 土壤及营养 大白菜对土壤的要求比较严格，以土层深厚、疏松肥沃、富含有机质的壤土和黏壤土为宜，适于中性偏酸的土壤。

在肥料三要素中，以氮肥对大白菜最重要，氮对促进植株迅速生长、提高产量的作用最大。适当配合施用磷、钾肥，有提高抗病力、改善品质的功效。大白菜对钙反应敏感，土壤中缺乏可供吸收的钙则会诱发大白菜"干烧心"。

（二）品种类型

根据大白菜进化过程，以及叶球形态和生态特性，把大白菜分为 4 个变种，其中结球变种又分为 3 个生态型。

1. 散叶变种 该变种是结球白菜的原始类型，叶片披张，不形成叶球。抗逆性强，纤维较多，品质差，食用部分为莲座叶，已渐淘汰。代表品种为山东莱芜白菜。

2. 半结球变种 该变种叶球松散，球顶开放，呈半结球状态。耐寒性较强，对肥水要求不严格，莲座叶和叶球同为产品。代表品种有辽宁兴城大矬菜、山西阳城大毛边等。

3. 花心变种 该变种球叶以褶皱方式抱合成坚实的叶球，但球顶不闭合，叶尖向外翻卷，翻卷部分呈黄、淡黄、白色。耐热性较强，生长期短，不耐贮藏，多用于夏秋早熟栽培。代表品种有北京翻心白、山东济南小白心等。

4. 结球变种 该变种是大白菜进化的高级类型，球叶抱合形成坚实的叶球，球顶尖或钝圆，闭合或近于闭合。栽培普遍，要求较高的肥水条件和精细管理，产量高，品质好，耐贮藏。结球变种主要包括 3 个基本生态型及杂种类型：

（1）卵圆型。叶球卵圆形，球顶尖或钝圆，球形指数 1.5。球叶呈倒卵圆形、阔倒卵圆形，抱合方式为褶抱或合抱。球叶数较多，单叶较小，属叶数型。该种适宜于温和湿润的海洋性气候栽培，抗逆性较差，对肥水条件要求严格，品质好。代表品种有山东福山包头、胶县白菜等。

（2）平头型。又称大陆性气候生态型。叶球上大下小，呈倒圆锥形，球顶平，完全闭合，球形指数近于 1。球叶较大，叶数较少，属叶重型。适宜于气候温和、昼夜温差较大、阳光充足的环境，对气温变化剧烈和空气干燥有一定的适应性，对肥水条件要求较严格。代表品种有河南洛阳包头、山东冠县包头、山西太原包头等。

（3）直筒型。又称交叉性气候生态型。叶球细长圆筒形，球形指数在 3 以上，球顶尖，近于闭合。幼苗期叶披张，叶绿色至深绿色。球叶倒披针形，拧抱。这一类型起源与栽培中心地区为河北东部近渤海湾地区。此区基本为海洋性气候，但因靠近蒙古，常受大陆性气候冲击，使该生态型形成了对气候适应性强的特点。代表品种有天津青麻叶、河北玉田包尖、辽宁河头白菜等。

（三）栽培技术

我国各地的大白菜均以秋季栽培为主。华北地区多在初秋播种，初冬收获；西北、东北等高纬度地区在晚夏播种，晚秋收获；南方亚热带地区可在中秋至初冬播种，整个冬季均可收获。

1. 播期确定 我国各地气候差异极大，加上各地应用的大白菜品种的生长期各异，栽培季节和播种期差异较大，安排播种期时，应以大白菜收获期在 −2℃ 以下寒流侵袭之时向前推一个生长季为准。若播种过早，则大白菜生育前期处在炎热季节的时间加长，因环境温度过高而生长发育不良，最严重的是加重了病毒病的发生，很易导致大幅度减产。而播种期过晚，虽然病害有所减轻，但由于生长期大大缩短，叶球不能充分生长，包心不紧实，会降低产量和品质。因此，各地必须结合当地的气候特点和品种特性，适时安排大白菜的播种期。一般华北地区的大白菜播种多在 8 月上中旬，长江流域多在 8 月下旬，西南、华南地区在 8—11 月均可播种，东北、西北高寒地区可提前至 7 月播种。

2. 品种选择 华北地区大白菜用于供应秋末冬初市场时，宜选用耐热性强、生长期短的早熟品种，如鲁白 6 号、北京小杂 56 等；用于贮藏，供冬、春市场时，宜选用生长期长、高产、耐贮藏的晚熟品种，如双青 156、鲁白 3 号等。此外，还应根据当地生长季节的长短、气候条件的变化、栽培条件的好坏、病害发生情况及消费习惯等选择适宜的品种，以获得较高的效益。

3. 整地施肥 大白菜需肥水很多，但根系较浅，不能利用土壤深层的水分和养分，因此，宜选用肥沃而保水肥力又很强的土壤。

在前作腾茬后，应立即深翻，结合翻地，每平方米施腐熟的有机肥 8kg、过磷酸钙 8g、尿素 3g 或复合肥 40g。翻地后耙平，做畦或垄。在干旱地区宜用平畦，在多雨、地下水位较高、病害严重区宜用高畦或高垄栽培。平畦的畦宽一般为 1.2～1.5m，根据大白菜行距，每畦栽 2～4 行。高垄垄高 20cm，垄宽 20～30cm，垄沟深 30cm，每垄栽 1 行。高畦高度为 20cm，畦宽 1.2～1.8m，栽 2～4 行。不论采用什么方式，地面均应平整，畦或垄均不宜过长，以保证排灌水方便为度。

4. 播种 大白菜播种有直播和育苗移栽两种方式。直播方法简便、省工，植株根多、入土深、抗旱力强、生长快；但是播种期要求严格，苗期遇不良气候则较难控制。一般育苗移栽节约苗期占地，苗期管理方便，利于前茬作物的延后生长，可控制或减轻病毒病的发生；但较费工，且根系受损伤，易发生软腐病，栽后有缓苗期，延缓了生长。直播与育苗移栽各有利弊，应根据具体情况灵活运用。

（1）直播及出苗前后的管理。直播有条播和穴播两种方法。条播是按行距划 2～3cm 的浅沟，将种子均匀地撒在沟里，并用细土覆盖。穴播是在行内按株距挖深 2～3cm 的穴，每穴点播 2～3 粒种子，后覆细土。无论用哪种方法，均要求播种均匀，覆土厚度 1cm 左右。直播每平方米用种量为 0.5g。

直播法保证苗全、苗旺的关键是土壤墒情。平畦播前应先浇水造墒，高垄应浇小水后再播种。也可在播种后覆上较厚的土保墒，待出苗前将多余的土搂去。天气干旱的年份，播种后要及时浇水润垄，保持垄面湿润。播后及出苗期勤浇小水，降低地温，防止幼芽灼伤。

（2）育苗及苗床管理。育苗所用的苗床应及早准备，宜选用地势高燥、易灌能排、距栽培地近、前茬不是十字花科蔬菜的地块。苗床地施腐熟的有机肥，浅翻、耙平，做成平畦。平畦育苗多用撒播法，每平方米床面撒播种子 2～3g，覆细土 1cm。也可用营养钵育苗，钵内装入配制好的营养土，浇透水后，每钵内点播种子 2～3 粒。

出芽前午间可用草苫或麦草覆盖遮阳，防强烈日光暴晒；出芽前后勿浇大水，防止土面板结。如果高温干旱，可浇小水或喷洒小水，以保持土壤湿润和降低土面温度。若采用冷纱遮阳育苗，则效果更好。

5. 苗期管理

（1）浇水与排水。幼苗期植株的生长量不大，但由于根系小，吸收水分和养分的能力弱，必须及时浇水，并少量追肥。天气干旱时应 2～3d 浇 1 次水，保持地面湿润。如有杂草，浅锄后 1～2d 内随之浇水。此期浇水的主要目的是降低地温，防止高温灼伤幼苗根系。育苗床遇高温干旱天气，除及时浇水外，还可在中午遮阳降温。苗期如遇多雨积涝，除应及时进行排涝外，还要抓紧中耕松土，增强土壤透气性。在热雨积涝时，应浇冷凉的井水串灌，以降低地温。

为保证幼苗营养充足，可随播种时施入种肥，每平方米施尿素或复合肥 15g。至 2～3 片真叶时，对田间生长偏弱的小苗施偏心肥 1～2 次，促其快长，使田间幼苗生长整齐一致。

（2）间苗与定苗。苗出齐后，可于子叶期、"拉十字"和 3～4 片真叶期进行间苗。在育苗床内，最后一次间苗苗距达到 10cm 左右。在营养钵内育苗时，每钵只留 1 苗。直播的在 5～6 片叶时定苗。在高温干旱年份，应适当晚间苗、晚定苗，使苗较密集，用以遮盖地面，以降低地温和减轻病毒病发生。另外，田间缺苗时，应及早挪用大苗进行补苗。补苗应在下午进行，补后及时浇水。每次间苗、定苗后，应立即浇水，防止幼苗根系摇动影响吸水而萎蔫。

（3）移苗定植。育苗移栽时，苗龄不宜过大，一般以 15～20d 苗龄、幼苗有 5～6 片真叶时为移栽适期。苗龄过大，移栽后缓苗慢，延缓生长和结球。移栽最好在阴凉的阴天下午进行，起苗多带土少伤根系，每平方米定植 4 株左右。定植后立即浇水。

6. 莲座期管理　此期栽培措施的关键是既要保证莲座叶的发达，同时又要防止其过旺，保证及时充分地发生球叶（图 2-1-10）。

为了充分供给莲座叶生长所需的水分和养分，在定苗后追施 1 次发棵肥，每平方米施尿素 20g，随即浇水。此肥在大白菜团棵时正好发生肥效，可有效地促进第 2～3 莲座叶环的生长。以后按墒情每隔 5～6d 浇水 1 次，保持土壤见干见湿。莲座后期应适度控水，进行"蹲苗"。蹲苗与否应灵活掌握，当莲座叶生长过旺，气候适宜时可以蹲苗。如果莲座叶生长不旺，则没有必要蹲苗，特别是在土壤瘠薄、施肥不足、天气干旱或发生病虫害时，莲座叶生长不良，更不可进行蹲苗，否则会加重病毒病发生。

7. 结球期管理

（1）浇水。在结球期（图 2-1-11）要大量浇水，每隔 5～6d 浇大水 1 次，保持土面湿润，见湿不见干，保证旺盛生长发育的需要。在收获前 5～8d 停止浇水，以免植株贪青，也能减少叶球的含水量，提高耐藏性。

图 2-1-10　莲座期的大白菜　　　　　　　图 2-1-11　结球期的大白菜

（2）施肥。结球前期莲座叶和外层球叶同时旺盛生长，需肥较多，因此，在包心开始的前几天应大量追肥。一般每平方米施用豆饼 100～150g 或复合肥 40g。可开沟沟施，或单株穴施。

结球中期，内部叶片继续长大，充实叶球，应追施速效肥料。一般在包心后 15～20d 追施补充肥。可随水冲施腐熟的豆饼水 2～3 次，也可追施复合肥 20g，但必须在收获前 30d 使用。

（3）束叶。结球大白菜在收获前 7～10d，将莲座叶扶起，抱住叶球，然后用草绳将叶束住，以保护叶球，免受冻害，也可减少收获时叶片的损伤。束叶还有软化叶球、改善品质的作用，而且便于收获、运输和贮藏。但是，束叶后莲座叶的光合作用受到很大影响，因而过早束叶不利于养分的制造，不利于叶球的充实，更不能达到促进结球的目的。

8. 收获　用于冬贮的晚熟品种，应在低于 −2℃ 的寒流侵袭之前数天收获。收获过晚，在较长时间的低温下，冻害则不能恢复。收获过早，外界气温过高不利于贮藏，而且会影响产量。收获时，连根拔出，堆放在田间，球顶朝外，根向里，以防冻害，晾晒数天，待天气转冷再入窖贮藏。

9. 大白菜生长不良的原因与防止措施

（1）先期抽薹。大白菜在营养生长期就抽薹开花，以致影响商品价值的现象称为先期抽薹。一般大白菜在营养生长后期茎顶端即已分化为花芽，但由于环境条件不适，不能抽薹开花，故不影响商品价值。如果在收获时已抽薹，则易引起叶球开裂，降低食用品质。在生产中，先期抽薹现象比较普通，很多地区影响了生产效益。

露地大白菜
秋季栽培

大白菜在 10℃ 以下，经过 10～30d 就可以通过春化阶段而抽薹开花，一般早熟品种和冬性较弱的品种，对温度条件的要求更不严格，较易通过春化阶段。因此，在春大白菜栽培中，凡播种较早时，抽薹开花的可能性很大。在秋播栽培中，一些早熟品种、冬性弱的品种在夏秋冷凉的地区、山区栽培时，也很容易形成先期抽薹。

防止先期抽薹的措施首先是选用冬性强的品种，其次安排好播种期，尤其是早春栽培的大白菜，若播种过早，幼苗期的温度过低，极易春化抽薹。大白菜生育期间，加强肥水管理，促进营养生长，也可延缓先期抽薹。因此，适当增施氮肥，结球期保证水分供应，均可防止和减轻先期抽薹现象。相反，干旱、缺肥均会加重先期抽薹的发生。同样道理，陈旧的种子发芽势弱，幼苗生长发育迟缓，先期抽薹现象比新种子要严重。

（2）不结球现象。大白菜在不正常的条件下不形成叶球或结球松散，失去食用价值的现象称为不结球现象。在同一田块中，有时会出现部分不结球或结球不紧密现象，其原因主要有：

①种子不纯。大白菜与其他散叶品种及半结球品种易杂交，杂交后的种子往往不结球。

②播种过迟。在秋播大白菜时，播种过迟，生长期不足，会造成结球松散或不结球；春播大白菜播种过迟，结球期天气炎热，不利于结球，也会造成不结球或结球松散。

③气候条件不适宜。秋播大白菜在晚秋阴雨过多、阳光不足时，或气温过低、影响大白菜生育时，会造成不结球或结球不紧密。

④田间管理不当。肥水不足、病虫危害也可造成不结球或结球不紧密。

防止大白菜不结球和结球不紧密的措施主要是针对发生原因对症治疗。

（3）叶球不整齐。大白菜叶球大小悬殊，单株重和球形极不一致，称为叶球不整齐。这种现象目前发生较普遍，严重地影响了经济效益。在常规品种中，叶球不整齐现象较多，主要是由种性退化、分离、变异等造成的。在杂交一代种中如发生这种现象，则往往是自交系不纯，或杂交制种时，有其他品种花粉传入所致。预防的措施是尽量利用杂交一代种，在生产杂交一代种时，应严格制种措施，防止混杂。

（4）叶球开裂。大白菜结球后期，叶球裂开，不但影响食用品质，而且易感染病菌，造成腐烂。叶球开裂主要是在叶球形成过程中，遇到高温及水分过多的环境，致使叶球外侧叶片已充分成熟后，内部叶片继续再生长，而外侧叶片又不能相应地生长，于是产生裂球。一般早熟品种采收不及时时，易发生裂球。

克服裂球的措施是及时采收；在结球过程中，肥水供应应均匀，勿忽旱忽涝；也可在结球后期割取外叶作为饲料，以减缓内叶的生长；另外，也可用切根的方法防止裂球。

三、蕹菜庭院栽培

蕹菜又称空心菜、通菜、竹叶菜、藤藤菜，系旋花科牵牛属以嫩茎、叶为产品的一年生或多年生蔓性草本植物。原产我国热带多雨地区，分布于热带亚洲各地，我国分布在岭南地区，目前种植范围较广，从南到北均有栽培。蕹菜的营养价值很高，每 100g 可食部分含水分 90g、糖类 3.0～7.4g、蛋白质 1.9～3.2g、钙 147mg，居叶菜首位，维生素 A 比番茄高出 4 倍，维生素 C 比番茄高出 17.5%，而且还含有人体所需的 8 种氨基酸。蕹菜性寒味甘，有清暑祛热、凉血利尿、解毒和促进食欲等功效。蕹菜的食法多样，可做汤或炒食，还可凉拌或做泡菜等，荤素均宜。

（一）生长习性

1. 温度　蕹菜可用种子繁殖，也可用嫩茎繁殖。种子在 15℃ 左右开始发芽，植株腋芽萌发初期需保持在 30℃ 以上，南方用嫩茎繁殖的较多。子叶开展至 4～5 片真叶的幼苗期时，适温 20～25℃，10℃ 以下生长受阻。茎叶生长适温为 25～35℃，温度较高，茎叶生长则旺盛，采摘间隔时间越短。蕹菜能耐 35～40℃ 的高温，但不耐霜冻和低温，遇霜茎叶即枯死，10℃ 以下蔓叶停止生长。

2. 水分　蕹菜喜较高的空气湿度和湿润的土壤，干旱使嫩茎纤维增多，品质粗糙，降低商品性，也降低产量。

3. 光照　蕹菜属高温短日照作物，对植株开花结果起决定作用的是短日照条件，北方长日照一般不易开花结果。

4. 土壤及营养　蕹菜对土壤条件要求不严格，但因其喜肥喜水，仍以比较黏重、保肥保水力强的土壤为好。蕹菜的叶梢量大，而且生长迅速，因此对肥料要求较高，需肥量大，尤其是对氮肥的需求量大。

（二）品种类型

蕹菜依其能否结籽可分为子蕹与藤蕹两个类型。

1. 子蕹　北方栽培常用类型。可用种子繁殖，也可扦插繁殖。耐旱力较藤蕹强，一般栽于旱地，但也可水生。又可分为白花子蕹和紫花子蕹。

（1）白花子蕹。花白色，茎秆绿白色，叶长卵形，基部叶为心脏形（图 2-1-12）。适应性强，质地脆嫩，产量高，栽培面积广，全国各地均有栽培。常见品种如杭州白花子蕹，广州大骨青、大鸡白、大鸡黄、台壳、剑叶，浙江温州空心菜、龙游空心菜，等等。

（2）紫花子蕹。花紫色，茎秆、叶背、叶脉、叶柄、花萼等带紫色，栽培面积小（图 2-1-13）。

图 2-1-12　白花子蕹　　　　　　　　　图 2-1-13　紫花子蕹

2. 藤蕹　用茎蔓繁殖，即扦插繁殖。一般开花少，更难结籽。质地柔嫩，品质较佳，生长期越长，产量越高，旱生或水生。优良品种有广东细叶通菜、丝蕹，湖南藤蕹，四川大蕹菜，等等。

（三）栽培技术

蕹菜露地栽培从春到夏均可进行，北方地区 4—7 月均可播种。若结合设施生产可达到周年供应。

1. 整地播种　北方一般采取直播方式。播前深翻土壤，每平方米施腐熟有机肥 5kg、草木灰 100～150g，与土壤混匀后耙平整细。播种前首先对种子进行处理，即用 55℃温水浸泡 30min，然后用清水浸种 20h，捞起洗净后放在 25℃左右的温度下催芽，催芽期间要保持湿润，每天用清水冲洗种子 1 次。待种子露白后即可播种，每平方米用种量为 10～15g。播种一般采用条播密植，行距 33cm，播种后覆土，也可以采用撒播或穴播。

2. 田间管理　蕹菜对肥水需求量很大，除施足基肥外，还要追肥。当秧苗长到 5～7cm 时要浇水施肥，促进发苗，以后要经常浇水保持土壤湿润。每次采摘后都要追 1～2 次肥，追肥时应先淡后浓，以氮肥为主。生长期间要及时中耕除草。管理原则是多施肥、勤采摘。

3. 采收　如果是一次性采收，可于株高 20～35cm 时一次性收获上市；当株高 18～20cm 时，结合定苗间拔上市，留下的苗可多次采收上市。当株高 33cm 时，第一次采摘茎部留 2 个节，第二次将茎部留下的第二节采下，第三次将茎基部留下的第一节采下，以使茎基部重新萌芽，以后采摘的茎蔓可保持粗壮。采摘时，用手掐摘较合适，若用刀等铁器刀口部会锈死。

【拓展阅读】

大白菜干烧心的发生与防治

白菜干烧心又称"夹皮烂"，发病时外观无异常，内部球叶变质，不能食用，主要在莲座期出现，表现的症状有心叶边缘干枯，向内卷缩，生长受抑制。在结球初期叶边缘呈水渍状，后变为黄色半透明至黄褐色焦枯，结球后无异常。

白菜干烧心的原因较多，大多是由土壤和缺钙造成的。比如土壤有机质含量低，化肥施用过多，导致土壤浓度较大，会影响到根系对钙物质的吸收。或是氮肥施用过多，在高温干燥环境引起钙元素缺乏，会导致包心腐烂。缺钙或者土壤酸化以及土壤墒情忽高忽低时也会影响到根系对钙的吸收，另外北方石灰性土壤活性锰严重缺乏也会造成大白菜干烧心。

防止大白菜干烧心现象的发生，要选择抗病力强的白菜品种，种植时要重施有机肥，提高地温，适量浇水，尤其是在肥水同施的情况下，一定要注意浓度，以免浓度过大造成干烧心。生长期要增施有机肥，合理搭配磷、钾肥以及微肥，少施单一氮肥；结球期可以向心叶喷施含钙的叶面肥料，每隔 10d 左右喷 1 次最好，能极好地补充植株钙元素，预防干烧心。

【任务布置】

以组为单位，任选一种叶菜类蔬菜进行庭院栽培，制订生产计划及实施，并将生产过程制作成短视频。实施后根据各组植株生长状态进行小组自评、小组互评和教师评价，并完成巩固练习。完成后将本任务工作页上交。

【计划制订】

表 2-1-3　叶菜类蔬菜庭院栽培计划

操作步骤	制订计划
品种选择	
播种	
生长期管理	
收获	

【任务实施】（实施过程中的照片）

【总结体会】

【考核评价】

表 2-1-4　叶菜类蔬菜庭院栽培考核评价

评价内容	评分标准	评价		
		小组自评	小组互评	教师评价
制订计划 （20分）	1. 计划内容全面（10分） 2. 字迹清晰（10分） 未达到要求相应进行扣分，最低分为0分			
任务实施 （20分）	1. 按计划实施（5分） 2. 能够正确处理突发状况（5分） 3. 实施效果好（5分） 4. 团队合作能力强（5分） 未达到要求相应进行扣分，最低分为0分			
实施效果 （20分）	1. 播种均匀，出苗整齐（5分） 2. 产品商品性高，生长整齐（10分） 3. 及时采收（5分） 未达到要求相应进行扣分，最低分为0分			
总结体会 （20分）	1. 能根据实施过程中出现的问题总结发生的原因以及找到解决问题的办法（15分） 2. 能通过本次任务的实施写出自己的体会（5分） 未达到要求相应进行扣分，最低分为0分			
小计				
平均得分				

【巩固练习】

1. 分析苋菜在北方地区适合春季栽培不适合秋冬季栽培的原因。（10分）

2. 分析大白菜直播与育苗的优缺点。（10分）

本次任务总得分：

教师签字：

任务三 花菜类蔬菜庭院栽培

【相关知识】

花菜类蔬菜是以植物的花冠、花柄、花茎等作为食用部分的蔬菜。

一、西蓝花庭院栽培

西蓝花,又名青花菜、绿菜花、茎椰菜、意大利芥蓝等,原产于中海沿岸,是以绿色或紫色花球供食用的蔬菜,为十字花科芸薹属野甘蓝种的1个变种。西蓝花色泽鲜绿,花茎脆嫩,不仅风味清香,而且营养极其丰富。西蓝花抗病抗逆性较强,适应性广,适宜庭院栽培。

(一)生长习性

1. 温度 西蓝花属于半耐寒作物,怕炎热,不耐霜冻。生育适温 10～22℃,5℃以下生长受到抑制,25℃以上高温易徒长。种子发芽适温为 20～25℃,茎叶生长适宜温度是 20～22℃,花球形成的适温为 15～18℃,花球肥大期温度超过 25℃时,花蕾失去绿色而变黄松散。与花椰菜类似,其花芽分化属绿体春化型,故栽培时务必创造条件使之感应低温,通过春化。花芽分化期遇 30℃以上高温会产生毛叶花球,影响品质。

2. 光照 西蓝花属低温长日照作物,也是喜光作物,但对光照要求不严格,对光周期反应不敏感,可春秋两季栽培。但长日照能促进花芽分化和花球形成,充足的光照能提高花球产量和品质。若日照过短,会推迟花芽分化,延长花芽分化期,花芽分化不充分。若光照不足,容易引起幼苗徒长,花球不发达,花球颜色发黄。因此,西蓝花在花球形成期必须具备一定光照条件,才能高产,使花球深绿鲜艳,品质好。

3. 水分 西蓝花在湿润的条件下生长良好,不耐干旱,适宜生长的空气相对湿度为 80%～90%,土壤含水量为 70%～80%。气候干燥、土壤水分不足则长势弱,花球小而松散,品质差。西蓝花苗期需要湿润的土壤,但出苗后水分不宜过多;生长期由于叶面积迅速扩大,蒸腾作用加强,需水量增大;花球形成期叶面积达最大值,花球生长需充足的养分和水分,该时期需水最多。

4. 土壤及营养 只要土壤肥力较强,追肥适当,在各种类型的土壤上均能良好生长。对土壤 pH 的适应范围为 5.5～8.0,生长最适 pH 为 6.0。西蓝花在生长发育过程中,氮、磷肥配合施用,有利于植株的生长发育。另外还需要一定量的硼、钼、镁等元素,缺少这些元素易导致茎叶开裂,花球中部或边缘花蕾出现水渍状坏死,降低品质。

(二)品种类型

西蓝花按照花枝类型可分为顶花球类和顶侧花球兼用类两种。

1. 顶花球类 以采收主茎顶端花球为主,侧枝很少。品种如绿王 553、黑绿等。

2. 顶侧花球兼用类 当主花球生长时,抑制侧花球抽生,而一旦主花球采收后,侧花球能迅速生长,但在产量构成上仍以主花球为主。品种如青峰、哈依姿等。

(三)栽培技术

西蓝花花球形成和膨大期均要求较温和的气候条件,若现球时处在高温季节,花茎极易老化，花球松散、粗糙，品质变差，产量会明显降低。因此，在生产上应根据花球发育的适宜温度来确定西蓝花的栽培季节。北方地区春秋可进行庭院栽培。

1. 育苗

西蓝花工厂化育苗技术

（1）苗床准备。西蓝花育苗地要选择地势高燥、排水良好、有机质含量丰富、土质疏松肥沃的土壤。苗床整地后铺 15～20cm 厚的营养土，一般营养土的成分及配制比例为肥沃园土 3～5 份、腐熟并过筛的厩肥 3～5 份，充分混合后，每立方米营养土中再加过磷酸钙 5kg、尿素 0.5kg，拌匀铺平，灌水沉实，待墒情适宜时播种。也可以采用穴盘育苗。

（2）播种。播种时可按 3～5cm 的行距划浅沟，约 1cm 左右撒 1 粒种子，用过筛细土覆盖 0.5cm；也可事先将营养土装钵，每钵播 1 粒种子。

（3）苗床管理。冬春西蓝花播种后应立即覆盖塑料薄膜保温，苗床温度以 15～20℃为宜，不应高于 25℃或低于 5℃。幼苗出土，子叶展开后应及时间苗，苗距 1cm 左右，并适当控制水分，防止徒长。当出现 2～3 片真叶时，要及时分苗，苗距 8cm×8cm，注意少伤根，分苗后立即灌水促进缓苗。

（4）壮苗标准。一般定植苗标准为 4～5 叶，生产上苗龄不宜过长，防止形成老化苗，导致植株矮小，生长势弱，早期现球、散花而减产。定植前 1 周要减少苗床供水量，进行幼苗锻炼，但定植前 1d 应灌透水，使土壤湿润松软，便于起苗。

2. 整地施肥 西蓝花植株高大，对土壤养分要求较高，应选择排灌方便、土质疏松肥沃、保水保肥力强的地块栽植。每平方米用腐熟优质农家肥 8kg、过磷酸钙 8g，翻耕后整平耙细，做 1.2m 宽的平畦。

3. 定植 定植时每平方米施氮磷钾复合肥 40g，集中施入栽植沟（穴）内，与土拌匀后栽苗。秧苗应带土坨定植，减少根系损伤。栽植密度因品种而异，株行距一般为 40cm×50cm，早熟品种可适当密些，每平方米栽苗 5 株，定植宜浅，浇足水，水渗下后封墒。

4. 田间管理

（1）中耕除草和培土。未覆地膜的地块，定植缓苗后应及时中耕松土，以提高地温和消灭杂草。一般是结合追肥中耕 2～3 次，在追肥前松土除草，追肥后及时培土。培土要适度，特别是雨季，培土过厚会造成土壤通气不良，使根系窒息变褐，植株发黄，甚至枯死。

（2）肥水管理。西蓝花是需肥较多的蔬菜，特别是顶、侧花球兼用种和中晚熟品种，生长期和采收期都较长，消耗养分更多，除施足基肥外，生育期间还要多次追肥，才能使植株生长健壮，进而获得较高的花球产量。一般在缓苗后 10～15d 追第一次肥，每平方米施复合肥 20g；顶花蕾出现时追第二次肥，每亩* 施腐熟豆饼 75g；花球膨大期叶面喷施 0.05%～0.10%硼砂溶液和 0.05%钼酸铵溶液，能提高花球质量，减少黄蕾、焦蕾的发生。顶花球收获后，可根据地力条件和侧花球生长情况适量追肥，通常应在每次采摘花球后施肥 1 次，以便收获较大的侧花球和延长收获期，提高产量。一般可采收 2～3 次侧花球。

西蓝花喜湿润、不耐旱，在整个生长过程中需水较多，应保持土壤经常处于湿润状

---

* 亩为非法定计量单位，1亩≈667m²。——编者注

态。同时，每次追肥后也应及时灌水，以利于根系对养分的吸收。西蓝花又不耐涝，灌溉忌大水漫灌，莲座期之后应适当控制水分，防止植株徒长，形成小花球，在花球直径达2~3cm 后及时灌水，并保持田间湿润。

（3）去除侧枝　顶花球专用品种，在花球采收前，应摘除侧芽；顶、侧花球兼用品种，侧枝抽生较多，一般选留健壮侧枝 3~4 个，抹掉细弱侧枝，可减少养分消耗。

5. 采收　西蓝花的适宜采收期较短，必须及时采收。采收太早，花蕾尚未充分发育，花球小，产量低；采收过迟，花蕾松散、变黄，品质变劣。西蓝花适时采收的标准是：花球充分长大，花蕾颗粒整齐，不散球，不开花（图 2-1-14）。若在采收前 1~2d 灌 1 次水，能提高商品质量和产量。采收的具体时间以清晨和傍晚为好，采收时花球周围保留 3~4 片小叶，可保护花球。

图 2-1-14　西蓝花产品

二、菜薹庭院栽培

菜薹又名菜心、广东菜，属十字花科芸薹属芸薹种白菜亚种中以花薹为产品的变种，为一、二年生草本植物。菜薹起源于中国南部，是由白菜易抽薹材料经长期选择和栽培驯化而来，并形成了不同的类型和品种，主要分布在广东、广西、台湾、香港、澳门等地，20 世纪后叶日本引种成功。菜薹以花薹为主食部分，品质柔嫩，风味独特。每 100g 鲜菜中含水分 94~95g、糖类 0.72~1.08g、全氮化合物 0.21~0.33g、维生素C 34~39mg。

（一）生长习性

1. 温度　温度是菜薹生长发育的重要条件。各生长发育阶段对温度要求不同。适于种子发芽的温度是 25~30℃。叶片生长期适宜温度为 20~25℃。菜薹生长适宜温度为15~20℃，高于 25℃虽生长快但质粗味淡。开花结果期最适温为 15~24℃。菜薹对温度要求不是十分严格，在月均温 11~28℃的条件下都可顺利发育。

2. 光照　光照的长短对菜薹抽薹开花影响不大，在不同光照下都可顺利进行。但菜薹整个生长发育过程都需要较充足的阳光，特别是菜薹形成期，光照不足影响光合作用，菜薹生长细弱，产量降低，品质差。

3. 水分 喜湿不耐旱，生长期间必须保证水分供应，经常保持田间的湿润。

4. 土壤营养 菜薹对土壤的适应性较广，但是以保水保肥能力强、有机质多的壤土或沙壤土最为适宜。由于菜薹根系分布浅，吸收能力较弱，生长期短，生长量大，对肥水要求比较高，除施足基肥外，生长全过程要进行多次追肥。每生产 500kg 菜薹约吸收氮 1.3kg、磷 0.35kg、钾 1.25kg，氮、磷、钾三要素之比为 3.5∶1∶3.4。

（二）品种类型

1. 根据菜心的颜色分类 可分为紫菜薹和绿菜薹。

（1）紫菜薹。株高 50cm 左右，叶片绿色或紫色，叶椭圆形或阔卵圆形，叶缘波状，花薹深紫红色，腋芽萌发力强，每株可采收侧薹 7～8 条，甚至更多，单株重 0.7～1.0kg，耐寒不耐热。

（2）绿菜薹。植株直立、叶片较小，叶形有长椭圆形、卵形及宽卵形，叶色黄绿或青绿，菜薹绿色、细嫩，腋芽萌发力较弱，以广州菜心最著名。

2. 根据菜薹对温度的反应和栽培季节分类 菜薹的品种较多，有适于夏秋季栽培的耐热品种，有适于低温下生长的耐寒品种，也有适应性范围广的品种，可周年栽培。一般根据对温度的反应和栽培季节分早熟、中熟、晚熟品种。

（1）早熟品种。该类型品种对低温反应敏感，温度稍低就可抽薹，抗热性强，植株小，生长期短，抽薹早，菜薹较细小，腋芽萌发力弱，以采收主薹为主，产量较低。主要品种如四九菜心、十月红菜薹等。

（2）中熟品种。该类型品种植株中等，生长期略长，生长较快，腋芽有一定的萌发力，主侧薹兼收，以主薹为主的菜薹质量好。播种期 9—10 月，播种后 40～50d 收获。主要绿菜薹品种有黄叶中心、大花球中心、青梗中心、青梗柳叶中心、六十天菜心、特青，紫菜薹品种有武昌胭脂红、成都二早子、南京小叶子。

（3）晚熟品种。植株较大，生长期长，抽薹晚，腋芽萌发力强，主侧薹兼收，采收期较长，菜薹产量较高，耐寒不耐热。播种期 11 月至翌年 3 月，播种后 45～55d 收获。主要绿菜薹品种有青圆叶迟心、青梗大花球、青柳叶迟心、三月青菜心、迟菜心 2 号，紫菜薹有武昌迟不醒、成都阴花红。

（三）栽培技术

菜薹性喜冷凉，且生长期较短，在不同的地区，选用的品种不同，栽培时间也不相同。

长江流域及以南地区，选用早熟品种从 4—8 月均可播种，播种后 30～45d 开始采收，从 5—10 月为供应上市期；中熟品种从 9—10 月播种，播种后 40～50d 收获，采收供应期为 10 月至翌年 1 月；晚熟品种从 11 月至翌年 3 月播种，播种后 45～55d 开始收获，采收供应期为 12 月至翌年 4 月。江南地区菜薹基本上实现了四季、播种、周年供应的目标。

北方地区露地栽培分春秋两季。春季栽培利用早、中、晚熟品种均可，3—4 月播种，4 月下旬至 6 月初采收；秋季露地栽培利用中、早熟品种，8—9 月播种，9—11 月采收。利用保护地栽培时，晚熟品种于 10 月至翌年 2 月播种，播种后 2 个月即可开始采收。在北方地区菜心也基本实现了周年供应。

1. 播种育苗 菜薹可以直播，也可育苗移栽，以育苗移栽为宜。菜薹的育苗时间一般为 18~25d，晚熟品种也不超过 30d。

（1）适时播种。冬春季育苗低温持续时间长，可用温水浸种 4h，然后用湿布包起来，保持布包湿润，放在适宜发芽的温度下催芽，到种子破皮露白时播种。播种时应选择晴暖天气，不要在寒潮来时或阴天时播种，因为这时播种会造成"冷芽"，使幼苗提早通过春化阶段而造成提前抽薹，植株就会变成细弱型。冬春季大多采用保护地育苗，可保持适宜的温度，使幼苗生长发育正常。夏秋季温度高、雨水多，育苗时采用塑料棚来遮阳防雨，以免雨水冲刷和阳光直晒。秋季露地直播时，要利用小高畦栽培。另外，播种育苗时，要注意所采用的品种应符合适宜栽培季节及播种期，以免出现不抽薹或早抽薹现象。

（2）适当稀播，及时间苗。菜薹一般每平方米用种 1g。在幼苗真叶展开后要及时间去过密的苗，随着幼苗的长大再继续间苗 2~3 次，保持幼苗之间保持 10cm 左右的间距。

（3）合理灌水。育苗床每平方米施用有机肥 2~3kg 作基肥，幼苗长出第一片真叶时追 1 次速效肥，苗畦要保持湿润不干，每次浇水量不宜大，在冬春季地温较低的情况下更要注意这一点，夏秋季气温高的情况下要小水勤浇。

2. 整地定植　幼苗 4~5 片叶时，已基本完成了后期叶片原始体的分化，既有了一定营养面积又有了一定发育基础，此时定植最适宜。定植前每平方米要施用腐熟的鸡粪、猪粪及堆肥、草木灰 2.5~3.0kg 作基肥，若同时施入一些过磷酸钙，肥效会更显著。合理密植是菜薹有效的增产措施，确定菜薹种植密度的依据是品种和栽培季节。如早熟品种株型小，生长期短，宜密植；中、晚熟品种植株较大，生长时间长，宜适当稀些；柳叶形品种植株较直立，叶片细小而稀疏，较适宜密植；圆叶形品种叶片大，植株较高大，种植密度稀一些。另外，如秋季栽培，气候适宜，植株生长量大，不宜种植太密；夏季高温多雨，生长期短，植株较细小，可适当密一些。一般定植的株行距，早、中熟品种为 13~16cm，晚熟品种 18~22cm。菜薹幼苗定植时要浇足定植水，缓苗后再浇 1 次水。同时追施少量速效性氮肥，以促进幼苗生长。

3. 田间管理　从定植到幼苗缓苗后，植株生长加快，进入叶片生长的旺盛时期，要供给充足的氮肥。植株现蕾后要追 1~2 次鸡粪或硫酸铵等氮肥，并配合施用一些钾肥，如硫酸钾等，保证水分供应，促进叶片生长和菜薹发育。当进入菜薹形成期，植株生长健壮旺盛，菜薹发育正常，可以不再施肥。若是现蕾缓慢，或者菜薹细弱，应及时给 1 次大一些的肥水，促进菜薹生长。如果植株生长旺盛、叶片肥大，现蕾后迟迟不抽薹，表明营养生长过旺，这时应控肥控水，促进菜薹的抽出，等抽出后再给肥水。在主薹采收后期准备主薹收获后再采收侧薹，可以追施 1 次重肥，每平方米用尿素 15g，以加强侧薹生长阶段的后劲，促进侧薹生长发育。

4. 采收　一般是菜薹长到同最高叶片的先端平齐，花蕾初开，俗称"齐口花"时为适宜采收期。未及齐口花的则太嫩，产量低，也达不到上市商品标准；超过齐口花迟收几天，产量虽高，但质量降低。气温高时，菜薹生长发育很快，必须及时采收。只收主薹的，在植株基部只留 1~2 叶片即可；如果主薹采收后再收侧薹，则应保留 3~4 叶片，以便腋芽继续萌发成侧薹。

菜薹是否采收侧薹要根据品种特性、栽培季节、栽培技术、肥水条件及前后茬作物的安排来决定。早熟品种生长期短，营养生长基础差，腋芽萌发力弱，栽培季节多在温度较高的季节，一般只收主薹；中熟品种在适宜栽培季节可以留侧薹；晚熟品种生长期长，营养生长基础好，腋芽萌发力强，栽培季节又适宜，主薹采收后还可以大量采收侧薹，但有的考虑及早腾地，便于后茬安排，也可以只收主薹。在栽培季节上，春季温度较低，菜薹生长较慢，营养生长较充分，有利于菜薹发展，可以既采主薹又留侧芽；夏季气温高，菜薹生长快，营养生长差，物质积累少，只采收主薹；秋冬季气候变凉，昼夜温差大，适于菜薹生长，便于留侧薹。土壤贫瘠，肥水条件差，不宜留侧薹。

【拓展阅读】

西蓝花空茎原因及预防措施

商品花球的主茎有空洞，严重者从茎中心裂开或使茎形成一个空洞后表面木质化，变成褐色但不腐烂。市场上特别是国外市场上要求西蓝花产品无空茎。

土壤中缺乏有效硼，气候干旱，水分供应不足，容易引起空茎。在栽培管理上，株行距过大，植株生长强健，花球生长迅速，花球形成期氮肥施用过量和浇水量过大等都是导致西蓝花空茎形成的原因。

预防西蓝花空茎的措施主要有：选择不易空茎的品种；生产上及时补充硼肥，用16%液体硼肥1 000倍液于花球形成期开始，每隔7d喷雾1次，连喷2～3次；注意土壤湿度，土壤不能过干或过湿；适当推迟播种期，严格控制氮肥的施用。

【任务布置】

以组为单位，任选一种花菜类蔬菜进行庭院栽培，制订生产计划及实施，并将生产过程制作成短视频。实施后根据各组生长状态进行小组自评、小组互评和教师评价，并完成巩固练习。完成后将本任务工作页上交。

【计划制订】

表 2-1-5　花菜类蔬菜庭院栽培计划

操作步骤	制订计划
品种选择	
种子处理	
播种育苗	
生长期管理	
收获	

【任务实施】（实施过程中的照片）

【总结体会】

【考核评价】

表 2-1-6　花菜类蔬菜庭院栽培考核评价

评价内容	评分标准	评价		
		小组自评	小组互评	教师评价
制订计划 （20分）	1. 计划内容全面（10分） 2. 字迹清晰（10分） 未达到要求相应进行扣分，最低分为0分			
任务实施 （20分）	1. 按计划实施（5分） 2. 能够正确处理突发状况（5分） 3. 实施效果好（5分） 4. 团队合作能力强（5分） 未达到要求相应进行扣分，最低分为0分			
实施效果 （20分）	1. 种子处理方法正确（5分） 2. 产品商品性高，生长整齐（10分） 3. 能正确确定采收标准，采收及时（5分） 未达到要求相应进行扣分，最低分为0分			
总结体会 （20分）	1. 能根据实施过程中出现的问题总结发生的原因以及找到解决问题的办法（15分） 2. 能通过本次任务的实施写出自己的体会（5分） 未达到要求相应进行扣分，最低分为0分			
小计				
平均得分				

【巩固练习】

1. 怎样进行西蓝花的肥水管理？（10分）

2. 菜薹的播种时间怎样确定？（10分）

本次任务总得分：

教师签字：

任务四　果菜类蔬菜庭院栽培

【相关知识】

果菜类蔬菜是以果实为产品器官的蔬菜，种类繁多，如瓜类蔬菜、茄果类蔬菜、豆类蔬菜等，南北方种植也有很大差异。庭院栽培中瓜类以丝瓜为代表，丝瓜是南方主要种植的蔬菜，北方在夏季庭院栽培较多，豆类以豇豆为代表，茄果类以番茄为代表性蔬菜，豇豆、番茄在南北方庭院中种植也较多。

一、丝瓜庭院栽培

图 2-1-15　丝瓜

丝瓜（图 2-1-15）又称天罗瓜、天丝瓜、布瓜、洗锅罗瓜，属葫芦科丝瓜属一年生攀缘植物。原产于印度，在我国华南华北地区普遍栽培，是夏季主要蔬菜之一，东北地区只有零星种植。丝瓜以嫩瓜供食，其嫩果营养丰富，每 100g 果肉中含水分 92.9g、蛋白质 1.5g、糖类 4.5g，还含有多种维生素和矿物质。丝瓜切片可用开水焯后凉拌，也可与肉片、鸡蛋、虾皮同炒，入口滑嫩，味道鲜美。丝瓜做汤，具特殊清香，夏天食用有祛暑清心、开胃润肠的作用。

丝瓜老熟后瓜瓤变成细致的纤维，很柔韧，名为丝瓜络，可用于洗刷锅碗等器皿或代替海绵洗浴擦身，还可作鞋垫、帽垫使用。丝瓜还是传统的中药材，其瓜、蔓、花、籽、络均可入药，具有清热、解毒、化痰、凉血的功效，可治疗热病烦渴、痰喘、咳嗽、痔疮、血崩、疔疮、乳汁不通等症。丝瓜籽也称乌牛子，可治疗儿童蛔虫症。丝瓜藤水古称"天罗水"，用其擦脸，具有美容除皱的功效。

（一）生长习性

1. 温度　丝瓜喜温耐热，种子发芽适温 28～30℃，低于 20℃发芽缓慢。植株生长适温 25～30℃，能耐 35℃以上高温。

2. 光照　丝瓜为短日性植物，普通丝瓜对日照长短要求不严，苗期处于短日照条件下，能够增加雌花数并降低雌花节位；有棱丝瓜是严格的短日照植物，在北方栽培到秋季才开花结实。丝瓜对光照度要求不严，光照充足有利于植株生长发育，但在树荫下也能正常生长。

3. 水分　丝瓜喜湿润气候，耐高湿，干燥条件下果实纤维多，易老化。

4. 土壤　丝瓜根系强大，吸水吸肥能力强，因此较耐贫瘠，但以在有机质含量高、保水性好的黏壤土上种植易获高产。

（二）品种类型

1. 普通丝瓜　又称水瓜。表面无棱，光滑或具细皱纹。瓜条多为圆柱形，少数品种为长棒形，幼瓜肉质较柔嫩。生长势强，产量高，分布广，适应性强，南北均有栽培。优良品种有线丝瓜、湖南肉丝瓜、白玉霜、杭州肉丝瓜、长度水瓜等。

2. 有棱丝瓜 又称棱角丝瓜、胜瓜等。植株长势比普通丝瓜弱。果实为长棒形或纺锤形，表皮墨绿色，最大特点是果实表面有明显的9～11条凸起的棱线。种皮较厚，粗糙有凸起。有棱丝瓜肉质细嫩致密，味甜，用铁锅炒后肉色仍洁白，汤汁澄清，而普通丝瓜用铁锅炒后肉质软绵变黑褐色，汤汁微黑。有棱丝瓜主要分布在广东、广西、福建、台湾等地，优良品种有绿旺丝瓜、青皮丝瓜、乌耳丝瓜等。

（三）栽培技术

有棱丝瓜是典型的短日照植物，在北方长日条件下，营养生长过旺，化瓜严重。而普通丝瓜对日照长短要求不严，适合北方栽培。露地栽培可在3—4月利用设施进行育苗，终霜后露地定植。

1. 播种育苗 普通丝瓜可用55℃水进行温汤浸种，但有棱丝瓜种皮较厚，发芽困难，播种前最好先采用75℃热水烫种，待水温降至室温后继续浸种24h，稍晾干，将种子尖端嗑开一个小口，然后置于30℃恒温箱内催芽。种子露白后直播已浇透水的营养钵内，每钵1粒，上覆1cm厚的细土。幼苗出土后白天温度控制在25～28℃，夜间温度控制在15～18℃，水分管理见干见湿。苗期可通过早晚覆盖遮阳网来适当缩短日照时数，促进雌花分化，以达到早熟高产的目的。

2. 整地定植 丝瓜生育期长，连续结果需肥量大，为保证产量，要施足底肥，通常定植前结合整地每平方米施入优质农家肥7kg、三元复合肥40g。丝瓜长势强，宜大垄稀植，定植株距50cm、行距80cm。当田间温度稳定通过15℃时于露地定植，不可抢早定植。

蔬菜搭架
——棚架

3. 田间管理 缓苗后及时中耕培土，促使茎部发生不定根。蔓长30cm以上时，及时搭架并引蔓上架。丝瓜主侧蔓均能结瓜，但由于丝瓜分枝性较强，如留蔓过多，营养生长过旺，影响结瓜。故应将1m以下的侧蔓全部除去，爬满架后再除去一部分较弱的侧蔓。盛果期除去过密老叶和过多雄花，既改善通风透光条件又减少养分消耗。结果期注意随时理瓜，防止幼瓜被卷须缠绕或受外物阻拦。

丝瓜生长前期适当控制浇水，防止茎叶徒长；生长中后期要经常灌水保持土壤湿润；进入结果期后应给以大肥大水，满足果实膨大时对肥水的要求，通常每采收1～2次可追肥1次，每平方米追施三元复合肥25～30g。丝瓜在北方栽培，生长期间基本无病虫害发生，是一种值得推广的无公害蔬菜。

4. 适时采收 丝瓜以嫩果供食，当果实充分长大、果梗光滑、茸毛减少、果皮有柔韧感而无光滑感时采收，时间在开花后10～12d。采收过晚，果实发生纤维化，失去食用价值。结果盛期最好每1～2d采收1次，以保证商品质量。如想获得丝瓜络，必须等果实完全成熟，果皮变成灰褐色，干枯后再采收取络。

二、豇豆庭院栽培

豇豆（图2-1-16）别名长豆，属豆科豇豆属一年生缠绕性草本植物，原产于亚洲东南部，我国南方普遍种植。豇豆可鲜食亦可加工，以嫩荚为产品，营养丰富，茎叶是优质饲料，也可作绿肥。其种子、叶、根和果皮均可入药。嫩荚、种子供应期长，是8—9月夏秋淡季的主要蔬菜之一。

（一）生长习性

1. 温度 喜温暖，耐高温，不耐霜冻。种子发芽适温为25～35℃，植株生育适温为20～25℃，开花结荚适温为25～28℃，35℃以上高温仍能正常结荚，15℃左右生长缓慢，5℃以下受寒害。

2. 光照 豇豆多数品种属于中光性植物，对日照要求不甚严格，短日照下能降低第一花序节位，开花结荚增多。开花结荚期间要求日照充足，光照弱时会引起落花落荚。

3. 水分 耐旱力较强，不耐涝。播种后土壤过湿易烂籽。开花结荚期要求适当的空气湿度和土壤含水量，过湿过干都易引起落花落荚，对产量及品质影响很大。

图 2-1-16　豇豆

4. 土壤及营养 对土壤的适应性广，以富含有机质、疏松透气的壤土为宜。需肥量较其他豆类作物要多，形成1 000kg产品需氮12.16kg、磷2.53kg和钾8.75kg，其中所需氮仅4.05kg来自土壤。苗期需要一定量的氮肥，但应配合施用磷钾肥，防止茎叶徒长，延迟开花。伸蔓期和初花期一般不施氮肥。开花结荚期要求水肥充足，此期增施磷钾肥有助于促进植株生长和提高豆荚的产量和品质。

（二）品种类型

豇豆依茎的生长习性可分为蔓生型和矮生型。

1. 蔓生型 主蔓侧蔓均为无限生长，主蔓高达3～5m，具左旋性，栽培时需设支架。叶腋间可抽生侧枝和花序，陆续开花结荚，生长期长，产量高。

2. 矮生型 主茎4～8节后以花芽封顶，茎直立，植株矮小，株高40～50cm，分枝较多。生长期较短，成熟早，收获期短而集中，产量较低。

（三）栽培技术

1. 品种选择 选择茎蔓生长旺盛、耐热性强、早熟、高产、适应性强的优良品种。豇豆是适合盛夏栽培的主要蔬菜，春、夏、秋均可栽培，关键是选用适当的品种。对日照要求不严的品种可在春秋季栽培，对短日照要求严的品种必须在秋季栽培。

2. 播前准备

（1）种子处理。种子纯度不低于95％，发芽率不低于90％，并经过精选，去除病、烂、破损、已发芽、未成熟及霉变的种子，在播种前要进行晒种，晒种要选择晴朗天气进行1～2d，这样可以杀死种子表面携带的病原菌，增加种子活力，提高发芽率。

（2）整地施肥。3月下旬视土壤墒情灌水，每平方米施优质腐熟农家肥3kg、过磷酸钙30g。耕深20cm，使耕层疏松肥沃、土粒细碎，耙地整平，整地质量达到地平、无残茬，待播。

3. 播种 播种方式可采用直播和育苗移栽等两种方式。采用育苗移栽，不仅可适当抑制营养生长、促进生殖生长，还可提早播种、提早收获，并延长采收时间。

（1）育苗移栽。豇豆的根系木栓化比较早，再生能力较弱，苗龄不宜太长。育苗移栽的播种时间为 3 月下旬。

①浸种播种。将种子放入温度保持在 25～30℃ 的水中，浸泡 2～3h，由于豇豆的胚根对温度和湿度很敏感，所以一般只浸种，不催芽。采用穴盘或营养钵护根育苗，播种前先浇水，播种时 1 个穴播种 3～4 粒种子，覆土 2～3cm 厚。播种后覆盖地膜保温保湿，出苗后及时揭开地膜。

②播种后管理。播后保持白天 30℃ 左右、夜间 25℃ 左右，以促进幼苗出土。正常温度下播后 7d 发芽，10d 左右出齐苗。此时豇豆容易发生徒长，因此要把温度降下来，保持白天 20～25℃、夜间 14～16℃。同时苗期温度不能过低，而且要注意防冷风吹苗。豇豆苗期一般不追肥，但须加强水分管理，防止苗床过干过湿，土壤含水量为 70% 左右。定植前 7d 左右开始低温炼苗。注意通风、控水，让秧苗多见光，防止秧苗徒长。适龄壮苗的标准是：日历苗龄 20～25d，生理苗龄为苗高 20cm 左右，开展度 25cm 左右，茎粗 0.3cm 以下，真叶 3～4 片，根系发达，无病虫害。

（2）直播。当地温达到 12～14℃，连续晴天时可以直播。播种前做小高畦，沟深 25cm，沟宽 40cm，畦宽 70cm，然后铺地膜，于沟壁两侧点播两行豇豆。株距 22cm，播深 3～4cm，每穴 3～4 粒种子，播种时施磷酸氢二铵作种肥。

4. 田间管理

（1）破土放苗。直播苗现行后如遇大雨，及时放苗封空，破除板结。

（2）定植。豇豆的定植期要根据栽培方式和生育指标确定。采用育苗移栽的，一般在第四对真叶展开前开穴定植，定植后浇水，填实定植孔。

（3）肥水管理。豇豆属喜肥水作物，但施肥过多，尤其是氮肥，易造成植株徒长。前期应防止茎叶徒长，后期防止早衰。由于采用高架引蔓，前期应少施氮肥，盛花结荚期重施结荚肥。灌水采用少量多次的原则，防止出现烂根、掉叶、落花等现象。豇豆齐苗及抽蔓期一般追施尿素 1～2 次，每次 7.5g/m²；初花期，追施尿素 7.5～15.0g/m²、磷酸二氢钾 3g/m²；采收期间，每隔 4～5d 追施尿素 1.5～3.0g/m²。

蔬菜搭架——
双花篱架

（4）搭架绑蔓。豇豆苗期进行蹲苗，促进幼苗根系生长，抽蔓时可直接搭篱架，也可以用麻绳引蔓上架，使茎蔓均匀分布于架面上。高架引蔓一般采用直立式牵引，即在架杆顶部的铁丝上等距离固定麻绳后，每穴豇豆插一截带钩的铁丝钩住麻绳，然后引苗。这种形式有利于植株四周通风透光。

（5）整枝。合理整枝是豇豆高产的主要措施。第一花序以下的侧枝长到 3cm 时摘除，以保证主茎粗壮，第一花序以上的侧枝留 1～2 叶摘心。主蔓长至棚顶时，打顶摘心，以控制生长，并促进下部侧枝形成花芽。

5. 采收　豇豆为总状花序，每一花序有 2～5 对花，通常只结 1 对荚，肥水充足、管理良好、植株生长健壮时所有花朵都可结荚。第一对豆荚采收后，第二对花芽才坐果或发育，因此要细心采收，不要碰伤或碰掉花序上的花芽，以增加结荚数，提高产量。开花后 10～12d 荚果饱满、籽粒未显时即可进行人工采收，采摘初期，每隔 4～5d 采摘 1 次。

三、番茄庭院栽培

番茄，又名西红柿、洋柿子、番柿等，古名六月柿、喜报三元，是茄科番茄属植物中以成熟多汁浆果为产品的草本植物。起源于南美洲安第斯山地区，至今在秘鲁、厄瓜多尔、玻利维亚等地仍有大面积野生种的分布。番茄传入我国在 16 世纪末或 17 世纪初明代万历年间作为观赏植物，直到 20 世纪初城市郊区才开始有栽培食用，在我国作为蔬菜栽培的历史也仅有百年左右。

（一）生长习性

1. 温度　番茄是喜温但不耐热的蔬菜，生长发育适宜温度 20～25℃，但在不同生育阶段对温度的要求不同。

种子发芽适宜温度为 25～30℃，温度高于 35℃则发芽受到影响，并且芽细长而弱，低于 11℃则不发芽；在催芽时如果给予变温管理，即白天保持 26℃，夜间维持在 20℃，可以提高发芽的整齐度，但相对出芽时间延后。刚发芽的种子放到 10～15℃的环境中 24h，可以提高植株的抗逆能力和抗寒性。幼苗期白天适宜温度 23～25℃、夜间 10～15℃。温度过高，幼苗容易徒长，茎叶细弱，花序节位高，花数少；温度过低，抑制茎叶的生长，容易形成老化苗，而且花芽分化的数量虽然多，但发育不良，畸形花多，以后容易产生落花落果和畸形果。开花期对温度比较敏感，以白天 23～25℃、夜间 15～20℃为最适温度，低于 15℃或高于 35℃都不利于花器的正常发育。结果期白天适宜温度 25～28℃，夜间 15～20℃。温度低，果实发育缓慢，温度达到 30～35℃，果实的发育速度虽然加快，但坐果数明显减少。温度过高抑制了番茄红素和其他色素的形成，影响了番茄的转色；温度过低，尤其是夜温过低，导致番茄容易落果。

2. 光照　番茄是喜光作物，生长要求较强的光照。适宜的光照度为 3 万～4 万 lx，光补偿点为 7 000lx，饱和点为 7 万 lx。充足的光照条件不仅有利于植株的光合作用，而且能使花芽分化提早，第一花序着生节位降低，果实提早成熟。冬季栽培番茄，由于光照不足，植株光合作用所积累的养分减少，营养不良，茎叶细弱，造成植株徒长；同时开花数量少，容易落花落果，以及诱发各种生理性障碍和病害，严重的影响产量和品质。光照不足是我国北方冬季日光温室生产番茄产量较低的主要原因之一，因此冬季温室生产要采用一切可能的措施增加光照。而夏季又光照过强，尤其是伴随着高温干旱，会灼伤果面，出现生理性卷叶，诱发病毒病，同样会影响果实的产量和品质，应适度遮阳处理。

3. 水分　番茄不同生长发育时期对水分的要求不同。发芽期要求土壤含水量为 80% 左右，播种时，育苗床的底水浇足，有利于种子的发芽；一般幼苗期适宜的土壤含水量为 60%～70%，苗期管理保持土壤的湿润状态，要见干见湿，水分过大，导致根系呼吸减弱，温度低时能引起沤根，水分过小也抑制植株的生长；定植时一般要浇的定植水，因为缓苗期需大量的水分；开花坐果前，是营养生长向生殖生长转化阶段，应适当控制水分，防止茎叶徒长，引起落花，影响坐果；果实开始膨大后，需水量急剧增加，要求土壤含水量为 75%～80%，供给充足水分是获得高产的关键。应经常保持土壤湿润，防止忽干忽湿，水分供应不均匀是导致番茄裂果的一个重要原因；到果实成熟期，应适当控制水分，避免降低果实品质，提高果实贮藏性。

4. 土壤　番茄根群发达，吸收能力强，对土壤要求不太严格，但为了获得高产，应选择土层深厚、疏松肥沃、保水保肥能力强的中性或微酸性土壤。番茄要求土壤通气良好，当土壤含氧量达 10%左右时植株生长发育良好，土壤含氧量低于 2%时植株枯死。因此，低洼易涝地及黏土不利于番茄的生长。番茄要求土壤中性偏酸，pH 以 6～7 为宜。番茄栽培在盐碱地上生长缓慢、易矮化枯死，但过酸的土壤又易发生缺素症，特别是缺钙症，引发脐腐病。酸性土壤施用石灰增产效果显著。

番茄生长期长，植株与果实生长量大，对肥料的吸收量比较多，主要是氮、磷、钾三要素。在生产中要注重有机肥的使用，增施有机肥不但可以增加氮、磷、钾三要素的供给，而且能有效地改善土壤理化性质。同时，番茄生育期长，必须有足够的养分才能获得高产，在有机底肥充足的基础上，要注重合理施用化肥。番茄是喜钾作物，在氮、磷、钾三要素中以钾的需要量最多，其次是氮、磷。据统计，每生产1 000kg番茄，需从土壤中吸收氮5kg、磷2kg、钾9kg。在结果期，氮、磷、钾在三种元素的需求比例是氮∶磷∶钾＝3∶1∶5.4。除氮、磷、钾外，番茄还需要钙、镁、硫等中量元素和铁、锰、硼、锌、铜等微量元素。番茄尤其不能缺乏钙，否则容易引起脐腐病，必须在管理中及时供给。

（二）品种类型

番茄分枝
结果习性

1. 有限生长型　有限生长型是栽培番茄中的1个类型，特征是番茄的主茎生长一定时间后，生长点不再生长，而由花芽相邻的侧枝代替主茎继续生长。一般这种类型的番茄花芽分化比较早，在6～8片真叶时着生第一花序，此后每隔1～2片真叶又生1个花序。主茎着生2～3个花序后，不再延伸，出现封顶现象。

2. 无限生长型　无限生长型番茄是栽培生产中使用较多的类型，这种类型的番茄植株生长势较强，枝叶繁茂，主茎生长点不断延伸生长，如果条件合适，可以无限生长，因此株体高大，必须进行支架栽培。其生育期长，现在生产上一般是12个月的生长期，果实成熟偏晚，产量高。其特征是当番茄主茎生长7～9片真叶后形成第一花序，此后，每隔2～3片真叶着生1个花序，不封顶。

（三）栽培技术

番茄春季栽培是较为常见的一种栽培模式，北方地区在当年3月上中旬温床播种育苗，在4月底5月初定植。番茄苗期温度较低，定植后温度逐渐提高，外界条件日渐适宜，开花结果期正值最适番茄生长的季节。采用地膜覆盖可以使地温提高2～8℃，促进早生根、早生长，减少水分蒸发，防止雨水冲打土表及灌水造成的土壤板结，保持土层疏松结构，利于微生物活动，提高肥效。

1. 品种选择　北方地区庭院番茄栽培时间主要集中在4月下旬至10月上旬，经历春、夏、秋3个季节，与保护地番茄栽培相比，地膜覆盖栽培番茄往往病虫害较重，因此对品种的抗病性要求较高。另外，在夏季很多地方温度较高，而且雨水较多，容易发生涝害，选择的品种要求有一定的抗高温高湿、抗涝的能力，高抗病毒病和耐根结线虫。

2. 播种育苗　庭院栽培番茄育苗的时间一般在3月上中旬，此期间外界气温和地温处于缓慢回升的阶段但是仍然较低，不能满足番茄育苗的要求，因此一般采用中、小棚保护地和电热温床的方式育苗。

（1）催芽。番茄种子催芽的适宜温度为28～30℃，空气相对湿度在90％以上，催芽时有50％的种子露白即可播种。

（2）苗期管理。播种后至出苗前不揭膜、不通风，使苗床地温达到25～30℃；齐苗后将棚温降到20℃左右，通过对通风、盖膜和加热等措施的合理调节控制温度；整个苗期温度应在0℃以上，防止冻害，有条件的地方最好保持在8℃以上、22℃以下，保证培育丰产型壮苗的条件。假植时注意小苗栽在畦中，大苗栽在畦边，假植后密封拱棚，防止幼苗过分失水而影响缓苗，棚内温度最好保持在 22～26℃。缓苗后加强通风、降湿，温度应控制在 18～22℃。土壤含水量控在 60％左右，以地表发白、表土以下 3cm 湿润为好。定植前 1 周开始炼苗，定植前 3～4d 施 1 次送嫁肥。

3. 整地定植

（1）整地做畦，施足基肥。春季霜冻过后再进行整地做畦。做畦时，采用深沟高畦，减轻雨涝对番茄生长的影响，一般畦宽 1m，沟宽 0.3～0.4m，沟深 0.25m 左右。畦以南北方向为好，有利于番茄植株充分而且均匀接受光照。

番茄根系发达，整个生育期需要大量营养，由于进行地膜覆盖，追肥较困难，因此必须施足基肥。每平方米施优质有机肥 5kg、复合肥 60g、饼肥 60g、过磷酸钙 45g。

（2）地膜覆盖。早春季节外界温度低，气温也低，因此定植前半个月进行扣地膜，可以有效提高地温，有利于番茄缓苗。施肥后可进行地膜覆盖。春季地膜栽培中主要采用高垄地膜覆盖法，垄宽 60～75cm，垄高 10～15cm，垄面上覆盖地膜，每垄栽培 1 行，其增温效果一般比平畦高 1～2℃。要求垄面平滑无土块，以利于盖紧地膜。

（3）适期早定植。定植日期应根据各地的终霜期而定，在保证幼苗不受霜害的情况下适当早定植，应选择晴朗、无风的天气进行定植，这样有利于缓苗，株距为 35～45cm。

4. 田间管理

（1）水肥管理。番茄定植时，应浇 1 次定植水，浇水量不宜过多，防止地温过低，造成沤根等地下病害。如果定植后连续晴天，而土壤水分不足，应注意补水，使番茄能及时缓苗。定植 5～7d 后，番茄生新根后，可浇 1 次缓苗水，缓苗后到第一花穗坐果期间，如不遇特别干旱，一般不浇水，要进行蹲苗。当第一花序果实核桃大，第二花序果蚕豆大，第三花序开花时结束蹲苗。蹲苗期结束后，应保证土壤湿润，防止忽干忽湿，并结合浇水进行第一次追肥，每平方米施 15g 复合肥，但雨季要注意排水防涝。第一穗上果实开始采收，为促进第二、第三穗上果实的生长，并防止秧苗早衰，可进行第二次追肥，每平方米施复合肥 20g。第二穗果开始采收时，正是结果盛期，需追盛果肥，一般每平方米施尿素和复合肥各 15g。近年来，根外追肥应用得越来越多，根外追肥应选择晴天的上午或傍晚进行，喷后应保持 24h 无雨。一般生长前、中期氮、磷肥宜多施，钾、氮肥在后期要多施。在果实迅速膨大时，如果土壤缺钙或植株吸收钙的能力减弱，应及早喷洒 2％过磷酸钙，防止脐腐病发生。

（2）搭架绑蔓。番茄的茎有半直立和蔓性两种，木质化程度都不高，栽培番茄必须在株高 30cm 左右时设立支架，防止倒伏。支架的方式有人字架、四脚架等。

①人字架。适于中晚熟品种、双干整枝、留果穗多的栽培方法。在植株附近，从内向外斜插 1 根竹竿，使两行相对的两根竹竿，顶端交叉呈"人"字形（图 2-1-17），在上面交叉处用 1 根竹竿横平连接，支架高 170～200cm。这种架式较简单，牢固不及四脚架，且通风透光较差。

②四脚架。以 4 株植株为单位，先在植株旁从内向外斜插 1 根竹竿，将两行相邻近的 3～4 根竹竿上部交叉在一起，扎紧即成。架高一般 60～120cm。这种支架牢固，但单位面积内的通风透光差，影响坐果率，病虫害易发生。

绑蔓是把番茄茎绑在支架上，应随植株生长分多次进行。植株每增高 20cm 左

蔬菜搭架——
四脚架

图 2-1-17　人字架

右，绑蔓 1 次，整个生育期需绑蔓 4～5 次。绑的松紧要适度，既牢固又留有余地，茎蔓与架材之间绑成"∞"形结。绑蔓用的材料要求柔软坚韧，常用的有麻绳、塑料绳、布条等。

单干整枝

（3）植株调整。番茄的生长类型、栽培目的、密度、肥力条件及管理水平不同，整枝方式不一样。常见的如单干整枝、双干整枝等。

①单干整枝。只保留 1 个中央主干，把所有侧枝都陆续摘除打掉，主干也在留有一定果穗时打尖、摘心。打杈不宜从基部掰掉，以防损伤主干。摘心一般在最后一穗果的上部留 2～3 片叶。单干整枝植株叶片少，适于密植、早熟栽培，是春季栽培中较为常用的整枝方式。

双干整枝

②双干整枝。指除有主干外，还选留 1 个侧枝作第二个主干结果枝，将其他侧枝及双干上的再生枝全部摘除。第二主干一般选留第一花序下的第一侧枝，这个侧枝较健壮，生长发育快，易与主干并驾齐驱。这种整枝法需要较大的株行距，并且需要搭人字架，一般在单位面积株数少的情况下使用。

5. 采收　在低温情况下，番茄开花后 50～60d 果实成熟，若温度高，则开花后 40d 左右便成熟。适时采收的标准是：果实充分膨大，果皮由绿变黄或红。要选择无露水时采收。

【拓展阅读】

番茄的由来

番茄属于茄科植物，引入中国后，由于形似红柿子，又是来源于西方，因此又被称为西红柿。在 16 世纪，在英国有一位公爵，一次到南美洲旅游，发现了番茄这种果实色彩诱人的植物，并深深地喜欢上了它。他把番茄带到了英国，送给了女王，以表情意，此后，番茄又有了别称——"爱情果""情人果"。

有史料记录，番茄本名为"狼桃"，是一种野生植物。据说番茄具有毒性，成熟时颜色鲜红，十分诱人，但是还是没人敢尝试吃一口，最多也只把它放在家中欣赏而已，因为谁都不敢冒这个被毒死的风险。直到 17 世纪，法国的一名画家十分喜爱番茄，并时常刻画它，有一次，他实在抵挡不住番茄的诱惑，明知有毒，还是吃了一个，感觉酸中带甜、甜中带酸，美味至极。然后他忐忑地等待死神的召唤，可最终他的身体没有受到任何伤害。于是，他兴高采烈地把这个消息分享给了他的所有朋友们和邻居，不久，整个西方国家都得知了番茄无毒这个信息。

此后，人们发现番茄中含有很高含量的维生素及其他营养物质，将它从院子里搬入了菜园中。番茄出现在人们的水果盘中，成了一种美味多汁、酸甜可口、鲜红诱人的"水果"。等到了 18 世纪，番茄登上了人们的餐桌，成了色彩鲜艳、味道酸甜的菜肴。

【任务布置】

以组为单位，任选一种果菜类蔬菜进行庭院栽培，制订生产计划及实施，并将生产过程制作成短视频。实施后根据各组植株生长状态进行小组自评、小组互评和教师评价，并完成巩固练习。完成后将本任务工作页上交。

【计划制订】

表 2-1-7　果菜类蔬菜庭院栽培计划

操作步骤	制订计划
品种选择	
育苗	
整地定植	
生长期管理	
收获	

【任务实施】（实施过程中的照片）

【总结体会】

【考核评价】

表 2-1-8　果菜类蔬菜庭院栽培考核评价

评价内容	评分标准	评价		
		小组自评	小组互评	教师评价
制订计划 （20分）	1. 计划内容全面（10分） 2. 字迹清晰（10分） 未达到要求相应进行扣分，最低分为0分			
任务实施 （20分）	1. 按计划实施（5分） 2. 能够正确处理突发状况（5分） 3. 实施效果好（5分） 4. 团队合作能力强（5分） 未达到要求相应进行扣分，最低分为0分			
实施效果 （20分）	1. 种子处理方法正确（5分） 2. 产品商品性高，生长整齐（10分） 3. 产品符合采收标准，能及时采收（5分） 未达到要求相应进行扣分，最低分为0分			
总结体会 （20分）	1. 能根据实施过程中出现的问题总结发生的原因以及找到解决问题的办法（15分） 2. 能通过本次任务的实施写出自己的体会（5分） 未达到要求相应进行扣分，最低分为0分			
小计				
平均得分				

【巩固练习】

1. 普通丝瓜和有棱丝瓜有哪些不同之处？（10分）

2. 番茄怎样进行整枝？（10分）

本次任务总得分：

教师签字：

项目二 庭院果树

【项目目标】

知识目标：能说出常见庭院果树的生长习性、品种类型及庭院栽培技术。

技能目标：会根据植物生长习性进行庭院果树的栽培管理。

素质目标：培养严谨的工作态度，积极参加劳动教育，了解新品种、新技术对农业的贡献，体验实践出真知的道理。

【相关知识】

果树分类方法很多，根据茎或枝条的结构分为木本果树和草本果树，按照植株形态特征分为乔木果树、灌木果树、藤本（蔓生）果树和草本果树。木本果树有乔木果树如苹果，灌木果树如蓝莓，藤本（蔓生）果树如葡萄和猕猴桃等；草本果树包括草莓、香蕉、菠萝等。

任务一 木本果树庭院栽培

一、苹果庭院栽培

苹果是蔷薇科苹果亚科苹果属植物。苹果原产欧洲中部、东南部，中亚乃至中国新疆。绵苹果在我国种植历史悠久，作为栽培用的大苹果于 19 世纪传入中国。目前中国是世界最大的苹果生产国，大苹果种植面积和产量均占世界总量的 40% 以上，苹果在我国东北、华北、华东、西北和四川、云南等地均有栽培，其中环渤海湾和西北黄土高原是我国两大苹果优势产区，栽培面积分别占全国苹果栽培总面积的 40%、39%，产量分别占45%、35%。

（一）生长习性

1. 温度 苹果树是喜低温干燥的温带果树，适宜的温度范围是年平均气温 8～14℃，绝对低温不低于−25℃，1 月平均气温不低于−10℃。当气温高于 30℃或低于 0℃时，根系停止生长。苹果在深冬季节较抗冻，但在−30℃以下时会发生冻害，−35℃时会冻死，低于−17℃时根系会冻死。春季花蕾可耐−7℃低温，花期−3℃雄蕊受冻，−1℃雌蕊受冻，幼果−1℃时会有冻害发生。

2. 光照 苹果是喜光树种，光照充足，光合作用强，有利于产量、质量的提高。它的最低光照为全光量的 13%～15%，形成花芽所需光量在 30% 以上。光照度与日照时间对苹果着色有明显的影响。当树冠内入射光照减至自然光照的 50% 以下时，红色品种的着色明显变淡；如降至 30% 以下时，不仅着色差，且品质下降。

3. 水分 苹果属耐旱树种，4—10 月要求降水总量 300～600mm，月平均降水量 50～150mm，就能基本满足苹果生长需求。我国苹果优生区年降水量多数为 500～800mm，生育期降水量为 50～150mm，完全能够满足苹果正常生长需求。但我国全年降水量分布不均，主要表现为冬春干旱、夏秋多雨现象普遍，因此，要求果园要有排灌设施，做到旱能灌、涝能排。

4. 土壤及营养 苹果对土壤的适应范围较广，并可利用不同砧木，在 pH 为 5.7～8.2 的土壤中正常生长。但适宜苹果生长的土壤条件是：排水良好，土壤肥沃，有机质含量在 1.0％以上；土层深厚，活土层在 60cm 以上；地下水位在 1.5m 以下；土壤在 pH 在 6.0～7.5，总盐量在 0.3％以下。

（二）主要种类和优良品种

1. 主要种类 苹果属于蔷薇科苹果属植物，我国是重要的起源演化中心之一，拥有的苹果种质资源极为丰富。世界公认的苹果属植物约有 35 个种，原产我国的有 27 个种，其中包括野生种 21 个、栽培种 6 个。现用于栽培和砧木的主要种类有：

（1）苹果。目前世界上栽培的苹果品种绝大部分属于本种或该种与其他种的杂交种。

（2）山荆子。又称山定子，北方寒冷地区常用的砧木。

（3）楸子。与苹果嫁接亲和力强，广泛应用的砧木。

（4）西府海棠。耐盐碱、抗性强的砧木。

2. 主要优良品种

（1）藤牧 1 号。原产美国。早熟品种，果实生育期约 90d。该品种果实圆形或长圆形，单果重 180g。果皮底色黄绿，果面光清，有红晕、红条纹或全红。果肉黄白色，肉质中粗，松脆汁多，风味酸甜，有香味，可溶性固形物含量为 11.9％，品质上等，室温下可贮存 15～20d。

（2）津轻。原产日本。中熟品种，果实发育期约 115d。该品种果实近圆形，单果重约 175g。果皮底色黄绿，果面被红色粗条纹。果肉黄白色，酸甜适口。可溶性固形物含量为 14％，品质上等，耐贮性差，货架期 10～20d。

（3）新嘎啦。原产新西兰，为嘎啦的着色系芽变，又名皇家嘎啦。中熟品种，果实生育期约 120d。该品种果实卵圆形或短圆锥形，单果重 150g。果面底色绿黄，果皮可全面着鲜红霞（图 2-2-1），有断续红条纹。果肉淡黄色，肉质细脆致密，可溶性固形物含量为 13％左右，有香味，品质上等，较耐贮藏。

图 2-2-1 新嘎啦苹果

（4）金冠。金冠原产美国。中晚熟品种，果实生育期 140～145d。该品种果实圆锥形，萼部有 5 条隆起，单果重约 200g。果面成熟时绿黄色，稍贮后为金黄色，阳面常具红晕。果肉淡黄色，肉质细脆致密，可溶性固形物含量为 14.6％，具浓郁芳香，品质上等，耐贮藏。

（5）着色富士系。着色富士系是指由原产日本的富士苹果选育出的一批着色芽变品种，称为红富士，是我国栽培面积最大的苹果品种。包括普通型着色芽变品种秋富 1 号、长富 2 号、岩富 10 号、2001 富士、乐乐富士、烟富 1 号～烟富 5 号；短枝型着色芽变品种宫崎短枝、福岛短枝、长富 3 号、秋富 39、烟富 6 号；早熟着色富士红王将等。

着色富士系苹果多为晚熟品种，果实生育期 170～175d。该类品种果实圆形或近圆形，单果重 230g。果面有鲜红条纹或全面鲜红或深红。果肉黄白色，细脆多汁，酸甜适口，稍有芳香，可溶性固形物含量为 14％～18.5％，品质极上，极耐贮藏。

（6）寒富。该品种由沈阳农业大学用东光与富士杂交选育而成。果实短圆锥形，果形端正，全面着鲜艳红色（图 2-2-2），果形指数 0.89，平均单果重 250g。果肉淡黄色，酥脆多汁，甜酸味浓，有香气，耐贮性强。可溶性固形物 15.2％，具有显著矮化短枝性状，被誉为"抗寒的富士"。该品种树冠紧凑，枝条节间短，短枝性状明显，再生能力强，以短果枝结果为主，有腋花芽结果习性。早果性强，定植后第二年见花，第三年即有产量，第四年株产即可达到 20kg，适应于密植栽培。抗逆性强，尤其抗寒性明显超过国光等大型果，还抗蚜虫和早期落叶病，较抗粗皮病。

图 2-2-2　寒富苹果

（三）栽培技术

1. 品种选择　一般庭院面积普遍较小，为了避免苹果树对居住环境采光的遮挡，可以选用矮化中间砧苹果苗进行栽培。根据面积大小可以选择单株栽培或者按照株行距栽培。另外，根据当地情况来选择砧木，如需抗寒宜选山荆子，耐盐选西府海棠等。大多数栽培品种都可以进行庭院栽培，如藤牧 1 号、嘎啦、乔纳金、王林、秦冠、陆奥、新红星、红将军、寿红富士、烟富 3 号、烟富 6 号等。

2. 配置授粉树　苹果绝大多数品种自花不孕或坐果率较低，故异花授粉才能提高果品的产量和品质，同时庭院内风速小，对增温有利，却不利于苹果树授粉，因此栽种时要考虑授粉树的配置。如果庭院面积较大可以通过栽种授粉品种进行授粉，单株栽植可以通过嫁接授粉枝进行授粉。新红星、首红、艳红、玫瑰红（元帅系短枝型）、短枝红富士可配置金矮生（金冠短枝型）或烟青（青香蕉短枝型）为授粉树。

3. 苗木定植　定植前挖定植穴，把表土和底土分开。穴径和穴深各 1 m，如果土层瘠薄还应加大穴径、穴深。苹果栽植后要生长多年，因此在定植时要注意基肥的施用，尤其是穴底及径穴周围。庭院面积较大时栽植苹果树可采用单行密植的方式，要求行距 3m、株距 2m。

为了缩短缓苗期，促进早结果，可以实行大苗移植，实现一年栽植、两年缓苗、三年挂果的目标。春季直接购入 3～4 年生的大苗，进行大坑、大肥、大水移栽，经一年缓苗成花，第二年即可开花挂果。

4. 整形修剪　采用狭长纺锤式单株小冠式整形，要求树干高 40～50cm，树高 2～3m，主枝 10～15 个为宜，主枝上直接留结果枝组，1～2 年生幼树基本不疏枝，4～5 年成形。

幼树期修剪应采用"轻剪、长放、多留枝"的技法，促进营养生长，培养领导干和骨干枝组，采取拉枝（图 2-2-3）、拿枝、开张角度等办法，使其多发短枝，为早花早果打好基础。

图 2-2-3　苹果拉枝

盛果期修剪要维持树势，控制领导干的顶端优势，加大骨干枝组的开张角度，均衡结果枝组的结果能力，清除徒长枝，控制竞争枝，去强留弱，减缓生长，控制树冠，防止结果部位外移、内膛郁闭。可采用环剥或倒贴皮等措施促使花芽生成，提高结果能力。

衰老期果树修剪要采用重剪、回缩等手法，增加新梢萌生量，加强肥水管理，更新复壮，增加树势。

5. 肥水管理　庭院苹果的施肥以秋施优质有机肥为主。庭院中地面多有砖石或水泥覆盖，这给栽后的肥水管理带来不便，特别是施肥。可在秋季采果后扒开树盘穴施或沟施基肥，每株施腐熟有机肥 15～20kg。不同生长发育时期可以结合灌水进行追肥。另外，叶面追肥也是庭院苹果栽培可采用的良好施肥手段，如叶面喷施 0.3% 尿素等。

土壤墒情差时，及时浇水。我国大多数地区自然条件下降水稀少，正常年份降水量在

450mm 以下，这与苹果正常的需水量相差甚远，而且季节性降水特征明显，降水大多集中在 8—10 月这 3 个月，春旱、伏旱现象频繁发生，水分成为苹果生产的主要制约因素。庭院栽植时，应根据土壤墒情，适时浇水，促进苹果生产结果的顺利进行。

6. 花果管理 庭院栽培苹果树管理不容易出现"大小年"现象，使树体过早衰老，因此应该按枝果比（1~2）：1 或果间距离 10cm 左右进行疏花疏果，合理调整载果量，使树体达到既丰产又能延缓衰老的目的。

花后一个月左右可以进行果实套袋，套袋前打一次杀菌杀虫剂，然后套袋。果实成熟前进行摘袋。为了促进果实全面着色，可以通过摘叶转果的操作促进果实着色均匀。苹果成熟后要适时采收，才能获得质量好、产量高和耐贮藏的果实。

二、蓝莓庭院栽培

蓝莓属杜鹃花科越橘属植物，为落叶或常绿灌木。越橘属植物全世界有 400 多种，广泛分布于北半球，以北美洲资源最为丰富，占世界总数的一半。我国约有 91 种、24 变种、2 亚种，主要分布于东北和西南地区，多为野生，具有较高经济价值的有 20 多种。蓝莓果实呈蓝色，并披一层白色果粉，果肉细腻，果味酸甜，风味独特，营养丰富。其富含熊果苷、花青苷以及丰富的抗氧化成分，含有大量对人体健康有益的物质，因此被联合国粮食及农业组织列为人类五大健康食品之一，同时被认为是 21 世纪最有发展前途的新兴高档果树树种。蓝莓春季白色和粉色的花朵、夏季天蓝色的果实、秋季红色的叶片，都可成为庭院中靓丽的景色。

（一）生长习性

1. 温度 生长季节蓝莓能够忍耐 40~50℃ 的高温；而当气温在 10~30℃ 且有充足的水分和养分条件下，蓝莓的生长速度会随气温的升高而加快，果实发育也会加快，而低于 10℃ 环境条件下生长缓慢，当气温低至 3℃ 时即会停止生长。高丛蓝莓的抗寒能力最弱，矮丛蓝莓的抗寒能力最强，半高丛蓝莓的抗寒能力介于二者之间。

2. 光照 长日照有利于蓝莓的营养生长，把蓝莓放在温室里，使日照长度始终保持在 16h 以上，可以使其一直处于生长状态。在自然条件下，7 月底至 8 月初日照开始变短时开始花芽分化，如果在分化之后仍处在生长温度之下，花芽不需经过休眠就可以开放。全光照条件下果实品质最好，光照度降低 50% 时，生长和产量都下降。

3. 水分 蓝莓鲜果的含水量为 80%~90%，土壤水分是影响蓝莓生长的重要环境因子，关系着蓝莓的正常生长发育和产量。蓝莓根系分布浅且没有根毛，无主根，主要集中分布在 20cm 以内的土壤中，吸收能力弱，形成了蓝莓耐旱性和耐涝性相对较弱的特点。因此要求土壤疏松，通气良好，栽培时要注意及时灌水，保持土壤湿润。

4. 土壤及营养 蓝莓理想的土壤类型是疏松通气、有机质含量高的酸性沙壤土，适宜的有机质含量为 7%~10%。土壤 pH 对蓝莓的生长与产量有显著影响，其中 pH 过高是限制蓝莓栽培范围扩大的一种重要限制性因素。半高丛蓝莓和矮丛蓝莓适宜的 pH 为 4.0~5.2，最好为 4.3~4.8。

（二）主要种类和优良品种

1. 主要种类 根据树体特征、生态特性及果实特点，我们将蓝莓划分为南高丛蓝莓、北高丛蓝莓、半高丛蓝莓、兔眼蓝莓、矮丛蓝莓 5 个品种群。

（1）南高丛蓝莓品种群。喜湿润、温暖气候条件，抗寒力差。适于我国黄河以南地区如华东、华南地区栽培，东北地区可以进行保护地栽培。

（2）北高丛蓝莓品种群。喜冷凉气候，抗寒力较强，有些品种可抗－30℃低温，适于我国北方沿海湿润地区及寒地发展。此品种群果实较大，品质佳，鲜食口感好，可以作为鲜果进行市场销售，是目前世界范围内栽培最广泛、栽培面积最大的品种类型。

（3）半高丛蓝莓品种群。半高丛蓝莓是由高丛蓝莓和矮丛蓝莓杂交获得的品种类型。果实比矮丛蓝莓大，但比高丛蓝莓小，抗寒力强，一般可抗－35℃低温。适宜东北南部、长江以北大部分地区露地栽培，东北地区可以进行保护地栽培。

（4）兔眼蓝莓品种群。兔眼蓝莓比高丛蓝莓的生态适应性好，生长势和抗虫性较强，并且丰产、果实坚实、耐贮藏、需冷量少。适宜长江流域以南、华南以北的广大区域栽培，适应性较强。

（5）矮丛蓝莓品种群。此品种群的特点是树体矮小，一般高 30～50cm。抗旱能力较强，且具有很强的抗寒能力，在－40℃低温地区可以栽培。适宜东北地区以及其他一些高寒山区露地栽培。

2. 优良品种

（1）蓝丰（Bluecrop）。美国选育的中熟品种。树体生长健壮，树冠开张，幼树时枝条较软，抗寒力强，其抗旱能力是北高丛蓝莓中较强的一个，丰产性好。果实大、淡蓝色，果粉厚，肉质硬，果蒂痕干，具清淡芳香味，未完全成熟时略偏酸，口味佳。

（2）都克（Duke）。美国选育的早熟品种。树体生长健壮、直立，连续丰产，极为丰产稳产。果实中等大、浅蓝色、质地硬，果蒂痕小且干，风味柔和，有香味。

（3）瑞卡（Reka）。新西兰选育的早熟品种，为美国专利品种。树体生长直立、健壮，果穗大而松散，丰产能力极强。果实暗蓝色、中等大小，果实直径 12～14mm，平均单果重 1.8g，质地硬，采收容易，口味极佳。该品种对矿质土壤的适应能力强。

（4）雷戈西（Legacy）。树体生长直立，分枝多，内膛结果多。丰产，为一种早熟品种。果实大、蓝色，质地很硬，果蒂痕小且干。果实含糖量很高，鲜食口味极佳。

（5）北卫（Patroit）。美国选育的中早熟品种。树体半直立，生长势强，极抗寒（－29℃），抗根腐病。果实大，略扁圆形，质地硬，口味极佳。

（6）北陆（Northland）。美国选育的中早熟品种。树体生长健壮，树冠中度开张，成龄树高可达 1.2m。抗寒，极丰产。果实中等大小、圆形、蓝色，质地中硬，口味佳，是美国北部寒冷地区主栽品种。

（7）美登（Blomidon）。加拿大选育的中熟品种。树体生长健壮，丰产，果实较大、近球形、浅蓝色、被有较厚果粉，风味好，有清淡怡人香味。

（8）绿宝石（Emerald）。美国专利品种。树体生长健壮，半开张。果实极大、蓝色，果蒂痕小且干，质地极硬，果实甜略有酸味。成熟期极早且较集中。

（三）栽培技术

1. 品种选择 蓝莓共有 5 个品种群，矮丛蓝莓适合北方露地栽培，北高丛蓝莓和半高丛蓝莓适合北方庭院栽培，南高丛蓝莓和兔眼蓝莓适合南方栽培。蓝莓栽培优良品种共有 300 多个，根据当地气候条件可以因地制宜、因需制宜选择适宜的品种。高丛蓝莓虽为自花授粉，但异花授粉会使蓝莓的果实更大、产量更高，因此在庭院栽培时建议两个以上的品种进行混栽。

2. 土壤改良　北方地区的土壤 pH 多为偏酸或中性，因此定植前要进行土壤调酸，最常用的方法是对土壤施硫黄粉，其对土壤酸度调节效果持久稳定。庭院栽培多株蓝莓可以采用定植沟改良，如果是单株栽植可以采用定植穴改良。改良方法基本相同，具体方法是挖宽 50cm、深 50cm 的定植沟或定植穴，硫黄使用量 1.0～1.5kg/m³。为增加土壤中有机质含量，可以混入草炭，草炭与园土的比例为 1∶1 或 1∶2，也可采用松针、腐烂的锯末、粉碎的玉米秸秆等，同时也可施入鸡粪、牛粪等有机肥作基肥，但注意要混拌均匀，然后浇水沉实。

蓝莓土壤改良技术

3. 苗木定植　庭院蓝莓春秋季均可栽植，可以采用起垄栽培，垄高 20～30cm、宽 80～100cm。定植时，先顺着行向进行打点，然后按照打点的位置挖定植穴，定植穴的大小根据所用苗木的大小确定，栽植深度以覆盖原苗木土团 2～3cm 为宜。埋土后轻轻踏实，及时浇灌定根水。注意营养钵苗一定要破根团，可用手或小铲将根团破开后定植。

4. 肥水管理

（1）水分管理。蓝莓为须根系，根系不发达，对水分要求较高，水分不足或过多均会影响树体的正常生长发育。一般 1 周浇 1 次水，浇水方法上建议采取滴灌，既可以节省水资源，又可以通过水肥一体化技术提高肥料的利用率。为了保持土壤酸性条件，可以用柠檬酸、冰醋酸、硫酸将水调酸后浇灌，一般间隔 2 次浇 1 次。一个生长周期里重要的需水时期为萌芽期、开花后、果实膨大期、土壤封冻前。

（2）土壤管理。蓝莓园可以采取行内土壤有机物覆盖，在种植行行间铺园艺地布或黑色薄膜来减少除草的工作量。土壤有机物覆盖可以缓解土壤温湿度的骤变，覆盖物逐年腐烂后，增加土壤有机质，这些可以为蓝莓根系提供良好的土壤环境。覆盖物一般用松针、玉米秸秆、草坪修剪后的碎草等，覆盖物厚度 10～15cm，定期补充以保持厚度。

（3）施肥管理。春季解除防寒后、萌芽前施入催芽肥，以氮肥为主，成年树每株可以施入硫酸铵和硫酸钾型复合肥共 100g，果实膨大期可以购买市售的水溶性钾肥，按照说明书用量通过滴灌施入，采果后以复合肥为主。成年树每次每株采取沟施可施 100g，注意不可距离植株过近，以防烧苗。可在株间挖深 10～20cm 的沟，将肥料施入，施肥同时可施入硫黄粉以保持土壤酸性，施肥后及时覆土和浇水。

5. 整形修剪　定植后第二年，应适当疏花甚至将花全部抹去，以促进树体生长，扩大树冠，增加枝量，去除细弱病残枝，对基生枝适当摘心，促发新枝。定植后第三年，树冠已成形，开始进入结果期，这个时期继续促进树体生长，春季除疏枝还要修剪花芽，壮枝留花芽 5～7 个，中庸枝留 4～5 个，弱枝不留。夏季修剪主要采用摘心和短截，根据植株生长情况进行 1～2 次摘心。果实采收后的修剪主要采取疏除、短截、回缩等修剪手法，即疏除衰弱枝、内膛枝，回缩、更新结果枝组，培养翌年结果枝，使枝条立体合理分层分布。

6. 果实采收　由于蓝莓果实成熟期不一致，因此进入果实成熟期后需要按照成熟情况进行分批采收。在果实大量成熟期间隔 2～3d 采收 1 次，刚刚进入果实成熟期和果实成熟末期通常 4～6d 采收 1 次。采摘时间以清晨露水干后至中午高温前或是傍晚气温下降以后进行，采摘时应戴手套，果实需轻拿轻放。

7. 越冬防寒　10月末至11月初及时防寒。一般采用埋土防寒法，首先在枝条压倒侧放一锹枕土，然后将枝条压倒并覆土，注意枝条不能外露，冬季需要定期检查。庭院栽培小气候条件较好也可以采取防寒袋越冬防寒，首先将枝条绑缚紧，然后套上防寒袋并用绳子绑紧，最后将防寒袋底部用土压实（图2-2-4）。

图 2-2-4　庭院蓝莓防寒

春季一般在4月末至5月初根据具体气候情况进行出土上架，要注意避开晚霜冻害，注意不要弄断枝条。

【拓展阅读】

苹果上为什么会有字？

苹果上的字，是利用遮光图案纸贴在未成熟的苹果表面，太阳光线照不到贴字的部分，因此贴字处颜色比不贴处要浅，苹果上的字就显现出来了（图2-2-5）。

图 2-2-5　苹果贴字

【任务布置】

以组为单位，任选一种木本果树庭院栽培，制订生产计划及实施，并将生产过程制作成短视频。实施后根据各组生长状态进行小组自评、小组互评和教师评价，并完成巩固练习。完成后将本任务工作页上交。

【计划制订】

表 2-2-1 木本果树庭院栽培计划

操作步骤	制订计划
品种选择	
栽植	
栽后管理	
果实采收	
越冬管理	

【任务实施】（实施过程中的照片）

【总结体会】

【考核评价】

表 2-2-2　木本果树庭院栽培考核评价

评价内容	评分标准	评价		
		小组自评	小组互评	教师评价
制订计划 （20分）	1. 计划内容全面（10分） 2. 字迹清晰（10分） 未达到要求相应进行扣分，最低分为 0 分			
任务实施 （20分）	1. 按计划实施（5分） 2. 能够正确处理突发状况（5分） 3. 实施效果好（5分） 4. 团队合作能力强（5分） 未达到要求相应进行扣分，最低分为 0 分			
实施效果 （20分）	1. 木本果树栽植方法正确（5分） 2. 木本果树整形修剪操作正确（5分） 3. 木本果树生长发育正常（10分） 未达到要求相应进行扣分，最低分为 0 分			
总结体会 （20分）	1. 能根据实施过程中出现的问题总结发生的原因以及找到解决问题的办法（15分） 2. 能通过本次任务的实施写出自己的体会（5分） 未达到要求相应进行扣分，最低分为 0 分			
小计				
平均得分				

【巩固练习】

1. 木本果树栽培对土壤条件有什么要求？（10分）

2. 蓝莓栽培的土壤改良具体有哪些方法？（10分）

本次任务总得分：

教师签字：

任务二 藤本果树庭院栽培

【相关知识】

一、葡萄庭院栽培

葡萄是世界上最古老的果树之一，已有 5 000～7 000 年的栽培历史，我国在汉朝时由中亚引入。葡萄营养丰富，用途广泛，除鲜食外，大量用于酿酒、制干和制汁等加工业。葡萄既具有早果丰产、繁殖简便、好栽易管等优良的栽培性状，又有很强的适应性和抗逆性，并且能采用露地栽培、设施栽培、盆栽造型及庭院绿化等多种栽培方式。因此，葡萄成为世界上分布广泛、产量最高的果树。

（一）生长习性

1. 温度 葡萄属喜温果树。当日平均气温达到 10℃以上时芽开始萌发，新梢生长和花芽分化最适温度为 25～30℃，浆果成熟适温为 28～32℃，在冬季绝对低温低于－15℃的地区即需要埋土越冬。

2. 光照 葡萄是喜光植物，对光照非常敏感。光照不足时，枝条细弱节间长，组织不充实，花芽分化不良，产量低，品质差，因此，庭院栽培时应按照实际情况选择合适的架式和架向，注意创造良好的光照条件，并采用正确的整枝修剪技术。但光照过强，果穗易发生日灼，在管理上应适当利用叶片进行果穗遮光或果穗套袋。

3. 水分 葡萄的根系发达，吸水能力强，具有较强的抗旱性，但幼树抗性差，一般在萌芽期、新梢旺盛生长期、浆果生长期内需水较多。葡萄树体生长最适宜的土壤含水量是 60%～80%。

4. 土壤 葡萄对土壤的适应性很强，除了极黏重的土壤和强盐碱土外，一般土壤均可种植，但以土层深厚肥沃、土质疏松、通气良好的砾质壤土和沙质壤土最好。

（二）主要种类和优良品种

1. 主要种类 葡萄为葡萄科葡萄属真葡萄亚属多年生落叶藤本，有 70 多种，分布在我国的约有 35 种。按地理分布和生态特点，可划分为 3 个种群，即欧亚种群、北美种群和东亚种群。欧亚种群依据其起源又可分为东方品种群、黑海品种群和西欧品种群，北美种群中具有利用价值的主要有美洲葡萄、河岸葡萄和沙地葡萄，东亚种群中应用较多的主要是山葡萄。

2. 优良品种

（1）京秀欧亚种。早熟品种。果穗圆锥形，粉红色至紫红色，平均穗重 510g。果粒椭圆，平均粒重 6～7g，果肉厚，质硬脆，可溶性固形物含量 14%～17.5%，含酸量 0.39%～0.47%，味甜，品质上等。

（2）乍娜欧亚种。早熟品种，从萌芽到果实充分成熟生长期为 115～125d。果穗大，平均穗重 580g。果粒近圆形或短椭圆形，着生中等紧密、牢固，平均粒重 8.8g，果皮紫红色、中等厚，果粉薄，果肉细脆，可溶性固形物含量 13.5%～16.0%，含酸量 0.55%～0.65%，味淡，有清香味，品质上等。

（3）巨峰系。巨峰系葡萄是巨峰及与巨峰有亲缘关系的一类品种，包括巨峰

（图2-2-6）、峰后、京超、先锋、藤稔等系列品种，为欧美杂交种，多为中熟品种。巨峰系品种果穗圆锥形，平均穗重多在400～550g。果粒近圆形或椭圆形，平均粒重在11g以上，完熟时呈黑紫色或紫红色，果皮厚韧，果肉肥厚而多汁，有草莓香味，品质中上等。果枝率65％～85％，结果系数1.6～1.8，丰产性强。

图2-2-6 巨峰葡萄

（4）阳光玫瑰。欧美杂交种（图2-2-7）。该品种果肉硬脆，有玫瑰香味，可溶性固形物含量在18％以上，果面光亮，果粉厚，平均穗重500～600g，无核栽培单粒重12～15g，口感甜脆，可带皮食用。

图2-2-7 阳光玫瑰葡萄

（5）红地球。又名晚红、大红球、美国红提等，为欧亚种，属晚熟品种。果穗长圆锥形，平均穗重700～800g。果粒圆形或卵圆形，平均粒重12g以上。果皮中厚、鲜红色，色泽艳丽，果肉硬而脆，可削成薄片，酸甜适口，可溶性固形物含量17％，含酸量0.5％～0.6％，品质上等。

（三）栽培技术

1. 品种选择 庭院栽培葡萄应根据不同的地理情况选择不同的品种，在此基础上应选择更加易于管理的品种。庭院葡萄栽培病虫害防治工作受到一定局限，因此需要选择结果相对较早且具备更好抗病虫害能力的葡萄品种，这样可以简化栽培管理、减少农药用量。可以选用巨峰、京亚、龙眼、红地球、着色香、美人指等品种。

2. 苗木栽植　北方各省一般以春季栽植为主，当 20cm 深土层温度稳定在 10℃左右时即可栽植。首先要对苗木进行适当修剪，剪去枯桩，过长的根系剪留 20～25cm，其余根系也要剪出新茬，地上部剪留 2～4 个芽；然后将苗木在清水中浸泡 24h 左右，让苗木充分吸水，以提高成活率。挖栽植沟，一般沟宽 1m、深 0.7～1.0m，回填时施足有机肥，并浇透水使土沉实。栽植深度以嫁接苗接口离地面 15～20cm 为宜，栽后要浇 1 次透水。

3. 栽后管理

（1）肥水管理。合理浇水，一般葡萄在发芽期、果实膨大期及冬季土壤结冻前需水量较大，在这几个关键时期应保证水分的供给。另外，在伏旱严重时，应随时根据土壤墒情及植株生长情况进行浇水。全年施肥 3～5 次，坚持以有机肥为主、化学肥料为辅的原则。有机肥应充分腐熟，每株施有机肥 30 kg 左右，作基肥一次施入。化学肥料施用时应注意控氮、增磷钾、适量补锌，按比例施用，一般氮磷钾三者可按 1∶0.7∶1 的比例施入，锌肥以叶面肥为主，于萌芽前喷 3% 的硫酸锌进行补充。

（2）修剪管理。庭院选用葡萄的架式多为棚架和篱架。因庭院面积有限，为了利于植株通风透光，充分利用庭院的空间，宜采用棚架。

萌芽后，应及时抹去芽眼中多余的预备芽、弱芽和过密芽，在新梢长至 10～15cm 能区分花序时抹嫩梢，进行定梢，定梢时应注意抹去多年生枝蔓及枝干上萌发的潜伏芽以及过密、过弱的嫩梢，每 5～7d 抹 1 次，每平方米棚架留 8～10 个新梢，篱架每 10～15cm 留 1 个新梢。结果枝在开花后于花序上留 5～6 叶摘心，发育枝留 8～10 叶摘心，营养枝副梢留 3～4 叶摘心，结果枝副梢留 1～2 叶摘心。在生长季要及时绑蔓，把蔓均匀地固定在架面上，以合理占用空间，保证架内通风透光。冬季修剪采用长中短梢修剪方法，枝组更新可采用单枝或双枝更新。对主蔓 50cm 以下的枝条全部疏除，延长枝在 80cm 处剪截，其余副梢剪留 3～6 节。

（3）花果管理。开花前疏花序，根据品种不同一般 1 个结果枝上留 1 穗穗形好的花序。花穗的整形主要是剪除副穗、掐穗尖、疏除过密幼果使果穗整齐。有核品种可以通过花前花序分离期喷施赤霉素来进行无核化处理，可以使用氯吡脲等药剂促进果实增大，具体药剂种类和浓度要根据品种来选择或小规模实验后再使用。为了提高果树外观品质和降低农药残留，可以采取套袋的方法，套袋前需要喷施 1 次杀虫杀菌剂，选用葡萄专用果袋进行套装。果实着色期选择阴天摘掉果袋，以利于果实着色。

4. 采收　庭院葡萄采收前 10～15d 停止灌水。采收时用手指捏住穗梗，用剪刀紧靠枝条剪断，随即装入果筐，然后分级包装。葡萄要轻拿轻放，尽量不擦掉果粉。采下的葡萄放在阴凉通风处，切忌日光下暴晒。

5. 埋土防寒　庭院葡萄在冬季绝对最低温度低于 −15℃ 的地区，为保证葡萄安全越冬，一般在当地土壤封冻前 15d 开始防寒。庭院小气候条件好，可以采取比当地葡萄园简单一些的防寒措施，可采用塑料膜防寒，先在理顺捆好的枝蔓上覆盖麦草、稻草或其他柔软杂草 40cm，然后盖上薄膜，周边用土压严，注意薄膜不能破洞。翌年春季在当地山桃初花期或杏栽培品种的花蕾膨大期开始撤去防寒物较为适宜（图 2-28）。

二、软枣猕猴桃庭院栽培

软枣猕猴桃（图 2-2-9）属猕猴桃科猕猴桃属多年生藤本植物，俗称软枣子、藤梨、藤瓜和猕猴桃梨,是猕猴桃属中在中国地域分布最广泛的野生果树之一,主要分布于吉林、黑龙江、辽宁、四川、云南等地区的山区、半山区,海拔190～400m都有分布。软枣猕猴桃的耐寒性很强,冬季不用埋土防寒,非常适合庭院栽培,可以观赏采摘果实,还可以建成廊道或棚架进行遮阳纳凉。果实无毛,完全成熟后酸甜可口,具有较高的营养价值。

图 2-2-8 葡萄出土上架

图 2-2-9 软枣猕猴桃

(一)生长习性

1. 温度 软枣猕猴桃在日平均气温达到5℃以上时树液开始流动,10℃以上萌芽,15～25℃为生长结果适宜气温。适宜空气相对湿度为60%～80%。在无霜期120d以上、10℃有效积温2 500℃以上的地区可生产栽培。软枣猕猴桃抗病虫害的能力强,抗寒性较强,在寒冷的冬季(-40℃)可以自然越冬。

2. 光照 软枣猕猴桃属于半阴性植物,需要光照,光照不足枝叶因荫蔽而枯亡,但极强的光照则不利于生长发育。

3. 水分 软枣猕猴桃根系为肉质根,在土壤中分部较浅,因此既不耐长时间干旱也不耐涝。一般要求年降水量600～1 200mm,要求土壤含水量为50%～80%。

4. 土壤 软枣猕猴桃应选择土层深厚肥沃、腐殖质含量高、疏松透气的中性或偏酸性沙壤土,忌黏重、瘠薄地块,在黏质土壤和沙石土上生长不良,酸度过高的土壤需要通过土壤改良后再进行栽培。

(二)主要种类和优良品种

《中国猕猴桃种质资源》记载,软枣猕猴桃有1个种和1个变种,即软枣猕猴桃(*Actinidia arguta*)和陕西猕猴桃(*A. arguta* var. *giraldii*),目前中国的软枣猕猴桃栽培品种多数属于前者。

1. 魁绿 平均单果重18.1g,最大果重32g。果实长卵圆形,果形指数1.32,果皮绿色、光滑无毛,果肉绿色、多汁、细腻,酸甜适度,含可溶性固形物15.0%、总糖8.8%、总酸1.5%、维生素C 430mg/100g(鲜果)、总氨基酸933.8mg/100g(鲜果)。

2. 丰绿 果实卵球形,平均单果重8.5g,最大果重15g,果形指数0.95。果皮绿色、光滑无毛,果肉绿色、多汁、细腻,酸甜适度。含可溶性固形物16.0%、总酸1.1%、维生素 C 254.6ng/100g（鲜果）、总氨基酸 1 239.8ng/100g（鲜果）。

3. 桓优 1 号 单性花，乳白色，每花序 1～3 朵花，每结果枝花序数 4.3 个。平均单果重 22g，最大果重 36.7g。果实为卵圆形，果形指数 1.25，果皮中厚、青绿色，果肉绿色。含可溶性固形物 15.6%、可滴定酸 0.18%、维生素 C 379.1mg/100g（鲜果）。成熟后不易落果。

4. 龙成 2 号 果实长圆柱形，见光时果皮呈现浅紫红色。单果重 20g 左右，最大果重 40g。含可溶性固形物 12%、总糖 6.8%、可滴定酸 0.96%、维生素 C 219mg/100g（鲜果）。口感佳，不落果，丰产，商品性状好。

此外，还有苹绿、婉绿、馨绿、绿王、丹阳、绿佳人等品种。

（三）栽培技术

1. 品种选择 软枣猕猴桃的人工大面积栽培近些年才开始，主要栽培品种是从野生品种中选育出来的，其抗逆性和适应性都较强，多数品种都适合庭院栽培。选择果实较大、品种好的品种栽培，如果庭院面积比较大可以选择成熟期不同的品种混合栽培。软枣猕猴桃属于雌雄异株，栽培中要按照比例栽培雄株作为授粉树。可以选择绿佳人、桓优 1号、龙成 2 号、丹阳等。

2. 苗木栽植 庭院栽培软枣猕猴桃可以于栽植前在定植地块施入腐熟有机肥进行土壤改良，为软枣猕猴桃创造良好的土壤条件。按照定植行挖深 60cm、宽 80cm 的定植沟，将有机肥与表层土壤混匀后回填沟中，下层土壤回填在上方。软枣猕猴桃春秋定植均可，按照株行距（2～2.5）m×（4～5）m 打点挖定植坑。栽植前需要对根系进行修剪，剪除受伤、损伤及过长的根系。裸根苗栽种前需要浸泡 24h，让苗木充分吸水，根系修剪后蘸生根粉泥浆，保证根系舒展，培土后要将苗木轻轻上提一下。软枣猕猴桃为雌雄异株，需要配置授粉树，雌、雄株配比为（5～6）∶1，庭院单行栽植宜采用间隔种植或者嫁接雄株枝条的方法来解决授粉问题。

3. 栽后管理

（1）肥水管理。庭院栽培软枣猕猴桃施肥按照不同时期可采用基肥、追肥和叶面喷肥等方法。基肥在秋季采果后施用，采取沟施的方式，沟宽 20～30cm、深 30～40cm，施入腐熟有机肥，成年树每株施 20kg 左右。追肥在萌芽前、开花后、坐果后、果实成熟期进行，前两次以氮肥为主，后几次以磷钾肥为主。叶面喷肥在生长期 7～10d 进行 1 次，花期喷施硼肥促进坐果，坐果后喷施磷酸二氢钾、海藻类叶面肥促进果实膨大和成熟，花芽分化期喷施磷酸二氢钾促进花芽分化。

庭院栽培软枣猕猴桃最好采用滴灌等节水灌溉措施，一般可结合追肥进行浇水。生长期保持田间持水量在 60%～80% 为宜。入冬前浇灌封冻水，夏季降雨注意排水。

（2）修剪管理。庭院栽培软枣猕猴桃宜采用棚架形式，夏季架下可以遮阳纳凉。植株整形可采用多主蔓扇形。苗木定植后的第一年，将直立枝蔓在 30cm 处短截，当年可萌发 2～4 个枝蔓。冬季修剪时，将生长健壮的枝蔓作主蔓，在 60～80cm 处短截，促其第二年从基部萌发强枝，以培养成主蔓。主蔓培养 2～3 个，在每个主蔓上间隔 50～80cm 交错选留强壮的枝条培养成侧蔓，侧蔓上再培养结果母枝，也可在主蔓上直接选留结果母枝。从地面到第一侧蔓间萌发的新梢全部剪除，以免影响主蔓和侧蔓的生长。成年树果实采收后对结果母枝留基部 2～3 芽进行短截，促发新梢，培养翌年结果母枝。冬季修剪时，旺枝剪留 20～30cm，中庸枝剪留 15cm，细弱枝疏除。

修剪过程中注意控制架面枝量，清除过密枝、交叉枝、重叠枝、病虫枝、萌蘖枝等。合理适度地修剪结果母枝，使生长健壮的结果母枝均匀分布在架蔓上，形成良好的结果体系。

4. 花果管理

（1）人工辅助授粉。庭院栽培软枣猕猴桃在栽植数量较少时，为了提高坐果率，可以在花期进行人工辅助授粉。取下新开放的雄花直接对开放的雌花进行涂抹，每朵雄花可以给5～7朵雌花授粉。也可以将开放的雄花采集回来，将花药取出放置在阴凉干燥处，等花粉散出，将花粉收集起来，用毛笔或专用授粉器进行授粉。

（2）疏花疏果。生长正常的软枣猕猴桃开花量较大，正常授粉条件下，坐果率较高，为了提高果实品质和避免出现大小年现象，需要进行疏花疏果操作。花前疏除生长过密、发育不良、枝条两侧的花蕾，坐果后疏除畸形果、病虫果、两侧果，保证所留的果大小整齐一致、分布均匀、自然下垂。

5. 采收 软枣猕猴桃庭院果实成熟不一致，果实成熟后极易落果，因此需要分批采收。采收时可以将没有充分成熟的果实一起采下，进行后熟。可以将采下的果实装在泡沫箱或者保鲜盒中，放置在冰箱保鲜层进行贮藏。

【拓展阅读】

葡　萄

［唐］唐彦谦

金谷风露凉，绿珠醉初醒。

珠帐夜不收，月明堕清影。

葡　萄

［宋］孔武仲

万里殊方种，东随汉节归。

露珠凝作骨，云粉渍为衣。

柔绿因风长，圆青带雨肥。

金盘堆马乳，樽俎为增辉。

【任务布置】

以组为单位，任选一种藤本类果树进行庭院栽培，制订生产计划及实施，并将生产过程制作成短视频。实施后根据各组生长状态进行小组自评、小组互评和教师评价，并完成巩固练习。完成后将本任务工作页上交。

【计划制订】

表 2-2-3　藤本果树庭院栽培计划

操作步骤	制订计划
品种选择	
苗木栽植	
栽后管理	
花果管理	
采收	

【任务实施】（实施过程中的照片）

【总结体会】

【考核评价】

表 2-2-4　藤本类果树庭院栽培考核评价

评价内容	评分标准	评价		
		小组自评	小组互评	教师评价
制订计划 （20 分）	1. 计划内容全面（10 分） 2. 字迹清晰（10 分） 未达到要求相应进行扣分，最低分为 0 分			
任务实施 （20 分）	1. 按计划实施（5 分） 2. 能够正确处理突发状况（5 分） 3. 实施效果好（5 分） 4. 团队合作能力强（5 分） 未达到要求相应进行扣分，最低分为 0 分			
实施效果 （20 分）	1. 藤本类果树苗木栽植正确（5 分） 2. 藤本类果树栽植后生长发育正常（5 分） 3. 藤本类果树花果管理方法正确（10 分） 未达到要求相应进行扣分，最低分为 0 分			
总结体会 （20 分）	1. 能根据实施过程中出现的问题总结发生的原因以及找到解决问题的办法（15 分） 2. 能通过本次任务的实施写出自己的体会（5 分） 未达到要求相应进行扣分，最低分为 0 分			
小计				
平均得分				

【巩固练习】

1. 葡萄庭院栽培夏季花果管理有哪些要求？（10 分）

2. 简述软枣猕猴桃栽培中人工辅助授粉的操作要点。（10 分）

本次任务总得分：

教师签字：

庭院花卉

【项目目标】

知识目标：掌握常见庭院花卉的生长习性、品种类型及栽培技术。

技能目标：会根据生长习性进行庭院花卉的栽培管理。

素质目标：培养团队合作精神，积极参加劳动教育，提高理论实践结合能力。

任务一　观花类花卉庭院栽培

【相关知识】

一、一串红庭院栽培

一串红又名爆竹红、墙下红、西洋红、草象牙红等，因其花为红色并成串生长而得名。一串红为唇形科鼠尾草属植物，原产于巴西，现在我国各地广泛栽培。一串红花朵形态优美，花色鲜艳浓烈，花期长，常用于布置花坛、花境或花台，或作花丛和花群的镶边（图 2-3-1），也可用于盆栽。

图 2-3-1　一串红

一串红为多年生草本或亚灌木，常作一年生栽培，株高 30～90cm。茎四棱，幼时绿色，后期呈紫褐色，基部半木质化。叶片卵圆形或三角状卵形，对生，长 5～8cm，先端渐尖，边缘有锯齿。总状花序顶生，花 2～6 朵轮生，花筒状，端部唇形，花萼钟状，和花冠同为红色，花期 7—10 月。种子卵形，黑褐色，寿命 1～4 年。

（一）生长习性

性喜温暖、湿润气候和阳光充足环境，宜肥沃、疏松及排水良好的沙质土壤。耐半阴，不耐寒，也不耐热，生长适温 20～25℃。15℃以下种子很难发芽，10℃以下叶片易变黄脱落，长期在 5℃低温下易受冻害；温度超过 30℃，植株生长发育受阻，花、叶变小。

（二）品种类型

常见园艺栽培品种：火焰系列，株高 30～40cm，花期长，从播种到开花 55d 左右；萨尔萨系列，其中玫瑰红、橙红双色品种更为著名，从播种至开花 60～70d；赛兹勒系列，具有花序丰满、色彩鲜艳、矮生性强、分枝性好、花期早的特点；绝代佳人系列，分枝性好，从株高 10cm 处开始开花。

常见变种：一串白，花冠及萼片均为白色；一串紫，花冠及萼片均为紫色；丛生一串红，株型较矮，花序紧密；矮生一串红，植株高仅 20cm，矮壮，枝叶密集，花冠及萼片均为亮红色。

（三）栽培技术

1. 繁殖方法　一串红常用种子繁殖或扦插繁殖。

（1）种子繁殖。一般春季播种，发芽适温为 21～23℃，播后 1～2 周发芽；若秋播应提前在室内或保护地育苗，确保适温在 20℃以上，否则发芽势明显下降，待小苗长至 3～5 片真叶时可移栽。一串红种子喜光，播种后不需覆土，可以将蛭石散放在其周围，既透光又起保湿作用。

（2）扦插繁殖。可结合摘心进行，于 5—8 月扦插，北方由于生长期短，很少采用扦插繁殖。宜采用 10～12cm 的嫩枝，摘去顶芽，扦插于基质中，高温干燥季节需注意遮阳降温，10～20d 可生根。

2. 定植　一串红定植距离为 40cm 左右，以肥沃、疏松、富含腐殖质的土壤或沙质土为宜。

3. 定植后管理

（1）浇水。一串红生长前期不宜多浇水，过湿则通气不良，影响新根萌发。在生长旺季，可酌情增加浇水次数和水量，空气相对湿度以 60%～70% 为宜。平时不喜多水，否则易发生黄叶、落叶现象，造成株大而稀疏、开花较少。

（2）施肥。一串红喜肥，在生长期需补充必要养分。生长旺季每半个月追施 1 次有机液肥，或在叶面喷施 0.2% 磷酸二氢钾溶液，促使开花茂盛并延长花期。

（3）光照。一串红喜阳光充足，若光照不足，植株易徒长，茎叶细长，叶色淡绿，如长时间光线差，叶片变黄脱落。开花植株摆放在光线较差的场所，往往花朵不鲜艳，容易脱落。

（4）摘心。生长期应经常摘心整形，控制植株高度和株型。当幼苗长出 3～4 片真叶时，留 2 片叶摘心，促使萌发侧枝，侧枝长出 3～4 片叶时摘心，开花前 25～30d 停止摘心。每增加 1 次摘心延迟开花 10d 左右，故可通过摘心控制花期。

二、郁金香庭院栽培

郁金香，别名洋荷花、草麝香等，为百合科郁金香属的多年生草本植物，原产于地中海南北沿岸及中亚细亚和伊朗、土耳其，现已在世界各地普遍种植，其中以荷兰栽培最为盛行。郁金香花朵杯状，端庄秀美，花色繁多，是重要的春季球根观赏植物。矮壮品种适宜盆栽、布置春季花坛，鲜艳夺目；高茎品种适宜切花或配置花境，也可丛植于草坪边缘。

鳞茎扁圆锥形或扁卵圆形，长约 2cm，具浅黄色至棕褐色皮膜，茎叶光滑具白粉。叶

3～5枚，长椭圆状披针形或卵状披针形，长10～21cm，宽1.0～6.5cm，全缘并呈波状。花莛长35～55cm，花单生茎顶，杯状，基部常呈黑紫色；花瓣6枚，倒卵形。蒴果3室，室背开裂，种子多数、扁平。

（一）生长习性

郁金香属长日照植物，性喜向阳、避风，冬季温暖湿润，夏季凉爽干燥的气候。耐寒性很强，鳞茎冬季可耐−35℃低温，在严寒地区如有积雪覆盖，鳞茎就可在露地越冬，但怕酷暑，如果夏季来得早，盛夏又很炎热，则鳞茎休眠后难以越夏。8℃以上即可正常生长，一般可耐−14℃低温。生长开花适温为15～20℃。花芽分化在夏季贮藏期间进行，分化适温为20～25℃，最高不得超过28℃。郁金香夏季休眠，秋冬生根并萌发新芽但不出土，需经冬季低温后翌年2月上旬左右（温度在5℃以上）开始生长形成地上茎叶，3—4月开花。要求腐殖质含量丰富、疏松肥沃、排水良好的微酸性沙质壤土，忌碱土和连作。

（二）品种类型

郁金香品种（图2-3-2）有8 000余种，花形有杯形、碗形、卵形、球形、钟形、漏斗形、百合花形等，有单瓣也有重瓣。花色有红、橙、粉白、黄、蓝、紫、黑等，深浅不一，单色或复色，或出现渐变的色彩和不同的花纹等。部分栽培品种如蓝钻石、领袖、罗纳尔多、尼雅各塔、玛里琳等。

图2-3-2　郁金香品种

（三）栽培技术

1. 繁殖方法　常用分球繁殖。母球花后在鳞茎基部发育成1～3个翌年能开花的新鳞茎和2～6个小球，母球干枯。6月上中旬将休眠鳞茎挖起，按大小分级贮藏。秋季10—11月栽种，较大的鳞茎翌年春季可开花，较小的鳞茎多数需继续培养1～2年后才能开花。

2. 定植　一般在秋季，于土壤上冻前1个月，选择光照充足、疏松肥沃、排水良好的土壤进行定植。定植前土壤浇透水，栽植深度和种球高度平齐，株行距均20～30cm，栽植后覆盖1～2cm的粗沙并轻压土壤，防止植株倒伏；定植后浇水，入冬前再浇1次冻水，北方地区冬季适当加覆盖物，早春化冻前及时去除覆盖物。

3. 定植后管理

（1）浇水。郁金香定植后应浇透水，使土壤和种球能够充分结合而有利于生根；出芽后应适当控水，待叶渐伸长，可在叶面喷水，增加空气湿度；抽花薹期和现蕾期要保证充足的水分供应，以促使花朵充分发育；开花后可适当控水。其根系生长最忌积水，选择的地势一定要排水通畅。

（2）施肥。郁金香较喜肥，栽植前需施用腐熟的有机肥料和适量的磷钾肥；发叶 2 片后追施 1～2 次稀薄液肥或复合肥；花期应控制肥水；花后应追施 1～2 次磷酸二氢钾或复合肥，以利于地下种球膨大发育。

（3）光照。充足的光照对郁金香的生长是必需的，光照不足，将造成植株生长不良，叶色变浅及花期缩短。但郁金香发芽时，其花芽的伸长会受到阳光的抑制，因此应深植，并适当遮光，也利于种球发新根。出苗后应增加光照，促进植株拔节，形成花蕾并促进着色。后期花蕾完全着色后，应防止阳光直射，延长开花时间。

三、月季庭院栽培

月季为蔷薇科蔷薇属落叶或常绿灌木，是世界五大著名切花之一，其品种繁多，目前世界各地广泛栽培。

茎直立，蔓生或攀缘灌木，月季的枝干除个别品种光滑无刺外，一般均具皮刺。叶互生，为基数羽状复叶，一般 3～5 片小叶，多的可达 7 片，卵形或长圆形，有锯齿，叶面平滑，具光泽或粗糙无光。花着生于新梢枝顶，单生或聚生，花瓣多数，花色有红、黄、紫、粉、白、黑紫等色（图 2-3-3），多数具芳香。花期 4—10 月，大多数品种为两性花，能结实。

图 2-3-3　月季花色

（一）生长习性

月季喜温暖、湿润、光照充足的环境条件，不耐高温。生长适温白天 20～25℃、夜间 12～15℃，夏季高温对生长不利，28℃以上花蕾明显变小，30℃以上生长缓慢，进入半休眠状态，5℃以下停止生长，最低能耐－15℃的低温。喜空气流通的环境，适宜的空气相对湿度为75％～80％。喜疏松、肥沃和排水良好的土壤，pH为5.5～6.5。月季为日中性植物，只要条件适宜，四季均可开花。

（二）品种类型

月季品种繁多，许多国家用月季、玫瑰、蔷薇经反复杂交育种后，形成了现代月季。现代月季不但花色、花形丰富，香味浓，而且周年开花。聚花月季、攀缘月季、蔓生月季、现代灌丛月季及地被月季几个系的品种，主要作庭院露地栽培用。一般攀缘、蔓生类多用于拱门、花篱、围栅或墙壁上，聚花及微型类月季（图2-3-4）适于花境与花坛，各类直立灌木型月季（图2-3-5）广泛孤植或丛植于路旁、草地边。

图2-3-4　微型类月季

图2-3-5　直立灌木型月季

（三）栽培技术

1. 繁殖方法　月季的繁殖方法有种子繁殖、扦插繁殖、嫁接繁殖和组织培养繁殖。种子繁殖多用于培育新品种，生产上多用扦插和嫁接繁殖。

（1）扦插繁殖。常用绿枝扦插（图2-3-6），整个生长期内均可进行。生长期一般在花谢后6～7d进行，选用半成熟的枝条作为插穗；休眠期扦插可结合冬剪进行。去掉上下两端芽不饱满部分，根据节间长短剪成含1～3芽的插条，上端离芽1cm处以利刀削成平面，下端削成马耳形，保留上端1～2片叶，用生根剂处理后，按行距7cm、株距3～4cm插入苗床中。扦插后还需做好遮阳工作，保持土壤湿润。一般5～6周生根，根生长良好后移入庭院。

图2-3-6　月季绿枝扦插

（2）嫁接繁殖。采用芽接和枝接。砧木选生长强壮、繁殖容易、抗性强、与接穗亲和的种和品种，我国常用蔷薇及其变种。芽接通常在 5—6 月和 9—10 月进行。在砧木茎枝的一侧用芽接刀于皮部做 T 形切口，接口应在新梢的最低处，从月季当年生发育良好的枝条中部选取接芽，将接芽插入 T 形切口后，用塑料膜绑缚，并适当遮阳。夏季芽接后 3～4 周即愈合，用折砧方式将枕木顶端约 1/3 折断，不断抹除砧木上的萌生芽，约 3 周后再剪砧；秋接苗在翌年春季发芽前剪砧。枝接宜在早春或晚秋进行，一般为 2—3 月或 10—11 月，接穗一芽一叶即可。

2. 定植 月季栽植全年都可进行，但最有利的时期为休眠期，裸根苗可在早春芽萌动前定植，绿枝苗带土球可在 6 月前定植。

（1）土壤准备。定植前可对土壤进行深翻 40～50cm，每平方米施有机肥 4～5kg，并对土壤进行改良，使土壤 pH 呈 5.6～6.5 的微酸性。

（2）定植。南方采用高畦，北方采用低畦，畦宽 60～70cm，每畦两行，行距 35～40cm，株距 20～30cm，每平方米 6～10 株。如果是嫁接苗，种植深度以嫁接苗接口露出地面 1～2cm 为宜，种植后将植株周围土壤压紧并浇水。

3. 温度管理 月季喜温暖气候，适宜生长温度为 12～25℃，气温 22～25℃生长开花最为适宜，因此月季春秋两季生长发育最好；当日平均气温在 5℃以上时，幼芽逐渐萌发；当气温超过 30℃时，生长受到抑制，花芽不再分化，在炎热的夏季，月季花少而小，花色不正常；气温低于 5℃时，停止生长，进入休眠。

4. 光照 月季喜光，不耐阴，在日照充足和长日照的环境里生长发育良好。若光照不足，则枝干细弱，叶片嫩黄，不利于生长发育。但过于强烈的阳光对开花不利，因此在栽培上要相应地配合遮阳，适当密植。

5. 施肥 月季生长以疏松、肥沃、含有机质丰富、微酸性的腐殖土较好，要施足基肥和追肥。在生长期间一般每隔 15～20d 结合浇水追施 1 次薄肥。萌芽前需水肥量较少，萌芽至发新梢需水肥较多，每 7～10d 施尿素 25g/m²，以促发新枝。进入开花期，最好不施肥，以免缩短花期。

6. 浇水 月季浇水要坚持干透浇透的原则，庭院地栽月季在根系长成后一般不需浇水，盆栽月季在生长期间要满足水分的需求，保持土壤湿润。

四、紫藤庭院栽培

紫藤又名藤萝、朱藤，为豆科紫藤属藤本植物，原产于我国，北起辽宁，南至广东，全国各地园林广泛栽培。紫藤生长迅速，枝叶茂密，花大而美，颇有芳香，为良好的棚架材料，植于水滨、池畔、台坡等地，·使之沿他物攀缘生长，极为优美。

紫藤为落叶大藤本，依附他物可逆时针缠绕攀缘 10m 以上。干皮灰褐色、平滑、老后粗糙，小枝被灰白色柔毛。奇数羽状复叶互生，长 5～12cm，小叶 7～13 片，卵状长椭圆形至卵状披针形，嫩叶有毛，老叶无毛。总状花序（图 2-3-7），每轴着花 20～80 朵，呈下垂状，先叶或同叶开放，花期 4—5 月。果实为荚果，扁平，表面密被茸毛，内含种子 1～3 粒。

（一）生长习性

紫藤为暖温带及温带植物，对气候和土壤的适应性强，较耐寒，能耐水湿及瘠薄土壤。喜光，较耐阴。以土层深厚、排水良好、向阳避风处栽培最适宜。主根深，侧根浅，不耐移栽。生长较快，寿命长。缠绕能力强，对其他植物有绞杀作用。

（二）品种类型

紫藤品种按地区划分，主要有三大类，即中国紫藤、日本紫藤、北美紫藤。中国紫藤分为紫藤系、藤萝系和短梗紫藤，常见品种如银藤、丰花紫藤等；日本紫藤分为山藤系和野田系，常见品种有富士藤、昭和红藤、黑龙藤等；北美紫藤分为美国紫藤和肯塔基紫藤，常见的品种有紫水晶瀑布、蓝月亮等。

（三）栽培技术

1. 繁殖方法 紫藤可用播种、扦插、嫁接等方法繁殖，以播种为主。秋后采种，晒干贮藏，第二年春季用60℃温水浸种1～2d，种子膨胀后即点播，约1个月出苗。因植株不耐移植，故播种时株行距应稍大，2～3年后直接移往定植处。扦插繁殖在冬季落叶后、春季萌芽前进行。选取1～2年生的粗壮枝条，剪成15cm左右长的插穗，斜插入苗床，扦插深度为插穗长度的2/3。优良品种可嫁接繁殖，选用优良品种作接穗，接在普通品种的砧木上，一般多在春季萌芽前进行，枝接、根接均可。

2. 栽植 紫藤属于强直根性植物，侧根少，不择土壤，但以湿润、肥沃、排水良好的土壤最宜，在移植定植时应尽量多掘侧根，并带土球。移植多于早春进行，移栽前须先搭架，并将粗枝分别系在架上，使其沿架攀缘。由于紫藤寿命长，枝粗叶茂，制架材料必须坚实耐久。采用细木柱或钢铁管架时，要刷漆防腐，也可采用水泥架或石柱作支架（图2-3-8）。

图 2-3-7 紫藤

图 2-3-8 紫藤架

3. 浇水 紫藤的主根深，有较强的耐旱能力，但喜欢湿润的土壤，但土壤过湿，不利于开花。浇水要掌握不干不浇、浇则浇透的原则，特别是8月花芽分化期，应适当控水，9月可进行正常浇水，晚秋落叶后要少浇水。

4. 施肥 紫藤施肥应以薄肥勤施为原则，才能花繁叶茂。生长期可结合浇水，每半月施1次稀薄饼肥，直至7—8月停止施肥。9月继续施肥，但次数、浓度均应适当减少。开花前可适当增施磷钾肥，用氮肥不要过多，否则会使植株徒长不开花。

5. 光照 紫藤喜光照充足，也耐半阴环境。生长季节要有充足的强光照射，才能使其生长良好，花繁叶茂。

6. 整形修剪 紫藤在定植后，选留健壮枝作主枝培养，并将主枝缠绕在支柱上。第二年冬季，将架面上的中心主枝短截至壮芽处，促进来年发出强健主枝。骨架定型后，应在每年冬天剪去枯死枝、病虫枝、缠绕过度的重叠枝。一般小侧枝留 2~3 个芽进行短截，使架面枝条分布均匀。紫藤生长较快，为防止枝蔓过密，应在冬季或早春萌芽前进行疏剪，使支架上的枝蔓保持合理的密度。盆栽紫藤除选用较矮小品种外，更应加强修剪和摘心，控制植株大小。

【拓展阅读】

紫 藤 树

〔唐〕李白

紫藤挂云木，花蔓宜阳春。

密叶隐歌鸟，香风留美人。

《紫藤树》是唐代诗人李白创作的一首五言绝句。此诗似以紫藤自喻，借紫藤挂于云木，写自己理想抱负得以实现，并希望自己能荫庇万物，给人们带来欢乐。

【任务布置】

以组为单位，任选一种观花类花卉进行庭院栽培，制订生产计划及实施，并将生产过程制作成短视频。实施后根据各组生长状态进行小组自评、小组互评和教师评价，并完成巩固练习。完成后将本任务工作页上交。

【计划制订】

表 2-3-1　观花类花卉庭院栽培计划

操作步骤	制订计划
品种选择	
繁殖	
生长期管理	

【任务实施】（实施过程中的照片）

【总结体会】

【考核评价】

表 2-3-2　观花类花卉庭院栽培考核评价

评价内容	评分标准	评价		
		小组自评	小组互评	教师评价
制订计划（20分）	1. 计划内容全面（10分） 2. 字迹清晰（10分） 未达到要求相应进行扣分，最低分为0分			
任务实施（20分）	1. 按计划实施（5分） 2. 能够正确处理突发状况（5分） 3. 实施效果好（5分） 4. 团队合作能力强（5分） 未达到要求相应进行扣分，最低分为0分			
实施效果（20分）	1. 繁殖成活率高（5分） 2. 管理及时（10分） 3. 生长状态好（5分） 未达到要求相应进行扣分，最低分为0分			
总结体会（20分）	1. 能根据实施过程中出现的问题总结发生的原因以及找到解决问题的办法（15分） 2. 能通过本次任务的实施写出自己的体会（5分） 未达到要求相应进行扣分，最低分为0分			
小计				
平均得分				

【巩固练习】

1. 一串红为什么要摘心？（10分）

2. 紫藤怎样进行整形修剪？（10分）

本次任务总得分：

教师签字：

任务二　观叶类花卉庭院栽培

【相关知识】

一、彩叶草庭院栽培

彩叶草别名红五色草、锦紫苏、洋紫苏（图 2-3-9），为唇形科鞘蕊花属多年生草本或亚灌木观赏植物，常作一、二年生栽培，原产于印度尼西亚，现在世界各地广泛栽培。彩叶草色彩鲜艳、品种甚多，为常见观叶植物，常用于配置图案花坛，或作路边镶边材料、盆栽，也可作为花篮、花束的配叶使用。

株高 50～80cm，全株有茸毛，茎直立，四棱，基部木质化。叶对生，卵圆形，先端渐尖，边缘有圆齿或细齿，叶片具黄、红、紫、绿等色彩相间的斑纹。顶生总状花序，花小，浅蓝色或浅紫色，花期 8—9 月。小坚果平滑有光泽。

图 2-3-9　彩叶草

（一）生长习性

彩叶草适应性强，喜温，不耐寒，生长适温为 20～25℃，冬季温度不低于 10℃，否则叶片变黄脱落，5℃以下则枯萎死亡。喜充足阳光，光线充足能使叶色鲜艳，夏季高温时需稍加遮阳。对土壤要求不严，宜疏松、肥沃、排水良好的沙质土壤，忌积水。

（二）品种类型

彩叶草变种、品种较多，依据叶型变化可分为 4 个园艺品种：大叶品种，植株高大，分枝少，叶为大型卵圆形，叶面凹凸不平；小叶品种，叶小型、长椭圆形，叶面光滑、叶色丰富；皱叶品种，叶缘裂而具波状皱纹；低矮型品种，植株矮小、基部多分枝，株型紧密，叶狭长，适合作吊盆种植。

（三）栽培技术

1. 繁殖方法　以种子繁殖为主，也可扦插繁殖。

（1）种子繁殖。彩叶草种子较小，环境条件适宜时四季均可播种，庭院栽培一般于

3—4 月播种。用充分腐熟的腐殖土与沙土各半掺匀装入苗盆，将盛有细沙土的育苗盆放于水中浸透，然后播种覆薄土或不覆土，以塑料薄膜覆盖，保持盆土湿润，发芽适温 25～30℃，10d 左右发芽。出苗后间苗 1～2 次，再分苗定植于庭院。

（2）扦插繁殖。扦插一年四季均可进行，极易成活，也可结合植株摘心和修剪进行嫩枝扦插。剪取生长充实饱满枝条 2～3 节，插入干净消毒的河沙中，入土部分必须带有茎节，扦插后遮阳养护，保持盆土湿润。温度较高时，生根较快，其间切忌盆土过湿，以免烂根。15d 左右即可发根成活，根长至 5～30mm 时即可定植。也可进行水插，用晾凉的半杯白开水即可，插穗选取生长充实的枝条中上部 2～3 节，去掉下部叶片，置于水中，待有白色水根长至 5～10mm 时即可上盆或定植。

2. 定植　彩叶草喜富含腐殖质、排水良好的沙质壤土，栽植时按 20cm 株行距定植在庭院，定植后及时浇水，霜冻前上盆移栽到室内。

3. 浇水　彩叶草叶大而薄，应保证水分供应，以免叶片脱水失色，应保持土壤湿润，可常向地面喷水，以提高空气湿度，夏季浇水应做到见干见湿，过湿易烂根。

4. 施肥　彩叶草喜肥。可以用腐熟粪肥、复合肥作基肥，生长期平衡施肥，以保持叶面鲜艳，忌施过量氮肥，否则叶面暗淡。盛夏时节停止施肥。入秋后，气温适宜，生长加快，应薄肥勤施。施肥时，切忌将肥水洒至叶面，以免灼伤腐烂。

5. 光照　光照充足，则彩叶草叶色鲜艳。光照不足，导致叶片颜色变浅，叶色不鲜艳，植株生长细弱。盛夏强光直射的中午，可适当遮阳，否则易导致叶面粗糙失去光泽度。

6. 摘心与修剪　幼苗期应多次摘心，以促发侧枝。花序出现后，若不采种，应及时摘去，以免消耗营养。花后可保留部分枝 2～3 节，其余部分剪去，重发新枝。

二、羽衣甘蓝庭院栽培

羽衣甘蓝又名叶牡丹、花菜、花包菜（图 2-3-10），十字花科芸薹属甘蓝变种，二年生草本植物。株高 30cm 左右，茎短粗，不分枝，叶片倒卵形，宽大，边皱缩，集生茎基部，叶片上有白色蜡质。内部叶叶色极为丰富，有黄、白、粉红、红、玫瑰红、紫红、青灰、杂色等，叶片抱合，似一朵盛开的牡丹，又名叶牡丹。观叶期在 10 月至翌年 2 月。花期 3—4 月，花序直立，但不做观赏之用。角果，圆柱形，种子千粒重 2.9g 左右。由于很多的羽衣甘蓝品种色彩斑斓、形态特异，所以被广泛用作观叶植物。

图 2-3-10　羽衣甘蓝

（一）生长习性

羽衣甘蓝性喜冷凉气候，具有极强的耐寒性，能耐受短时—15～—10℃的低温。种子在3～5℃下可缓慢发芽，高于15℃发芽较快，在20～25℃时萌发最快。茎和叶的最适生长温度为18℃左右，能耐受短期霜冻，并且在温度回升后可正常生长。羽衣甘蓝对栽植土壤要求不严，耐贫瘠、耐肥、耐盐碱，但不耐涝，黏壤土至沙土均可以种植，适宜的土壤pH范围为6.0～7.5。花期3—4月，于5—6月采收种子。

（二）品种类型

羽衣甘蓝根据用途分食用型羽衣甘蓝和观赏型羽衣甘蓝。

1. 食用型羽衣甘蓝 叶面皱缩，像孔雀羽毛，叶片绿色，不具彩色，嫩叶可以食用（图2-3-11）。

2. 观赏型羽衣甘蓝 常见的观赏型羽衣甘蓝品系主要有圆叶系（叶为圆形或微皱形，叶缘圆形或波浪状，耐寒力强）、皱叶系（叶缘有细小的皱折，耐寒力比圆叶系稍差）（图2-3-12）、珊瑚状裂叶系（新形态的叶牡丹，叶面较宽大，叶缘有深裂的缺刻，形状似珊瑚分支，耐寒力极强，但变色较慢）、孔雀羽状裂叶系（叶缘缺刻比珊瑚状更细小，形似孔雀羽毛，耐寒性极强）等品种。

图 2-3-11　食用型羽衣甘蓝

图 2-3-12　观赏型羽衣甘蓝

（三）栽培技术

1. 播种育苗 羽衣甘蓝以种子繁殖为主，一般在7—8月进行穴盘播种，当2～3片叶时分苗，分苗按10cm×10cm进行。当苗龄30～40d、5片真叶时，即可定植。

2. 定植 于10月上旬定植，定植前要施足基肥，基肥应选用优质腐熟有机肥，每平方米用4kg，并施有机复合肥45g。

羽衣甘蓝可裸根移栽，栽植时摘掉外层老叶，这样可以突出心叶的色彩，又可以减少水分的消耗，维持根系受损后上下水分代谢的平衡，但移栽时最好带土坨或扣盆栽植，可缩短缓苗时间。定植株距25～30cm，行距30～40cm。

3. 定植后管理 在定植后7～8d浇1次缓苗水，到生长旺期的前期和中期重点追肥，结合浇水每平方米用氮磷钾复合肥40g左右，同时注意中耕除草，顺便摘掉下部老叶、黄叶，只保留5～6片功能叶即可。保持白天温度15～20℃、夜间温度5～10℃。

4. 采收 食用羽衣甘蓝定植后25～30d，大叶长出7～8片，再生出心叶，即可陆续采收嫩叶（图2-3-13）。一般早春和晚秋叶片质地脆嫩、风味好，可10～15d采收1次；夏季高温时，叶片较坚硬、纤维较多、风味差，除可采取遮阳处理外，应缩短采收的间隔时间，减轻叶片老化程度。

图 2-3-13 食用羽衣甘蓝采收

三、罗汉松庭院栽培

罗汉松又名罗汉杉、土杉（图2-3-14），产于我国长江流域及东南沿海，各地多栽培，日本也有分布。罗汉松树形优美，种子长在肥大鲜红的种托上，形似罗汉，故得名。罗汉松可门前对植，也可中庭孤植。斑叶罗汉松可作花台栽植，也可布置花坛或盆栽陈于室内欣赏；短叶罗汉松还可供作庭院小绿篱材料。罗汉松也是良好的盆景植物（图2-3-15）。

图 2-3-14 罗汉松

图 2-3-15 罗汉松盆景

常绿乔木，树冠广卵形；树皮灰色，浅裂，呈薄鳞片状脱落。叶条状披针形，长7～12cm，叶端尖，两面中脉显著而缺侧脉，叶表暗绿色，有光泽，叶背灰绿色，叶螺旋状互生。雌雄异株或偶有同株，雄球花3～5个簇生于叶腋，雌球花单生于叶腋。种子卵形，着生于膨大的种托上；种托肉质，椭圆形，有柄。初时为深红色，后变紫色，味甜可食。花期4—5月，种子8—11月成熟。

（一）生长习性

较耐阴，喜温暖湿润环境，抗海潮风，带盐分的海风吹袭不致受害。适于排水良好而湿润的沙质壤土，耐寒性较弱，冬季低于13℃便会休眠，因此北方只可盆栽，南方可作庭院栽培。抗病虫害能力较强，对多种有毒气体抗性较强，寿命很长。

（二）品种类型

罗汉松常见品种有小叶罗汉松、短叶罗汉松、狭叶罗汉松、兰屿罗汉松、大理罗汉松、海南罗汉松等。

（三）栽培技术

1. 繁殖方法　罗汉松可用种子繁殖和扦插繁殖。种子繁殖时，种子成熟后可采用即采即播的方式，以沙壤土为苗床，播后覆土厚度以盖住种子为宜，苗期保证水分供应；扦插繁殖时，以在5—7月或8—9月扦插为好，截取1～2年生枝条8～10cm，消毒处理20min左右，晾干后扦插，扦插完成后注意适当遮阳，并及时浇水。

2. 定植　定植时，如是壮龄以上的大树，须在雨季带土球移植，可用架材做好防护，防倒伏。

3. 浇水　罗汉松生长缓慢、耐旱、怕积水，盆栽需保证水分充足即可，大雨后应立即去除盆内积水，以免受涝。经常叶面喷水可使叶色鲜绿，生长良好。

4. 施肥　喜富含腐殖质、排水良好的微酸性土壤，切忌使用碱性土壤。生长季可适当补充有机液肥，每半个月一次，肥后及时浇水利于肥料的吸收。

5. 光照　较耐阴，喜欢散射光线，也可接受较强光照，但光照过强时需适当遮阳。罗汉松小苗不宜长时间强光照射，建议放在树荫下养护。

【拓展阅读】

罗汉松名字的由来

在中国传统文化中，罗汉松象征着长寿、守财，寓意吉祥。在广东地区民间素有"家有罗汉松，世世不受穷"的说法。中国古代官员也喜在庭院种植罗汉松，视它为自己官位的守护神。在某些地方罗汉松更是被赋予了神明的化身，人们总觉得它是冥冥之中的一种守护，能给人带来平安、幸福、财富等。那你知道它为什么叫罗汉松吗？

罗汉松是松树的一种，又名罗汉杉、长青罗汉杉、土杉、金钱松、仙柏、罗汉柏、江南柏，是常绿乔木。树冠广卵形。叶条状披针形，先端尖，基部楔形，两面中肋隆起，表面暗绿色，背面灰绿色，有时被白粉，排列紧密，螺旋状互生。雌雄异株或偶有同株。它的名字有着很有趣的来历，其种托大于种子，成熟时呈红色，加上绿色的种子，好似光头的和尚穿着红色僧袍（图2-3-16），故得名罗汉松。

图 2-3-16　罗汉松种子

【任务布置】

以组为单位，任选一种观叶类花卉进行庭院栽培，制订生产计划及实施，并将生产过程制作成短视频。实施后根据各组生长状态进行小组自评、小组互评和教师评价，并完成巩固练习。完成后将本任务工作页上交。

【计划制订】

表 2-3-3　观叶类花卉庭院栽培计划

操作步骤	制订计划
品种选择	
繁殖	
生长期管理	

【任务实施】（实施过程中的照片）

【总结体会】

【考核评价】

表 2-3-4　观叶类花卉庭院栽培考核评价

评价内容	评分标准	评价		
		小组自评	小组互评	教师评价
制订计划 （20分）	1. 计划内容全面（10分） 2. 字迹清晰（10分） 未达到要求相应进行扣分，最低分为0分			
任务实施 （20分）	1. 按计划实施（5分） 2. 能够正确处理突发状况（5分） 3. 实施效果好（5分） 4. 团队合作能力强（5分） 未达到要求相应进行扣分，最低分为0分			
实施效果 （20分）	1. 繁殖成活率高（5分） 2. 管理及时（10分） 3. 生长状态好（5分） 未达到要求相应进行扣分，最低分为0分			
总结体会 （20分）	1. 能根据实施过程中出现的问题总结发生的原因以及找到解决问题的办法（15分） 2. 能通过本次任务的实施写出自己的体会（5分） 未达到要求相应进行扣分，最低分为0分			
小计				
平均得分				

【巩固练习】

1. 彩叶草有哪些繁殖方法？（10分）

2. 观叶类花卉还有哪些？请列举 5 种。（10分）

本次任务总得分：

教师签字：

任务三 芳香类花卉庭院栽培

【相关知识】

一、薄荷庭院栽培

薄荷又名土薄荷、鱼香草（图 2-3-17），原产于北温带，我国、俄罗斯、日本、英国和美国等地均有分布。薄荷是潮湿低洼地良好覆盖材料，生长势旺盛，择土不严，还是重要香料原料，其叶片可做清凉饮料，提取芳香油，供化妆品、食品及医药用，适于庭院栽植。

图 2-3-17 薄荷

多年生草本。具匍匐根茎，株高 30～60cm，茎四棱，上部密生短毛。叶对生，有柄，缘具齿，卵形，具清爽香气。轮伞花序腋生，球形，花萼筒状钟形，花冠唇形，上唇顶端 2 裂，淡蓝紫色，花期 8—9 月。小坚果近圆形或卵圆形。

（一）生长习性

薄荷喜温暖湿润、阳光充足、雨量充沛的环境，要求肥沃、湿润的土壤条件。植株适宜的生长温度为 20～30℃，低于 15℃生长缓慢，有较强的耐寒能力，其根茎能耐－15℃的低温。

（二）品种类型

常见的薄荷品种有胡椒薄荷、香水薄荷（图 2-3-18）、苹果薄荷、绿薄荷（图 2-3-19）、普列薄荷、风力薄荷等。

图 2-3-18 胡椒薄荷和香水薄荷

图 2-3-19 绿薄荷

（三）栽培技术

1. 繁殖方法　可采用扦插、根茎或种子繁殖。扦插繁殖时，可选取健壮枝条，剪成 5～8cm 长，留取上部 2～3 片叶，放入水中 3～4d 即可生根，也可插入蛭石、珍珠岩或疏松的土壤中，待生根后即可移植。根茎繁殖时，春季或入冬前栽植均可，挖取根茎后，剪成 6～10cm 长的小段，每段带有 3～4 个茎节，尽快栽入土中压实，以防失水。种子繁殖时，可选择疏松透气的土壤撒播种子，并保持土壤湿润，温度在 21～25℃，1～2 周即可发芽。

2. 浇水　薄荷喜湿润环境，生长期需保持土壤湿润，忌积水，以不干不浇、浇则浇透为原则。

3. 施肥　薄荷喜疏松透气、肥沃的沙质土壤。它生长快，对肥料的需求量较大，种植前应施入腐熟堆肥、过磷酸钙、骨粉等基肥。生长过程中，施肥以氮肥为主，磷钾肥为辅，薄肥勤施。

4. 光照　薄荷为长日照作物，喜光照充足的环境，光照可提高薄荷脑和薄荷油的含量。

二、百合庭院栽培

百合为百合科百合属多年生球根观赏植物，原产于北半球温带地区，中国各地广泛栽培，有 1 000 多年的栽培历史，具有食用及药用价值。百合花大而秀丽，给人以清纯、高雅的印象，可庭院栽培，用于花坛、花境，也可盆栽和切花观赏。

多年生草本，株高 60～90cm，部分可达 120cm，地上茎直立。地下鳞茎无皮，由多数肥厚披针形肉质鳞片抱合而成，白色或黄白色。百合有两种根，即生于鳞茎底部的基生根和鳞茎上方的茎生根。百合叶多，互生或轮生，线形或披针形，无柄或短柄，全缘，具光泽，叶脉平行。总状花序着生茎顶，花大、呈喇叭状或漏斗状，花被片分内外两轮，各 3 枚，花色有白、黄、红、橙、粉色及复色等。

（一）生长习性

百合适宜冬季温暖湿润、夏季凉爽干燥气候，不同种类之间的生态习性差异较大。多数耐寒性强，耐热性差，生长适温为 15～20℃，鳞茎冬季可耐 −35℃ 低温，8℃ 时可生长，花芽分化适温为 20～23℃。极耐旱，畏酷暑，30℃ 以上会严重影响生长发育，炎热和荫蔽条件下长势减弱，开花受到影响。喜温暖、阳光充足和空气流通的环境。要求土壤富含有机质、疏松、透气、排水良好，大多数百合喜微酸性土壤，少数可在弱碱性土壤中生长。

（二）品种类型

百合的品种繁多，现代栽培的商品品种多由多个品种反复杂交育成。园艺上根据花型分为喇叭形百合、漏斗形百合、杯状百合、反卷形百合等。商业上主要的百合种类包括东方百合（简称 O）、亚洲百合（简称 A）、铁炮百合（简称 L）、新杂交系列等，新杂交系列包括 OT 杂交（东方百合与喇叭百合杂交）、LA 杂交、OA 杂交、LO 杂交。常见栽培种类如麝香百合、卷丹（图 2-3-20）、毛百合、台湾百合、王百合、天香百合等，常见品种有泰伯、索蚌、布鲁拉诺、普瑞头、白天使、白天堂、木门等。

图 2-3-20 卷丹

（三）栽培技术

1. 繁殖方法 百合的繁殖方式有分球繁殖、鳞片扦插繁殖、种子繁殖以及组织培养繁殖等，其中种子繁殖主要用于新品种的培育。

（1）分球繁殖。分球繁殖是以地上茎基部埋于土中部位的叶腋处长出的小鳞茎作为繁殖材料，每年秋季起球时收取新长的鳞茎用于生产种球的繁殖方式。分球能力低的品种，如麝香百合，子球数量少，但个体大，周径 5cm 以上的培养 1 年即可开花；分球能力强的品种，如卷丹，子球数量多，但个体小，需 2 年方能开花。卷丹可产生大量茎生小鳞茎（珠芽），珠芽于花后自然脱落，及时采收后可直接播种，易成活。

（2）鳞片扦插繁殖。选择品种纯正的健壮鳞茎，表面洗净消毒后，剥下鳞片，用 80 倍甲醛水溶液浸泡 30min，取出用清水冲净阴干，斜插于粗沙或泥炭中，使鳞茎的内侧向上，保持温度 20～25℃，经 1～2 个月后即可生不定根、不定芽和小鳞茎。

（3）组织培养繁殖。百合的组织培养可利用鳞片、小鳞茎、珠芽、茎段、叶段等各部位作为外植体，多用鳞片或叶片。

2. 浇水 种植后浇 1 次透水，以后保持土壤湿润。夏季适当浇水，避免积水导致根部缺氧，引起球根腐烂。孕蕾期适当湿润，花后减少水分。

3. 施肥 整地前要施入充足的腐熟有机堆肥和适量磷钾肥作基肥，将肥料深翻入土混合均匀。春季萌芽生长期与花葶抽生期应及时追施液肥，萌芽期以氮肥为主，花葶抽生期以磷钾肥为主。注意施肥量不宜过多，否则植株变矮，种球忌与肥料接触。

4. 光照 百合喜柔和光照，光照不足会引起花蕾脱落，开花数减少；但应避免强光直射，光照过强引起植株生长发育不良，植株黄化或矮化，花芽分化不完全，落花、落蕾严重。芽出土后需逐步增加光照，促成栽培，每天补光 5h，可提早开花 2 周。

三、桂花庭院栽培

桂花又名木樨、丹桂、岩桂，为木樨科木樨属常绿灌木或乔木，原产于我国西南和中部，在我国的栽培历史非常悠久，现广泛栽种于长江流域及以南地区。桂花终年常绿，枝繁叶茂，花香四溢，是我国十大名花之一。桂花常作园景树，可孤植、对植，也可成丛成林栽种。

常绿乔木，高可达 15m。树皮灰色，小枝黄褐色，无毛。叶革质，对生，椭圆形或长椭圆形，叶两侧沿中脉处稍对折，新发幼叶紫红色。聚伞花序簇生于叶腋，多着生于当年春梢，二、三年生枝上也有着生，花色有乳白、黄、橙红等色（图 2-3-21），香气极浓，花期 9—10 月。果实为紫黑色核果，俗称桂子。

图 2-3-21　桂花

（一）生长习性

桂花喜温暖、湿润和通风良好的环境，喜光、稍耐阴，不耐寒和干旱，适于土层深厚、排水良好、富含腐殖质的偏酸性沙壤土，忌碱性土和积水，能抗氟。

（二）品种类型

1. 丹桂　花香较淡，花色较深，橙黄、橙红至朱红色，秋季开花，有宽叶红、齿丹桂、朱砂丹桂等品种。

2. 金桂　花香浓，花柠檬黄色至金黄色，秋季开花，有圆叶金桂、老金桂、晚金桂、大花金桂等品种。

3. 银桂　花香浓，花色纯白、乳白、黄白色，秋季开花，有串球银桂、白洁桂、早银桂、晚银桂等品种。

4. 四季桂　花香淡，数量少，花白色或黄色，但四季开花，有大叶佛顶珠、日香桂、月月桂等品种。

（三）栽培技术

1. 繁殖方法　桂花一般采用扦插、嫁接、压条等方法繁殖。

（1）扦插繁殖。选择当年生健壮嫩枝为插穗成活率高，采穗后将其剪成长 10～15cm 的枝条，将插条下端 2cm 浸入 1 000mg/kg 萘乙酸溶液中 3～5s，稍干后即可扦插。春秋两季均可进行。插后要保持土壤湿润和遮阳，促使生根发新梢，成活的插穗翌年即可带土移栽，培育壮苗。

（2）压条繁殖。桂花多用高枝压条，宜于早春发芽前进行，选择长势强健、无病虫害的二、三年生枝条进行高枝压条繁殖。具体方法：将选好的枝条进行环状剥皮，在伤口处涂抹 50mg/kg 萘乙酸或萘乙酸钠溶液，用消过毒的湿润苔藓和肥沃土壤均匀敷在伤口处，外面用塑料薄膜扎好，然后经常保持土壤湿润，经过 75～80d，就可以将高压枝条剪离母树，移栽培育成苗。

（3）嫁接繁殖。适于培养老桩。切接法宜于春季进行，砧木可用女贞、小叶女贞、水蜡、流苏等，采用一、二年生、带有 2～3 个芽点的健壮枝条作接穗。截取接穗 10cm 左右，下部削成楔形，插在砧木的切口处，用塑料条固定好。

2. 栽植 桂花在淮河、秦岭以南可在露地庭院栽培；以北除局部小环境适宜外只能盆栽，冬季要移入室内。

3. 浇水 桂花喜排水良好的土壤，以经常保持盆土含水量 50％左右为宜。切忌积水，特别是秋季开花期，过湿会造成落花。北方地区冬季移入室内后，浇水应加以控制，土壤过湿易落叶。

4. 施肥 桂花喜土壤肥沃，若施肥不足，则分枝少，花也少，而且不香。尤喜猪粪，花谚有"要使桂花香，多备猪粪缸"之说。从初春桂花萌芽到 8 月初，可每 10～15d 施腐熟猪粪液 1 次。

5. 光照 桂花较喜阳光，亦能耐阴。在全光照下其枝叶生长茂盛，开花繁密；在阴处则枝叶生长稀疏，花稀少。北方室内盆栽尤需有充足光照，以利于生长和花芽的形成。

6. 修剪 桂花根系发达，萌发力强，要使桂花枝多、花繁叶茂（图 2-3-22），需适当修剪，保持生殖生长和营养生长的生理平衡。一般应剪去枯枝、徒长枝、细弱枝、病虫枝，保留 3～5 个开张角度适中、空间分布均匀的侧枝，以利于通风透光和养分集中，促使桂花孕育更多、更饱满的花芽。

图 2-3-22 桂花开花状态

桂花开花状态

【拓展阅读】

百合的花语

百合的花语是高贵、洁白无瑕、万事顺利、心想事成等，但不同颜色的百合具有不同的花语和意思，如白色代表纯洁、百年好合，粉色代表清纯和高雅，墨色代表恋爱和诅咒，黄色代表财富和高贵。

【任务布置】

以组为单位，任选一种芳香类花卉进行庭院栽培，制订生产计划及实施，并将生产过程制作成短视频。实施后根据各组生长状态进行小组自评、小组互评和教师评价，并完成巩固练习。完成后将本任务工作页上交。

【计划制订】

表 2-3-5　芳香类花卉庭院栽培计划

操作步骤	制订计划
品种选择	
繁殖	
生长期管理	

【任务实施】（实施过程中的照片）

【总结体会】

【考核评价】

表 2-3-6　芳香类花卉庭院栽培考核评价

评价内容	评分标准	评价		
		小组自评	小组互评	教师评价
制订计划 （20分）	1. 计划内容全面（10分） 2. 字迹清晰（10分） 未达到要求相应进行扣分，最低分为0分			
任务实施 （20分）	1. 按计划实施（5分） 2. 能够正确处理突发状况（5分） 3. 实施效果好（5分） 4. 团队合作能力强（5分） 未达到要求相应进行扣分，最低分为0分			
实施效果 （20分）	1. 繁殖成活率高（5分） 2. 管理及时（10分） 3. 生长状态好（5分） 未达到要求相应进行扣分，最低分为0分			
总结体会 （20分）	1. 能根据实施过程中出现的问题总结发生的原因以及找到解决问题的办法（15分） 2. 能通过本次任务的实施写出自己的体会（5分） 未达到要求相应进行扣分，最低分为0分			
小计				
平均得分				

【巩固练习】

1. 百合有哪些繁殖方法？（10分）

2. 芳香类花卉还有哪些？请列举5种。（10分）

本次任务总得分：

教师签字：

模块三　阳台园艺

阳台主要是用来接受阳光、吸收新鲜空气、观赏的私有场所。目前许多城市中的房屋都会设计阳台，尽管阳台空间不是很大，但因为环境条件适宜园艺植物生长，已经成为园艺活动的主要场所。阳台园艺被认定是在阳台进行小规模园艺植物栽培活动的总称。阳台园艺既可以开展传统的在土壤上精耕细作的农业活动，其注重表现植物生态、美化和收获兼顾的效果，是家庭回归自然的人造空间环境；也可以采用新产品、新技术的无土栽培模式，生产产品的活动也更具有欣赏性和自给性。

项目一　阳台蔬菜

【项目目标】

知识目标：掌握根茎类、叶菜类和果菜类蔬菜的生长习性、品种类型及阳台栽培技术。

技能目标：能根据生长习性独立进行阳台蔬菜的管理。

素质目标：培养学生知识运用能力、团队合作能力、环境保护意识、安全生产意识和一定的审美能力。

任务一　根茎类蔬菜阳台栽培

【相关知识】

一、樱桃萝卜阳台栽培

萝卜具有通气宽胸、止咳化痰、健胃消食、除烦生津、解毒散瘀、利尿止泻等药用功效，食用价值高。樱桃萝卜是中国四季萝卜的一种，因其根皮深红色，形状似樱桃，因此又称为樱桃萝卜（图3-1-1）。其肉质细嫩，生长迅速，色泽美观，食用方法多种多样，采收时间短，不需要花费太多精力，非常适合在家庭阳台上进行盆栽。

（一）生长习性

樱桃萝卜为半耐寒性蔬菜，种子发芽适温为15～20℃，生长适温为20℃左右，可生

图 3-1-1　樱桃萝卜

长的温度范围为 5～25℃，温度过高过低对生长不利。对光照要求不严格，适宜肥沃疏松、排水良好的沙壤土，土壤含水量保持在 70%～80% 为宜。一般情况下播种 20～30d 就能收获。

（二）品种类型

目前我国尚无推广规模较大的樱桃萝卜品种，进口品种主要有以下几种：

1. 二十日大根　该品种为日本引进，表皮鲜红，肉质白嫩，球形，直径 2～3cm，单个重 15～20g，极早熟，收获期 20～30d。

2. 四十日大根　该品种为日本引进，表皮鲜红，肉质根球形，直径 2～4cm，单个重 20～25g，收获期 30～40d。

另外，还有上海小红萝卜、淮安雀头萝卜、美国樱桃萝卜、杨花萝卜、算盘子、晋萝卜 3 号、德国早红等品种。

（三）栽培技术

1. 品种选择　家庭阳台樱桃萝卜应选择肉质甜脆爽口、口感好、叶片嫩绿、商品性好、抗病、易管理、丰产、球根色泽亮丽的品种。

2. 栽培容器、栽培基质选择　栽培容器可以灵活选择，但是一定要有排水孔，以防沤根。通常陶质和木质容器比塑料容器透气性更好，更利于根系的生长。如果选择塑料容器，夏季要特别注意防晒，以免容器内温度过高损伤根系。为了提高空间利用率，可以采用多层立体栽培。栽培基质要求疏松透气，可选用蔬菜专用培养土，每立方米加入膨化的鸡粪 2kg；也可以自制培养土，如采用草炭 1 份、园土 1 份、草木灰 0.5 份、厩肥 0.5 份混合配制。注意加入培养土前先在容器内铺上 1 层无纺布，防止营养土随水流出。倒入培养土时，上部需留 3～4cm 的灌水空间，并浇灌充足的水分，直到盆底流出水。

3. 播种　用木棒或手指轻轻挖出条形的播种沟，沟深 1.5cm，间距 8cm 左右，逐一播种，种子间距 1cm 左右，完成后覆盖细土。为防止水分蒸发，可盖 1 层报纸或地膜，60% 种子出苗后揭去。

4. 播种后管理

（1）间苗、培土。播种后 2～3d 即可出苗，出苗后移至阳光充足的地方。待植株 2 片子叶打开时开始第一次间苗，株距约 3cm，留下长势较好的幼苗，尽量除去小苗、病苗。

间苗后，从左右两边给剩下的幼苗培土，防止幼苗倒伏。当幼苗具有 2～3 片真叶时进行第二次间苗，株距扩大至 6cm 左右，然后再从左右两侧进行培土。

（2）肥水管理。苗期要控制浇水次数，防止茎叶徒长。随着肉质根逐渐变大，应及时浇水，保持土壤呈湿润的状态。一旦水分供应不足，会导致樱桃萝卜畸形、变硬、口感过辣等。但同时也要注意，土壤不可持续过湿，以免出现裂根、烂根等现象。播种 15d 左右，要进行 1 次施肥，可以选择家庭栽培专用肥料，也可以将牛奶、豆浆等发酵，自制肥液。如果使用自制肥料，一定要将肥液充分稀释，以免伤根。

5. 采收　一般播种后 25～30d，即可陆续采收食用，首先开始收获长出 5～6 片真叶、根的直径达到 2～3cm 的樱桃萝卜（图 3-1-2）。但是不可采收过晚，否则会出现裂根、糠心等现象。

图 3-1-2　即将采收的樱桃萝卜

二、马铃薯阳台栽培

马铃薯是人们日常生活中常见的农作物，又称土豆、洋芋、山药蛋、地蛋等，是茄科茄属一年生草本植物。其食用部分为地下的块茎，是重要的粮菜兼用作物。马铃薯含有丰富的淀粉、蛋白质、糖类和各种维生素，具有较高的营养价值，深受人们的喜欢，在人们的生活中占有重要的地位。马铃薯生长周期短，栽培管理简单，比较适合家庭阳台栽培。

（一）生长习性

马铃薯块茎生长发育的最适温度为 17～19℃，低于 2℃ 和高于 29℃ 时块茎停止生长。块茎在 7～8℃ 时幼芽即可生长，10～12℃ 时幼芽可苗壮成长并很快出土，植株生长最适温度为 21℃ 左右。马铃薯为喜光作物，生长期间需要充足光照，块茎的形成需要较短的日照。生长期间要有足够的水分，开花前后土壤含水量以保持在 60%～80% 为宜。喜轻质酸性壤土，适宜的土壤 pH 为 4.8～7.0，需肥量较大，忌含有氯离子的肥料。

（二）品种类型

1. 早熟品种　从出苗到块茎成熟需 50～70d，植株低矮，产量低，淀粉含量中等，不耐贮存，芽眼较浅。

2. 中熟品种　从出苗到块茎成熟需 80～90d，植株高大，产量高，淀粉含量较高，耐贮存，芽眼较深。

3. 晚熟品种　从出苗到块茎成熟需 100d 以上，植株性状同中熟品种。

（三）栽培技术

1. 品种选择　家庭盆栽宜选用脱毒种薯。选择生长期短、株型直立紧凑、结薯集中、块茎前期增重快、耐肥水、适宜密植、早熟、高产、抗病虫害的优良品种。如早大白、东农 303、克新 4 号、超白等。

2. 栽培容器、栽培基质选择　栽培容器可以灵活选择，但由于马铃薯的食用部分为地下块茎，栽培容器要有一定的深度，一般以深度大于 35cm 为宜，另外要有排水孔，以防沤根。可以选用木质容器和塑料容器进行栽培。如果选择塑料容器，夏季要注意防晒，避免因容器内温度过高而损伤根系。选用松针腐殖土过筛，以达到细、净为准，每 100kg 松针腐殖土加 5kg 腐熟有机肥，充分拌匀。

3. 种薯处理　马铃薯生产上多用块茎繁殖（图 3-1-3），选择符合本品种特征、大小适中、薯皮光滑、颜色鲜正的薯块作种薯。播种前 30～40d 开始暖种晒种，时间不宜过长，否则易造成芽衰老，引起植株早衰，生产上也可以用赤霉素浸种用于打破休眠。切块播种时，切块呈立体三角形，每块重 25g 左右，最少应有 1 个芽眼。

马铃薯切块

图 3-1-3　马铃薯发芽

4. 播种　家庭盆栽马铃薯时，可以整薯播种，这样可以保证全苗，也可以切块播种，但是切块播种容易染病和缺苗。播种前按照株距 15～25cm，开 12cm 深的穴，浇透底水，待水下渗后，将种薯摆放在穴内，然后覆土。

5. 播种后的管理

（1）苗期。播种后到出苗阶段所有的营养均来自种薯，不需要施用任何肥料，此期如果发现湿度不足，可以补水，但要及时松土。出苗后日温保持在 16～22℃，夜温在 12℃左右。苗期一般不浇水，若土壤干旱，可选晴暖天气浇少量水。

（2）发棵期。从团棵（6～8 片叶展平）到开花（早熟品种第一花序开放，晚熟品种第二花序开放）为发棵期（图3-1-4）。马铃薯发棵期控制浇水，土壤不旱不浇水。当苗高30cm左右时，根据植株长势，每棵植株可随水追施尿素3～4g，促进植株发棵。若发棵期出现徒长现象，可用1～6mg/L矮壮素溶液进行叶面喷施，抑制茎叶生长。

图3-1-4　马铃薯发棵期

（3）结薯期。从开花到薯块收获为结薯期。土壤保持湿润，尤其是开花前后要防止干旱，结薯后期应减少浇水或停止浇水。开花后，可叶面喷施0.2%～0.3%磷酸二氢钾和硼砂溶液。

6. 收获　适宜收获时期为大部分茎叶由绿变黄时，家庭阳台栽培也可以根据需要随时采收。收获时宜选择晴天、盆土干爽时进行，防止烈日暴晒。收获前先拔下地上部的茎叶，然后用小铲子进行人工收获。

【拓展阅读】

五花八门的彩色马铃薯

目前已培育出的彩色马铃薯有紫色、红色、黑色和黄色等，由于其本身含有抗氧化成分，因此经高温油炸后彩色马铃薯片仍保持着天然颜色。

【任务布置】

以组为单位，任选一种根茎类蔬菜进行阳台栽培，制订生产计划及实施，并将生产过程制作成短视频。实施后根据各组生长状态进行小组自评、小组互评和教师评价，并完成巩固练习。完成后将本任务工作页上交。

【计划制订】

表 3-1-1　根茎类蔬菜阳台栽培计划

操作步骤	制订计划
品种选择	
栽培容器、栽培基质选择	
播种	
播种后管理	
收获	

【任务实施】（实施过程中的照片）

【总结体会】

【考核评价】

表 3-1-2 根茎类蔬菜阳台栽培考核评价

评价内容	评分标准	评价		
		小组自评	小组互评	教师评价
制订计划 （20分）	1. 计划内容全面（10分） 2. 字迹清晰（10分） 未达到要求相应进行扣分，最低分为0分			
任务实施 （20分）	1. 按计划实施（5分） 2. 能够正确处理突发状况（5分） 3. 实施效果好（5分） 4. 团队合作能力强（5分） 未达到要求相应进行扣分，最低分为0分			
实施效果 （20分）	1. 根茎类蔬菜生长整齐健壮（5分） 2. 根茎类产品商品性高，产品无损伤、无畸形（5分） 3. 产量高（10分） 未达到要求相应进行扣分，最低分为0分			
总结体会 （20分）	1. 能根据实施过程中出现的问题总结发生的原因以及找到解决问题的办法（15分） 2. 能通过本次任务的实施写出自己的体会（5分） 未达到要求相应进行扣分，最低分为0分			
小计				
平均得分				

【巩固练习】

1. 根茎类蔬菜阳台栽培对基质有什么要求？（10分）

2. 马铃薯怎样催芽播种？（10分）

本次任务总得分：

教师签字：

任务二　叶菜类蔬菜阳台栽培

【相关知识】

一、紫背天葵阳台栽培

紫背天葵为菊科三七草属多年生草本植物。茎直立，紫红色或绿色。紫背天葵以其嫩茎叶供食，可以凉拌、烹炒、烧汤、做馅等，肉质细滑、脆嫩可口。紫背天葵营养极为丰富，富含黄酮类化合物及铁、锰、锌等对人体有益的微量元素。除食用外，还可入药，属于药膳同用蔬菜，具有活血止血、抗恶性细胞增长等功效，对缺铁性贫血有治疗作用。紫背天葵观赏性强，株型矮小紧凑，对环境条件和栽培技术要求不严，因此比较适合家庭阳台栽培。

（一）生长习性

紫背天葵为喜温性植物，耐热不耐寒，生长适温为 20～25℃，在夏季高温条件下生长良好，但不耐低温，只能忍耐 3～5℃的低温，遇霜冻枯死。对光照要求不严格，喜强光，较耐阴。紫背天葵适应性强，耐旱耐瘠薄，对土壤要求不严格，各类土壤均可种植，但是以肥沃的沙壤土上种植能获得高产。

（二）品种类型

紫背天葵有红叶种和紫茎绿叶种两类。

1. 红叶种　叶背和茎均为紫红色，节长，新芽叶片也为紫红色，随着茎的成熟，逐渐变为绿色，耐低温，香味淡（图 3-1-5）。

2. 紫茎绿叶种　茎基淡紫色，节短，分枝性能差，叶小浓绿，香味较浓，但耐热、耐湿性强（图 3-1-6）。

图 3-1-5　红叶种

图 3-1-6　紫茎绿叶种

（三）栽培技术

1. 品种选择　家庭盆栽紫背天葵应根据个人喜好和当地气温选择适宜的类型栽种。

2. 栽培容器、栽培基质选择　栽培容器可以选择选择长 49.5cm、宽 20cm、高 14.5cm 的塑料种菜盆，每盆栽植两株，也可以种在高 20cm、直径 23cm 的普通陶盆或塑料花盆中。如果选择塑料容器，夏季要特别注意防晒，以免容器内温度过高损伤根系。选用蔬菜专用培养土，每立方米加入膨化的鸡粪2kg；也可以自制培养土，一般按照草炭2份、田园土7份、蛭石1份的比例进行配制，并在每立方米基质中加入3kg优质复合肥和20kg酵素菌肥，混合均匀后备用。注意加入培养土前先在盆底部填装2cm左右的大粒基质，防止营养土随水流出，利用根系透气。倒入培养土时，上部需留3～4cm的灌水空间。

3. 育苗定植 紫背天葵栽植时可用播种育苗、分株育苗和扦插繁殖3种方法。其茎节易生不定根，扦插极易成活，故生产中多采用扦插繁殖，通常在每年的春、秋两季进行。选取健壮无病的植株，剪取6～8cm长的嫩枝条，每段带3～5节叶片，把每段基部的1～2片叶摘去，插入装有营养土的穴盘或营养钵中，插入深度为插条的2/3即可，保持日温25℃左右，盖上薄膜或无纺布遮阳保湿，通常15～20d即可成活定植。定植前，每盆栽种5～8棵植株（图3-1-7），分布均匀。注意要将土壤压实，然后浇定植水，直到盆底有水流出为止。

图3-1-7 紫背天葵定植

4. 定植后管理 紫背天葵属喜温性植物，喜温暖湿润的气候，栽植初期白天放在阴凉处，早晚见散射光，一周后移植到光照充足的地方，浇水掌握见干见湿的原则。紫背天葵生长势强，采收时间长，一般栽植后3周左右，当株高20cm左右时，结合浇水进行追肥，施入10g左右复合肥。每次采收后，结合浇水每盆追肥尿素10～20g，并及时摘除下部老叶、病叶。

5. 采收 一般栽植后25d左右就可以采收。采收标准：嫩梢长10～15cm，第一次采收时基部应留2～3节叶片，使其叶腋处继续萌发出新的嫩梢，下次采收留1～2节叶片。家庭栽培，腋芽会不断生长出来，可以进行反复收获。

二、迷迭香阳台栽培

迷迭香为唇形科迷迭香属多年生常绿芳香亚灌木，原产于地中海沿岸。西餐中可以用迷迭香做香料，用来腌制肉类、调色拉、做菜炖汤等，从茎、叶上提取的精油可以用于化妆品和食品调料中，迷迭香拥有令人头脑清醒的香味，具有活化脑细胞的功能。在园艺上，迷迭香植株具有较高的观赏价值，散发出的香味独特浓郁，既适合地栽，也适合盆栽

（图 3-1-8）。现代都市人把迷迭香当作居家新宠，栽于花园中或盆栽置于阳台上，既可观赏，又可随时摘取。

图 3-1-8　盆栽迷迭香

（一）生长习性

迷迭香喜温暖，抗寒性好，种子发芽适温为 15～20℃，植株生长适温为 9～30℃，低于 -10℃ 会受到一定程度的冻害，在北方地区不能露地越冬。喜阳光充足的环境，较耐旱，不耐涝，土壤水分过多影响生长。植株不耐碱，对土壤要求不严格，除盐碱、低洼地以外，一般都能生长。适宜在疏松肥沃、有机质含量较高、排水良好的壤土中生长，适宜的土壤 pH 为 4.5～7.0。

（二）品种类型

迷迭香的品种类型依植株的生长习性，可以分为以下两种：

1. 直立型　该类型品种主干向上直立生长，植株高度可达 1.5m。如斑叶迷迭香、针叶迷迭香、粉红迷迭香、海露迷迭香、宽叶迷迭香等。

2. 匍匐型　该类型品种枝条横向生长。如蓝小孩迷迭香、赛汶海迷迭香、抱木迷迭香等。

（三）栽培技术

1. 品种选择　各种类型的迷迭香都可以家庭盆栽，可以根据种植者的个性化需求，种植自己喜欢的品种类型。

2. 栽培容器、栽培基质选择　家庭盆栽迷迭香的栽培容器可以根据栽培的类型选择，匍匐型品种枝条横向生长，有些品种枝条垂直生长明显，栽植此类品种应选用高的陶盆或塑料盆，方便枝条垂直生长，增强观赏效果。直立型品种因其植株较高，向上生长趋势明显，以选择外观好看并且透水、透气性好的瓷盆为宜。花盆的形状为圆形、方形均可。无论哪种容器，下部都应该有透水孔，室内阳台种植时应在花盆下放 1 个底碟，防止浇水时渗水影响阳台卫生。栽培选用蔬菜专用培养土，也可以自制培养土，一般按照充分腐熟的有机肥 2 份、珍珠岩 1 份、优质园土 3 份、草炭 3 份、蛭石 1 份比例进行配制，并在每立方米基质中加入 2～3kg 优质复合肥，混合均匀后填装在栽培容器中。注意加入培养土前先在盆底孔上垫上 1～2 片瓦片，填装基质时可以在盆底铺 1 层钵底石或陶粒等大粒基质，防止营养土随水流出。

3. 扦插育苗　迷迭香种子发育不良，萌芽率不高，因此在居家花园和阳台种植中更多采用扦插法进行繁殖。扦插前用配好的基质（草炭 3 份＋蛭石 1 份＋珍珠岩 1 份）填满 50 孔穴盘，刮平，然后把装有基质的 50 孔穴盘浸于水盆中或用喷壶喷洒，使基质充分湿润。扦插一般在春秋两季进行，首先在无病虫、生长健壮的母株上剪取 1 年生半木质化枝条，也可结合春秋两季的整形修剪择取枝条。扦插时，将插穗剪成 7～10cm 长，基部 3cm 以下的侧枝和叶片去掉，切口剪平。注意修剪好的插穗基部应立即浸入清水中，以防失水，并且不要置留太久，一般随剪随插，以保证插穗新鲜，提高成活率。将修剪好的插穗垂直插入穴盘中，每穴 1 枝，插入深度为 2cm 左右。插好后用塑料薄膜或无纺布覆盖，放置阴凉处，一周后揭开薄膜，保持土壤湿润。半个月后早晚逐渐见散射光，插穗 3～

4 周开始长根。生根后的穴盘移到阳光充足的地方，浇水次数可减少，保持基质湿润即可。

4. 定植上盆　一般扦插后 40～50d 即可定植（图 3-1-9）。定植一般在晴天的早晨、傍晚或阴天进行。移栽前一天适当浇水，便于取苗。定植之前向栽培盆中填装基质，土面与盆口留 3～4cm 的空间，便于浇水，然后用小铲子挖穴，将小苗栽入种植盆中，用手轻轻按压，栽植的深度以苗坨与盆土相平为宜，不能过深或过浅。栽植后及时浇透水，待盆底有水流出为止。可以在土面上铺 1 层陶粒或蛭石，既美观又能防止土壤板结。

5. 定植后管理

（1）肥水管理。迷迭香比较耐贫瘠，盆栽植株不用频繁施肥，旺盛生长季节可以施 1 次复合肥。浇水掌握见干见湿的原则，夏季浇水一般在清早和傍晚进行。

（2）整形修剪。迷迭香因株形优美、枝条柔软，适合居家做成盆景，有很高的观赏性，因此在栽植过程中应注意整形修剪（图 3-1-10）。其腋芽萌芽率、成枝率极高，几乎每个叶腋都可以长出小芽，而且都可以发育成枝条，定期疏枝可以减少因枝条生长过密、通风不良造成的病虫危害。直立型品种顶端优势明显，抑制侧枝生长，影响植株美观，同时影响枝条产量。为打破其顶端优势，在植株高约 30cm 时要注意打顶，侧芽长出后依据植株的造型需要再修剪侧芽 2～3 次。在修剪及平时剪取枝条时应注意不要过度剪截，不能剪至已木质化的部位，以免影响植株的再生能力。

图 3-1-9　迷迭香定植上盆

图 3-1-10　迷迭香修剪造型

（3）倒盆换土。盆栽迷迭香为多年生木本植物。在家庭盆栽中一经栽培，可以连续多年生长，栽植后 2～3 年需要倒盆换土一次。在换土前适当控水，在盆土较干时把植株整株从盆中倒出，剪去根系的 1/3，原盆土可以留下 1/2，加上消过毒的新土，充分混合均匀后再把植株重新栽好，栽好后浇透水，放置在阴凉通风处养护，大约 2 周后植株恢复生长时就可移到原处。

6. 采收　迷迭香一经栽植，可以连续多年采收，家庭中可以根据需要随时采收。采收以枝叶为主，可以用剪刀或手直接摘取，采收木质部以上的幼嫩枝条。

三、叶用莴苣阳台管道水培

叶用莴苣俗称生菜，属菊科一年生草本植物。叶用莴苣的营养价值非常丰富，含有蛋白质、糖类、胡萝卜素、维生素 A、维生素 B_1、维生素 B_2 及矿物质，尤其是铁含量高于一些瓜果类蔬菜。叶用莴苣的叶片可生食，脆嫩爽口。因其株型小、生长周期短适合水培，是国内外水培蔬菜面积最大的作物，与番茄、黄瓜并列为温室无土栽培三大菜类。

（一）生长习性

叶用莴苣属喜冷凉的耐光性作物，其性耐寒，抗热性不强，生育适温为 15～20℃。

（二）品种类型

用于水培的叶用莴苣适宜选择早熟、耐热、耐抽薹的散叶叶用莴苣品种，如奶油生菜、美国大速生、玻璃生菜等品种。如以生食和观赏目的为主，可选择红叶生菜（图 3-1-11）。

（三）水培管理技术

1. 播种育苗

（1）育苗盘准备。育苗盘选择长 33cm、宽 25cm、高 4.5cm、平底不漏水的塑料盘。

水培育苗播种

（2）育苗基质准备。叶用莴苣育苗也采用水培方式。其育苗基质选用厚 3cm 疏松的海绵，将海绵块用清水洗净，平铺于苗盘中备用。

（3）浸种催芽。温汤浸种 20min，常温浸种 3h。浸种后搓洗、去掉干瘪种子和多余的水分，用湿纱布包裹，在 20℃条件下催芽，每天清水漂洗 2 次。

（4）播种。将浸泡后的种子放置在海绵块中间的圆孔中，每孔 1 粒。播种后将苗盘加满清水，使水浸至海绵体表面（图 3-1-12）。播种后的保湿工作非常重要，每天应给种子表面喷雾 2～3 次，直至出芽。待种子萌发出 1 片真叶时，可将清水换成营养液。营养液配方可采用日本山崎莴苣营养液配方（表 3-1-3）或日本园试配方，微量元素采用通用配方（表 3-1-4）。苗期注入 1/2 浓度的以上营养液，每 2d 更换 1 次。

图 3-1-11　叶用莴苣

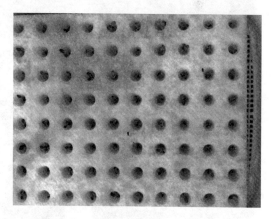

图 3-1-12　水培叶用莴苣播种

表 3-1-3　日本山崎莴苣营养液配方

化合物名称	浓度/（mg/L）
四水硝酸钙	236
硝酸钾	404
磷酸二氢铵	57
七水硫酸镁	123

表 3-1-4　通用微量元素配方

化合物名称	浓度/（mg/L）
乙二胺四乙酸钠铁	20
硼酸	2.86
四水硫酸锰	2.13
七水硫酸锌	0.22
五水硫酸铜	0.08
钼酸铵	0.02

2. 定植及定植后管理　当叶用莴苣幼苗具有 3～4 片真叶时（图 3-1-13）即可定植。秧苗过小，定植困难，成活率低；秧苗过大，根系容易互相缠绕，且叶片容易受损。起苗时，将幼苗连同海绵块一起取出，尽量少伤根系。定植时要确保幼苗根系既能够接触到营养液又不至完全浸泡在营养液中，以利于根系获得足够的养分和氧气。管道式水培采用循环式供液的方法，采用定时器调节，夏季每小时供液 15min，冬季每 2h 供液 15min。定植初期采用 1/2 营养液浓度，旺盛生长期提高到标准营养液浓度，以后根据长势增加至 1.5 倍营养液浓度。为了降低叶用莴苣体内的硝酸盐含量，在收获前一周，不需要补充营养成分，只需加清水。

3. 采收　叶用莴苣从小苗到成熟收获都可食用，故长到 15～20d 即可采收（图 3-1-14），采收时可用剪刀从根部剪断，也可连根拔出。

图 3-1-13　叶用莴苣幼苗

图 3-1-14　水培叶用莴苣成熟

四、韭菜阳台栽培

韭菜为百合科葱属多年生草本植物，原产于中国，食用部分主要是叶片和韭菜薹。韭菜是大家公认的纤维素含量高的蔬菜，除含有丰富的维生素、蛋白质、矿物质等人体所需的各种营养外，还对人体有特殊的医疗保健作用。韭菜可以利用花盆栽培，技术简单，不受地区和季节的限制，生长快，病虫害少，一年四季都可以种植，并且可以连续采收，适合家庭阳台栽培。

（一）生长习性

韭菜在 7～30℃均能生长，种子发芽最低温度为 2～3℃，发芽适温为 20℃左右；幼苗出土适温为 13～20℃；地下根茎、鳞茎中贮存的养分在 3～5℃时即可运转供给叶片生长，因此露地条件下春天萌发较早。不同时期对光照要求不同，商品生产过程中光照过强品质下降。韭菜耐旱，土壤含水量以 70%～80% 为宜，在叶片生长盛期以 80%～90% 为宜。韭菜对土壤适应性很强，适宜在壤土或沙壤土中生长。整个生长期对肥料的需求以氮肥为主，适量配施磷、钾肥。

（二）品种类型

我国韭菜品种资源十分丰富，按照食用部分可以分为以下几种类型：

1. 根韭　主要食用根和花薹。根韭以无性繁殖为主，分蘖强，生长势旺，易栽培。

2. 叶韭　叶韭的叶片宽厚、柔嫩，抽薹率低，虽然在生殖生长阶段也能抽薹供食，但主要以叶片、叶鞘供食用。我国各地普遍栽培，软化栽培时主要用此类。

3. 花韭　花韭专以收获韭菜薹部分供食。它的叶片短小，质地粗硬，分蘖力强，抽薹率高。花薹高而粗，品质脆嫩，形似蒜薹，风味优美。

4. 叶花兼用韭　叶花兼用韭的叶片、花薹发育良好，均可食用。目前我国栽培的韭菜品种多为这一类型。该类型韭菜也可用于软化栽培。

（三）栽培技术

1. 品种选择　阳台栽培韭菜（图 3-1-15），最好选择生长力强、商品性好、抗病性强的品种，如河南 791 韭菜、韭宝 F_1、平韭 5 号等，可以根据种植者的个性化需求，种植自己喜食的品种类型。

2. 栽培容器、栽培基质选择　家庭盆栽韭菜的容器选择塑料盆、瓦盆、陶瓷盆等均可，也可以是家庭中用过的泡沫箱、木桶等，但以外观好看、质地轻以及透水、透气性好的花盆为宜。为防止浇水时渗水影响阳台卫生，室内阳台种植时应在花盆下放一个底碟。花盆的形状圆形、方形均可，圆形花盆的直径在 25cm 以上、高度 25～30cm，不管哪种花盆，底部都要有渗水孔。栽培可选用蔬菜专用培养土，也可以自制培养土，由于花盆栽培容积有限，韭菜根系生长受到限制，因此盆土要有充足的肥力，一般按照优质园土 3 份、充分腐熟的有机肥 5 份、沙土 2 份的比例进行配制，

图 3-1-15　阳台栽培韭菜

并在每立方米基质中加入 2～3kg 优质复合肥，混合均匀后填装在栽培容器中。注意加入培养土前先在盆底孔上垫上 1～2 片瓦片，填装基质时可以在盆底铺 1 层钵底石或粗沙，防止营养土随水流出。

3. 播种育苗　阳台栽培韭菜可以直接播种育苗，也可以采用韭根直接定植。种子要选用上年收获的新种子，由于种子小、种皮坚硬、吸水困难，播种前 4～5d 要进行温汤浸

种催芽处理，方法是将种子放于55℃的热水中，用玻璃棒不断搅拌，搅拌15min，除去浮在上面的秕子，继续浸泡20h，捞出后用湿纱布包好，置于15～20℃的冷藏室中进行催芽，每天用清水投洗1次，待种子有70%露白即可播种。播种时，先将种植盆浇足底水，水下渗后在种植盆中央开1条深为1cm左右的种植沟，然后将种子均匀地撒播其中，注意种植不能过密，然后覆盖1cm左右的细土，用手指轻轻压实，覆上地膜保墒，待70%种子出苗后揭去地膜。如用韭根定植，以春季定植为好，定植密度不宜过大，定植后及时浇透水。

4. 播种后管理

（1）温光管理。韭菜出苗后保持15～20℃的温度，夏季温度过高时，尤其是塑料盆，为防止阳光直射晒伤植株，可以将花盆移至阴凉处，隔一段时间再适当见光。

（2）肥水管理。家庭阳台韭菜栽培，浇水由于季节和阳台位置的不同，没有统一的标准，浇水过多过勤，会造成蔬菜徒长、烂根烂叶、病害发生，因此浇水的原则是见干见湿。当韭菜进入旺盛生长期时开始追肥，追肥以氮肥为主，每次每盆可以施入尿素10～15g，也可以浇一些自家的淘米水。

（3）中耕培土。早春返青后将根茎部位的土壤用小铲子剔开，放入阳光下数天后再复原，以提高地温，促进根系生长。由于韭菜生长中有"跳根"的习性，结合剔根，每年春季可以盖2～3cm营养土，以利于叶鞘伸长和软化。

（4）换土。韭菜是多年生蔬菜，阳台栽培时每2～3年换1次盆土，换土宜在冬季休眠期进行，韭根（图3-1-16）最长使用年限为6～7年。

5. 采收　定植当年一般不采收，着重养根。阳台栽培韭菜采收不可过于频繁，一般1年可以采收5～6次，每次相隔30d左右，夏季不宜采收。注意收割时留茬高度以刚割到鳞茎上3～4cm黄色叶鞘处为宜（图3-1-17）。过浅，影响产量和品质；过深，影响下次采收和整个植株长势。收获后及时浇水、追肥，以促进地上部叶片和根系生长。

图3-1-16　韭根　　　　　　　　　　图3-1-17　韭菜采收

【拓展阅读】

紫背天葵食用方法

蒜蓉紫背天葵：紫背天葵250g，将其切成约3cm长的细段，在油锅中加入蒜蓉，加入紫背天葵快火炒 2min，调味即可。

紫背天葵煎蛋：紫背天葵 100g，将紫背天葵切成长 2cm 的细段。将 3 个鸡蛋打入碗中，再将切碎的紫背天葵与鸡蛋调匀，并加入适量的盐，起油锅，加入调好的料，煎 3～5min 即可。

紫背天葵煮豆腐：将 6 块豆腐在油锅中煎黄，加水煮沸 2min，加入切成 0.5cm 长的紫背天葵 100g，煮沸 1min，加入香油等调味即可。

【任务布置】

以组为单位，任选1种叶菜类蔬菜进行阳台栽培，制订生产计划及实施，并将生产过程制作成短视频。实施后根据各组生长状态进行小组自评、小组互评和教师评价，并完成巩固练习。完成后将本任务工作页上交。

【计划制订】

表 3-1-5　叶菜类蔬菜阳台栽培计划

操作步骤	制订计划
品种选择	
栽培容器、栽培基质选择	
上盆	
上盆后管理	
收获	

【任务实施】（实施过程中的照片）

【总结体会】

【考核评价】

表 3-1-6 叶菜类蔬菜阳台栽培考核评价

评价内容	评分标准	评价		
		小组自评	小组互评	教师评价
制订计划 (20分)	1. 计划内容全面（10分） 2. 字迹清晰（10分） 未达到要求相应进行扣分，最低分为0分			
任务实施 (20分)	1. 按计划实施（5分） 2. 能够正确处理突发状况（5分） 3. 实施效果好（5分） 4. 团队合作能力强（5分） 未达到要求相应进行扣分，最低分为0分			
实施效果 (20分)	1. 叶菜类育苗整齐健壮（5分） 2. 叶菜类产品商品性高，产品无损伤、无畸形（5分） 3. 产量高（10分） 未达到要求相应进行扣分，最低分为0分			
总结体会 (20分)	1. 能根据实施过程中出现的问题总结发生的原因以及找到解决问题的办法（15分） 2. 能通过本次任务的实施写出自己的体会（5分） 未达到要求相应进行扣分，最低分为0分			
小计				
平均得分				

【巩固练习】

1. 阳台水培叶用莴苣定植后怎样进行管理？（10分）

2. 写出其他5种可进行阳台栽培的叶菜类蔬菜。（10分）

本次任务总得分：

教师签字：

任务三 果菜类蔬菜阳台栽培

【相关知识】

一、辣椒阳台栽培

辣椒原产于中、南美洲热带草原地区，为茄科辣椒属一年或多年生草本植物，16世纪后期传入我国，至今已经有300多年的栽培历史，是我国人民喜食的鲜菜和调味品。辣椒营养丰富，因其果皮含有辣椒素而有辣味，能增进食欲，其含有的维生素C的含量在蔬菜中稳居第一。在我国，辣椒盆栽很早已有，但是真正规模化是近几年的事。辣椒盆栽果形奇特、色彩艳丽、造型多样，既可以观赏，又可以食用。随着人民生活水平的日益提高，盆栽辣椒逐渐走进了庭院、阳台，甚至是厅堂、窗台等。

（一）生长习性

辣椒属于喜温蔬菜，种子发芽适宜温度为25～30℃；幼苗期以白天25～30℃、夜间15～18℃为宜；开花结果初期以白天20～25℃、夜间15～20℃为宜，温度低于10℃不能开花，盛果期后，适当降低夜温对结果有利。辣椒属中光性植物，对光照要求不严格，光饱和点为30 klx，光补偿点是1.5 klx。辣椒既不耐旱也不耐涝，生长发育适宜的空气相对湿度为70%～80%，土壤含水量为80%，土壤积水或干旱均不利于辣椒生长。辣椒对土壤适应能力较强，在各种土壤中均能正常生长，但是根系对氧气要求严格，宜在土层深厚、疏松、肥沃、富含有机质和通透性良好的沙壤土上种植，土壤pH为6.2～8.5。

（二）品种类型

辣椒的品种类型较多，按照果形可以分成灯笼椒、长辣椒、簇生椒、圆锥椒、樱桃椒5种类型。

1. 灯笼椒 株型中等或矮小，分枝性弱。辛辣味极淡或甜味，故也称甜椒。果实硕大，单果重可达200g以上，一般耐热和抗病力较差。

2. 长辣椒 株型矮小至高大，分枝性强。辛辣味适中或强。果实长，微弯曲，先端渐尖。按照果实长度又可以分为牛角椒、羊角椒、线辣椒3个品种群，其中线辣椒果实较长，辣味很重，可以做干辣椒用。

3. 簇生椒 株型中等或高大，分枝性不强。果实簇生向上，果色深红，果肉薄，辛辣味强。晚熟，对病毒病抗性强，但是产量低，主要用于制作调味料用。

4. 圆锥椒 株型中等或矮小，果实呈圆锥形、短圆柱形，果肉较厚，辛辣味中等，主要供鲜食青果。

5. 樱桃椒 株型中等或矮小，分枝性强。果实向上或斜生，辛辣味强，果色有红、黄、紫、白等颜色。

（三）栽培技术

1. 品种选择 阳台栽培辣椒不仅可以食用，又适宜观赏，辣椒品种应选择颜色好、口感好、抗病性好、长势好、易坐果、坐果期长的品种。如蟠桃观赏辣椒、红鹰观赏辣椒、红贝拉甜椒、长顺3818辣椒、格比F₁辣椒、桑尼甜椒、多彩小尖椒等。

2. 栽培容器、栽培基质选择 家庭盆栽辣椒时，可以选用瓷盆、塑料盆或者素烧盆，家庭中的木桶、泡沫箱均可以，旧花盆使用前必须用清水洗干净。一般直径 15～20cm 的花盆每盆栽 1 株，直径较大的花盆可以适当栽 2～3 株。种植基质可以选用园土 5 份、草炭 3 份、蛭石 1 分、充分腐熟的有机肥 1 份配制，混合均匀后填装在栽培容器中，每盆加入复合肥 5～10g。注意辣椒根系好气性强，上盆前用 2 块小瓦片搭在排水孔上，然后在盆底铺 1 层钵底石、炉渣或陶粒等大粒基质，以利于通气排水。

3. 育苗 阳台栽培辣椒春季可以在自家室内阳台进行育苗。育苗采用 50 孔塑料穴盘，育苗基质可以选用蛭石 2 份、草炭土 6 份、充分腐熟的有机肥 1 份过筛，充分混合后装盘待用。由于辣椒种子价格较高，在播种前先将种子放在 55℃ 的热水中烫种 15min，其间不断用玻璃棒搅拌，防止种子烫伤，然后继续浸种 10h，再将种子放在疏松透气的湿纱布中包好，放在 28℃ 左右的黑暗环境中催芽。催芽过程中每天翻动淘洗种子 1 次，并用力甩干，待 60% 种子露白即可播种。播种前将基质填装在 50 孔穴盘内，然后将穴盘置于水盆中直至基质完全浸湿，或用喷壶浇透底水，待水下渗播种，每穴 1 粒，覆盖 1cm 左右的蛭石，再覆盖 1 层塑料薄膜保温保湿。播种后注意温湿度等管理，温度控制在 25～30℃，当大部分苗出土后，揭去覆盖物，苗期水分掌握见干见湿的原则（图 3-1-18）。春季育苗，日历苗龄 60～80d，植株 6～8 片真叶时即可上盆定植。

4. 定植上盆 春秋季节定植上盆（图 3-1-19）选择晴天上午进行，有利于缓苗和发根。定植时填土先填至盆深的一多半，再将植株带土坨一起从育苗盘中拔出，然后栽入种植盆正中。栽植时尽量不要伤根，向苗坨四周填营养土，土面与盆口留 3～4cm 的空间，用手轻轻按压，栽植不要过深，栽培的深度以苗坨与盆土相平为宜。栽植后及时浇透水，待盆底有水流出为止。可以在土面上铺一层陶粒或蛭石，既美观又能防止土壤板结。

图 3-1-18 辣椒育苗

图 3-1-19 辣椒定植上盆

5. 定植后管理

（1）肥水管理。辣椒缓苗后开始旺盛生长，每 2～3d 浇 1 次水，保持盆土湿润，但是忌天天浇水，否则根系容易窒息死亡。门椒坐果后可以随水施入 1 次复合肥，每次每株 3～4g 为宜，以后每隔 10d 左右追施 1 次等量的肥，以轻施薄施为主。

（2）保花保果。辣椒阳台栽培，由于光照、空气湿度等环境因素的影响，极易落花。为了提高坐果率，可于开花期进行人工辅助授粉。每天上午观察已开放的花朵，如花药开裂散粉后，轻轻震动植株，使花粉落到柱头上，也可以用棉签蘸取花粉，轻轻涂抹柱头。

（3）整形修剪。辣椒生长快，通常需 4～5 根小竹枝或覆有绿色塑胶的粗铁线进行固定（图 3-1-20），以维持整齐圆满的枝冠。及时剪除影响株形美观的枝条以及内膛弱枝，提高坐果率和果实观赏价值。

6. 采收 一般来讲，辣椒从谢花到成熟需要 20～30d，门椒要及时采收，阳台栽培可以根据需要随时采收。采收时要注意不要损伤植株，用于观赏的辣椒（图 3-1-21）可以不采收。

图 3-1-20 辣椒固定

图 3-1-21 观赏辣椒

二、黄瓜阳台栽培

黄瓜，别名胡瓜、王瓜，葫芦科黄瓜属一年生草本蔓生攀缘植物，原产于喜马拉雅山南麓的热带雨林地区。黄瓜气味清香，营养丰富，含有人体所需的胡萝卜素、维生素 C 和矿物质。黄瓜可以鲜食、熟食，还可以加工成酱菜、泡菜等，是全世界人们喜食的蔬菜之一。近年来随着经济的发展，人们的生活水平逐渐提高，黄瓜在阳台、庭院等空间进行盆栽，改变了黄瓜的传统种植方式，成为颇受欢迎的种植模式。

（一）生长习性

黄瓜是喜温性植物，但是不耐高温，种子发芽适宜温度为 27～29℃；幼苗期以日温 22～25℃、夜温 15～18℃为宜；开花结果期以日温 25～29℃、夜温 18～22℃为宜，温度低于 10℃能引起生理紊乱，4℃即受冷害，0℃及以下则引起冻害。黄瓜较耐弱光，对光照要求不严格，光饱和点为 55klx，光补偿点为 1.5～2.0klx。适宜的空气相对湿度为 70%～90%，但是长期高湿易导致病害的发生。黄瓜对土壤适应范围较广，但是最适宜的是富含腐殖质的肥沃壤土，pH 以 6.5 为宜。

（二）品种类型

黄瓜的品种类型较多，我国普遍栽培的主要有华北型、华南型和北欧温室型 3 种类型，另外还有小型黄瓜、南亚型黄瓜、欧美型露地黄瓜等栽培类型。

1. 华北型 俗称水黄瓜（图 3-1-22），分布于中国黄河流域以北及朝鲜、日本等地。植株长势中等，喜土壤湿润、天气晴朗的气候条件，对日照长短要求不严。该类型黄瓜茎节和叶柄较长，叶片大而薄，果实细长，绿色，刺瘤密，白刺。

2. 华南型 俗称旱黄瓜（图3-1-23），分布于中国长江以南及日本各地。该类型黄瓜茎叶繁茂，茎粗，节间短，叶片肥大，耐湿热，要求短日照。果实短粗，果皮硬，果皮绿、绿白、黄白色，刺瘤稀，黑刺。

图3-1-22 华北型黄瓜

图3-1-23 华南型黄瓜

3. 北欧温室型 俗称无刺黄瓜（图3-1-24），原产于英国、荷兰。植株茎叶繁茂，耐低温弱光，对日照长短要求不严。果面光滑无刺，绿色，多为雌性系，种子少或单性结果。

（三）栽培技术

1. 品种选择 阳台栽培黄瓜应选择植株偏矮、连续结果能力强、瓜条形状端正、口感好的品种。

2. 栽培容器、栽培基质选择 阳台栽培黄瓜选盆时，以陶盆最好，其次是瓷盆、搪瓷盆、木盆、塑料盆，还可以是泡沫箱、瓦罐等，要求透气、底部有透水孔，透水孔不能太小。大小形状没有统一的规格，但体积不能太小，一般直径应在25cm以上，盆高不得小于20cm。种植基质可以选用50%草炭、25%园土、20%沙土、5%充分腐熟的豆饼，每立方米基质加入250～300g尿素、1kg左右的过磷酸钙，混合均匀后填

图3-1-24 北欧温室型黄瓜

装在栽培容器中，注意加入培养土前先在容器内铺上1层无纺布，然后铺1层钵底石或陶粒等大粒基质，防止营养土随水流出。倒入培养土时，上部需留3～4cm的灌水空间。

3. 育苗 北方地区室内花盆栽培，春茬1—2月育苗，秋茬8—9月育苗；露台盆栽，春茬3—4月育苗，秋茬6—7月育苗。采用50孔塑料穴盘育苗（图3-1-25），育苗基质可以选用3份草炭、1份蛭石、1份珍珠岩，每立方米基质加入2kg干鸡粪，装盘待用。先

将种子浸种催芽，然后将种子播入穴盘内，每孔1粒，覆盖1.0～1.5cm厚的蛭石。播种后注意温湿度等管理，苗龄30d左右，植株3叶1心时，选择子叶肥大、叶片深绿、根系发达、无病虫害的苗进行定植，也可以嫁接育苗。

图 3-1-25　黄瓜育苗

4. 定植上盆　定植时每盆的定植株数依据盆的大小而定，春秋季节定植选择晴天上午进行，夏季定植选择晴天下午进行，有利于缓苗和发根。定植时将植株带土坨一起从育苗盘中拔出，然后栽入盆中，栽植时尽量不要伤根，栽植不要过深，栽培的深度以苗坨与盆土相平为宜。栽植后及时浇透水，待盆底有水流出为止。

5. 上盆后管理

（1）肥水管理。心叶见长时浇1次缓苗水，然后轻轻松土1次，注意不要伤害植株的根系。植株稍显干旱时应及时浇水，保持土壤湿润，浇水以见干见湿为原则。待根瓜坐住后，结合浇水开始施肥，施肥宜少量多次，进入采瓜期每8d追1次肥，追肥时每次每盆施入三元复合肥4～5g或尿素2g＋硝酸铵3～4g，一般追肥6～7次。在生长中后期，需要向叶面喷施0.2%～0.3%磷酸二氢钾溶液，防止植株早衰。

（2）温光管理。定植后，将植株放到避光处，保持白天温度25～30℃、夜间18～20℃。经过一周缓苗后降温，将植株放到光照充足的地方，保持白天温度23～28℃、夜间温度15～18℃。

（3）植株调整。待植株长至5～6片真叶时，开始搭架或吊蔓。支架采用3～4根竹竿搭成三角架或方形架（图 3-1-26），也可以用铅丝搭成圆形架，架高1.2～1.6m。支架完毕后开始绑蔓，用尼龙绳将植株环绕绑在架上，及时摘除5片叶以下的瓜，从第六片叶开始留瓜，植株过高时，将下部老叶、病叶打掉，盘蔓往下落秧。

6. 采收　黄瓜生长速度快，要及时采收，以免影响植株的生长发育和后续结瓜的能力。植株长12～16cm、横茎2cm左右时就可以采收（图 3-1-27）。采收时要注意不要损伤植株，可以根据家庭需求随时采收。

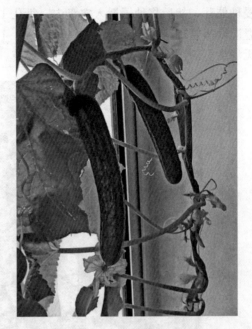

图 3-1-26　黄瓜支架　　　　　　　　图 3-1-27　即将采收的黄瓜

【拓展阅读】

黄瓜的起源

　　黄瓜最初的起源地是喜马拉雅山南麓的热带雨林地区，这里温暖湿润，适合野生黄瓜生长。根据世界各地黄瓜的名称和古代地区的栽培记录来看，黄瓜原产地在印度东北部。1494 年，西班牙人哥伦布在海地试验种植黄瓜；1535 年，加拿大有了黄瓜种植记录；1584 年，美国弗吉尼亚州黄瓜成为日常蔬菜品种；1609 年，美国马萨诸塞州的农民开始种植黄瓜。有学者认为黄瓜是分两路传入我国：一路是在公元前 122 年汉武帝时代，由张骞经丝绸之路带入中国的北方地区，并经多年驯化，形成了华北系统黄瓜；另一路经由缅甸和印中边界传入我国华南地区，并在华南地区被驯化，形成我国华南系统黄瓜。

【任务布置】

以组为单位，任选一种果菜类蔬菜进行阳台栽培，制订生产计划及实施，并将生产过程制作成短视频。实施后根据各组生长状态进行小组自评、小组互评和教师评价，并完成巩固练习。完成后将本任务工作页上交。

【计划制订】

表 3-1-7　果菜类蔬菜阳台栽培计划

操作步骤	制订计划
品种选择	
栽培容器、栽培基质选择	
播种育苗	
上盆后管理	
收获	

【任务实施】（实施过程中的照片）

【总结体会】

【考核评价】

表 3-1-8　果菜类蔬菜阳台栽培考核评价

评价内容	评分标准	评价		
		小组自评	小组互评	教师评价
制订计划 （20分）	1. 计划内容全面（10分） 2. 字迹清晰（10分） 未达到要求相应进行扣分，最低分为0分			
任务实施 （20分）	1. 按计划实施（5分） 2. 能够正确处理突发状况（5分） 3. 实施效果好（5分） 4. 团队合作能力强（5分） 未达到要求相应进行扣分，最低分为0分			
实施效果 （20分）	1. 果菜类秧苗生长健壮（5分） 2. 果菜类产品商品性好，产品无损伤、无畸形（5分） 3. 产量高（10分） 未达到要求相应进行扣分，最低分为0分			
总结体会 （20分）	1. 能根据实施过程中出现的问题总结发生的原因以及找到解决问题的办法（15分） 2. 能通过本次任务的实施写出自己的体会（5分） 未达到要求相应进行扣分，最低分为0分			
小计				
平均得分				

【巩固练习】

1. 阳台栽培黄瓜怎样进行植株调整？（10分）

2. 写出5种其他适宜阳台栽培的果菜类蔬菜。（10分）

本次任务总得分：

教师签字：

项目二　阳台果树

【项目目标】

知识目标：掌握木本、藤本和草本果树的生长习性、品种类型及阳台栽培技术。

技能目标：能根据生长习性独立进行阳台果树的管理。

素质目标：培养学生精益求精的工作态度、安全生产的意识和一定的审美能力。

任务一　木本果树阳台栽培

【相关知识】

一、桃阳台栽培

桃原产于我国，已有 4 000 多年的栽培历史，是我国最古老、栽培最普遍的果树之一。桃果实色泽艳丽，外形美观，肉质细腻，营养丰富。自古以来，桃果就享有"仙桃""寿桃"的美称。桃树成花容易，结果早，管理简单，很适于阳台栽培。矮化了的盆栽桃造型（图 3-2-1），既可以供人们欣赏，同时又可提供一定数量的果实供食用，有着十分广阔的发展前景。

图 3-2-1　盆栽桃

（一）生长习性

桃适宜冷凉温和的气候，通常要求年平均温度 8～17℃，生长期桃的生长适温为 18～23℃，果实成熟适温为 24.5℃。一般品种在 −25～−22℃ 时可能发生冻害。桃花芽萌动后，−6.6～−1.7℃ 即受冻，开花期 −2～−1℃、幼果期 −1.1℃ 受冻。桃在冬季需要一定的低温才能正常通过休眠，使萌芽、开花、结果正常。通常需要 0～7.2℃ 的冷温积累量600～1 200h。桃喜光，对光照反应敏感。光照不足影响花芽分化，可导致产量降低，树冠内部光秃，结果部位上移、外移。但夏季直射光过强，可引起枝干日灼，影响树势。一般南方品种群的耐阴性高于北方品种群。桃对水分反应敏感，尤其早春开花前后和果实第二次迅速生长期必须有充足的水分。春季雨水不足，萌芽慢，开花迟。桃不耐涝，连续积水两昼夜就会造成树体落叶，甚至死亡。桃适宜在土质疏松、排水良好的沙壤土或沙土栽培，要求土壤含氧量在15%左右，土壤过于黏重易患流胶病。在肥沃土壤上营养生长旺盛，易发生多次生长，并引起流胶。在pH为4.5～7.5时均可生长，最适宜pH为5.5～6.5的微酸性土壤。在碱性土中，当pH在7.5以上时，由于缺铁易发生黄叶病。

（二）品种类型

桃属于蔷薇科桃属植物，分布于我国的有6个种，即桃、新疆桃、甘肃桃、光核桃、山桃和陕甘山桃。世界上的栽培品种主要属于桃种及其变种，又称为普通桃、毛桃。桃种有蟠桃、油桃、寿星桃和碧桃4个变种。在栽培上按形态、生态和生物学特性将桃分为5个品种群，即北方桃品种群树、南方桃品种群、黄肉桃品种群、蟠桃品种群和油桃品种群。

1. 白凤　果实大小中等，平均单果重110g左右。果形近圆形，果面黄白色，阳面有红晕，果色艳丽，树势中等，树姿开张，复芽多，花粉多，结果率高，适于盆栽。

2. 寿星桃（矮生桃）　树体矮小，节间极短，树冠紧凑，叶密生于枝条上。果实小，食用价值低，但开花鲜艳，有红花、粉红花、白花3种类型，是我国古老的盆栽桃的品种。

3. 大久保　果实大，平均单果重约200g，最大可达500g。果实近圆形，圆果顶微凹，果面黄绿色，阳面有红晕，外形美观。树势中等偏弱，树姿开张。以中长果枝结果为主，大部分为复花芽，副梢结果能力强。花粉多，坐果率高，在盆栽中表现良好。

4. 早露蟠桃　果实发育期60～65d。果实扁圆形，平均单果重103g，需冷量700h。坐果率高，丰产性好。

还有其他蟠桃品种、油蟠桃品种、油桃品种、黄桃品种、观赏桃品种，如白芒蟠桃、撒花红蟠桃、灵武黄甘桃、和田黄桃、中油系列油桃等品种。

（三）栽培技术

1. 品种选择　桃的栽培品种绝大多数适于盆栽，阳台盆栽宜选用生长势稍弱、需冷量少、容易成花、坐果率高、果实奇特、花美果艳、品质优良的品种。可以选择大久保、白凤、寿星桃、深圳水蜜桃、早露蟠桃、白芒蟠桃等树体紧凑的矮化砧苗。

2. 栽培容器、栽培基质选择　阳台栽培桃选用瓦盆（素烧盆）、紫砂盆、塑料盆均可，一般以圆形为主，以利于根系向四周均匀舒展，同时，在盆底和四周垫1层瓦片，利于通气、排水以改善盆内土壤环境，保证根系的良好发育。容器需渗水、透气性良好，以保证根系生长对氧的需求，防止容器积水造成烂根。桃根系强大，一般要求盆直径和深度为30～35cm，矮化砧盆小些，乔化品种盆大些。

阳台盆栽桃受栽培容器所限，为了保证桃初期的正常生长发育，在栽培基质中需要适当添加肥料，以保证基质中所含的营养成分能够维持盆桃生长和结果的需求。桃树生长对土壤pH要求范围比较宽，pH为4.5～7.5的微酸至微碱性、富含腐殖质的沙壤土或沙土均可。可以用腐殖土1份、沙土2份、腐熟有机肥2份配置营养土，也可以园土3份、腐殖土1份、有机肥1份、河沙1份混配。盆土混合后可用50％多菌灵可湿性粉剂600倍液喷洒消毒。

3. 栽植与换盆　阳台栽植桃需要在树液流动前、叶芽尚未萌动时定植，将苗木放入盆中扶正，要保证根系舒展。然后填入盆土，高度距离盆沿5cm，留出存水空间。用手将盆土压实，及时浇1次透水。定植后的苗木放置在温暖的室内，保持温度在10～15℃进行缓苗。

由于盆栽桃的根系绕盆生长，经2～3年往往形成厚达1cm左右的根垫，造成根土分离，根系老化，吸收、运输困难。经2～3年的生长，有限盆土内的营养往往贫乏，选择吸收所剩下的有害物质和有害分泌物积累增多，造成土壤环境恶化，加上盆土中的养分在频繁的浇水中被淋洗掉，因此，每2～3年要及时倒盆，更换新营养土。土团倒扣出来后，削去盆土四周1～2cm厚的老根，促使根系更新复壮，将有机肥与营养土拌匀填充底部，再带土团上盆，周围再加入肥土填充，浇1次透水。

4. 栽后管理

（1）肥水管理。阳台盆栽果树全年的生长量较大，果量也比较大，而且挂果时期长、需要养分多，仅靠有限的盆土不能满足其营养需求，因此，在生长季要经常给以施肥，遵循薄肥勤施的原则。新梢萌发后，每隔7～10d追施氮肥或腐熟的有机肥，以促进开花结实，可选用尿素作为补充氮肥，每次施用6g，也可选用腐熟的有机肥发酵液兑水稀释至0.5％后使用，可起到同等效力。花期适时补充氮素，盛花期选用0.3％尿素液施入盆中，花后选用0.2％尿素液施入盆中，花期促进坐果可以喷施0.2％磷酸二氢钾溶液和0.3％硼砂水溶液。坐果后，从果实膨大期到着色期，每隔10～15d喷1次0.2％磷酸二氢钾溶液以促进盆桃果实的膨大和成熟。

盆桃生长期需水量较大，生育期管理要合理控水。春夏季勤浇，春季1～2d浇1次透水，夏季每天浇1～2次水，浇水时间要在早、晚进行，避免中午浇水，夏季温度过高可以使用遮阳网进行遮阳。秋季要减少浇水次数，促进枝条成熟和花芽分化。浇水原则是见干见湿。

（2）修剪管理。阳台盆栽桃由于树冠小，通风透光条件好，成花容易，结果早，其树形可根据盆栽苗的要求，有效地控制树冠的高度和宽度，按品种特性的不同，塑造具有丰富想象力的树形，如双枝鹿角形、独枝悬崖形、杯状形、龙曲形、垂柳形等均可。

阳台盆桃发枝多，成枝力强，枝干加粗快，整形容易，其主要方法是在生长季利用桃芽的早熟性和枝条的生长旺盛等特点，根据不同树形具体要求，在整形修剪的基础上，采用拉枝、曲枝绑缚，调整主枝的方向、角度和形状，多次摘心，促发分枝，1～2年整形即可完成。

阳台盆桃的修剪要兼顾结实与观赏的功能，通过整形修剪达到调节生长与结实的平衡、地上部和地下部的平衡。桃耐修剪性强，无论休眠期还是生长期修剪，修剪量都比较大，通过修剪来保持树形。

①休眠期修剪。休眠期修剪主要采用疏枝、回缩、短截相结合的方法，重点是维持基本树形，适当保留花芽。对于生长过高、主枝延伸过长的枝条要进行回缩，维持应有的树体结构。疏枝主要针对病弱枝、扰乱树形的直立生长旺枝、过密枝、交叉枝、重叠枝，要本着枝多树壮多疏、枝少树弱少疏或不疏的原则。通过回缩和疏枝所保留

的大部分是生长势中庸、发育良好的结果枝。根据结果枝的长短均要进行不同程度的短截。长果枝剪留 8～12cm，中果枝剪留 5～8cm，短果枝剪留 5cm 左右，花束状果枝很短，只有顶芽是叶芽，修剪时只疏不截。根据短截的轻重程度可分为轻短截、中短截、重短截和极重短截。

对于结果较多和树势较弱的结果树，在对结果枝进行修剪的同时，要注意预备枝的修剪，以保持生长与结果的平衡。一般情况下，结果枝与预备枝的比例为（2～3）∶1，树势弱的为 1∶1。对于新栽植的盆栽幼树，主枝的延长枝应进行中短截，选留饱满芽处进行修剪，保证主枝翌年继续延长生长。

②生长期修剪。生长期修剪可以细分为春季、夏季、秋季 3 个时期进行，修剪的主要内容包括除萌、疏花疏果、摘心、拉枝、疏枝等。

除萌是在桃树萌芽后，及时抹去枝条背上多余的徒长枝以及修剪口下的竞争芽、丛生芽、主干基部抽生的萌蘖等。开花坐果后，根据树龄及树体生长情况适当疏花疏果。阳台盆栽桃生长强旺，需要多次摘心来控制枝条过旺生长，一般要进行 2～4 次。摘心对象主要是生长直立、顶端优势明显的旺枝，当新梢长至 25cm 以上时，留 5～10cm 摘心，以降低副梢抽生部位。当直立枝条再长至 40cm 左右时，可在枝条中下部选择有副梢发生处进行摘心（剪留），以利花芽形成，其剪留部位越低越好。8 月中下旬以后抽生的嫩梢全部摘除，充实枝条，提高花芽质量。拉枝多对那些角度较小、生长偏旺的多年生枝和已抽生大量副梢的新梢进行，多结合整形完成，拉枝自早春萌芽前后一直到 8 月均可进行，为促进花芽形成，7—8 月效果更佳。在摘心过程中，对不易控制的个别旺枝可以疏除。在 8 月中旬可根据盆栽桃枝条密度，适当疏除较强直立枝（抽生 3～4 次枝较多的枝条），改善养分分配和光照条件，对于提高花芽质量、促进枝梢成熟效果明显，但注意疏枝量不宜过大，否则影响盆桃生长势。

5. 花果管理

（1）保花保果。阳台盆栽桃成花容易，但开花期没有蜜蜂等昆虫授粉，为了保证坐果需要采取人工授粉。在桃花大量盛开时进行人工授粉，可以使用自制的授粉工具，在花朵雄蕊上轻轻碰擦一下，使花粉接触到雌蕊，完成授粉过程，授粉时间宜在 10—15 时。阳台盆栽桃开花时间不一致，需要进行多次人工授粉。盛花期喷 0.3% 尿素和硼砂，花后喷 20mg/kg 萘乙酸，可以提高阳台盆栽桃的坐果率。

（2）疏花疏果。阳台盆栽桃开花结果过多，会影响树体正常生长，果实无法正常成熟，花芽形成困难，因此要及时进行疏花疏果，疏花可以在花瓣开放前进行，疏果在花后两周开始，落花后 30d 左右结束。疏果要根据阳台盆栽桃的树龄、树势和品种特性确定留果量，新栽桃树 1 个枝条保留 1 个果实，其余都疏除。第二年结果的桃树，可以参照 40 片叶留 1 个桃的比例来留果。

（3）套袋。套袋可以防止病虫对果实的侵染，减轻裂果，降低农药残留，提高果实品质。对疏果后留下的果实进行套袋，需使用桃专用果袋。果实成熟前 10～20d，将袋撕开，使果实先接受散射光，再过一周左右逐渐将果袋完全去除。

6. 越冬管理　阳台盆栽桃需要经过一定时间的低温积累量才能正常萌芽开花，但温度过低会造成根系和花芽受冻，因此阳台盆栽桃必须放置于适宜的环境条件下。可利用阳台、屋顶、楼道等条件存放盆桃，使其安全越冬。方法是用稻草、旧报纸等防寒物将盆包裹严实，外层包裹塑料薄膜。越冬的关键是要保证盆内的土壤湿度，要经常检查盆土，干旱及时浇水。

二、无花果阳台栽培

无花果为桑科榕属多年生灌木或小乔木，属于亚热带浆果类果树。无花果原产地中海沿岸，在中东地区已有 11 000 余年的栽培历史，是人类最早驯化的经济作物之一。无花果树枝干光洁，叶片肥大，树冠完整，果树成熟期较长，每年约有 5 个月的时间新鲜果实陆续成熟。无花果的病虫害少，管理容易，阳台盆栽后枝繁叶茂，果实累累，可四季观赏，为阳台栽培的适宜树种。

（一）生长习性

无花果（图 3-2-2）喜光，耐旱，耐湿，耐盐碱，耐高温，不耐严寒，不耐涝。无花果除了盐碱、渍涝、黏重地外，其余土壤均适宜栽植，在土壤含盐量达 0.5％的盐碱地也能生长，但在沙壤性土质中更好生长。无花果适应性强，对栽植地区各种环境要求不高，在年平均气温 15℃、夏季平均气温 20℃、冬季平均气温不低于 8℃、5℃ 以上的生物学积温达 4 800℃ 的地方适宜种植无花果。幼树对寒冷敏感，冬季气温 -10℃ 以下时容易发生冻害。由于无花果起源于干旱地区，对水分要求不太严格，所以耐旱不耐涝。

图 3-2-2　无花果

无花果生长势很强，幼树的新梢（或徒长性蘖枝）年生长量可达 2m 以上，具有多次生长的习性，形成树冠较快。无花果通常采用无性繁殖，一般栽后 2～3 年结果，6～7 年进入盛果期，经济年限 40～70 年，寿命可达百年以上。结果特点：秋末，在新梢顶部的叶腋内分化花托原始体，来年继续分化，开花并形成"春果"或称"夏果"，在新梢延长生长的同时，又由基部向上渐次形成花托，开花结果，长成"秋果"。这种结果习性是和其他树种不相同的。秋果着生在当年抽生的新梢上，而夏果则着生在去年形成的枝条上。因此，果实的采收可从 6 月中下旬一直延续到 11 月上旬。

（二）品种类型

无花果属大约有 600 个种，其中大多数为原产于热带的大乔木或藤木，只有少数原产于亚热带。该树种作为果树栽培的只有无花果 1 种。

1. 主要种类　无花果根据各品种的授粉关系和花器的类型不同可以分为 4 类，即原生型无花果（花序中有雄花、虫瘿花和雌花）、普通型无花果（花序中只有雌花，不经授粉就能长成果实）、斯密尔那型无花果（花序中只形成雌花，只有经过无花果传粉蜂协助授粉后才能长成）、中间型无花果（第一批花序不经授粉即能长成果实，第二、第三批花序需经过授粉才能长成）。现在栽培的大多是普通型无花果。

无花果按照成熟期不同可分为 3 类：以结夏果为主的早熟种（夏果种），夏、秋果兼用的中熟种（夏、秋果兼用种），以结秋果为主的晚熟种。

无花果按照果皮的颜色可分为 3 类：黄色果、紫或紫红色果、淡绿色果。

2. 优良品种

（1）布兰瑞克。果实倒圆锥形或倒卵圆形，果皮黄绿色，夏果单果重 100～140g，秋果单果重 40～60g，果顶不开裂，果实中空。果肉浅粉红色，肉质细，味甘甜，可溶性固形物含量 18%～20%。

（2）波姬红（A132）。果实夏、秋果兼用，以秋果为主。果实长卵圆形或长圆锥形，皮色鲜艳，条状褐红或紫红色，果肋较明显，果柄长 0.4～0.6cm。果目开张径 0.5cm。秋果平均单果重 60～90g，最大单果重 110g。果肉微中空，浅红色或红色，味甜汁多，可溶性固形物含量 16%～20%，品质极佳，为鲜食大型红色无花果优良品种，也可用于加工。

（3）金傲芬（A212）。夏、秋果兼用品种，以秋果为主。该品种果实大，单果重 70～110g，卵圆葫芦形，果皮金黄色，有光泽。果肉淡黄色、致密，可溶性固形物含量 18%～20%。鲜食风味极佳，品质上等。夏果 7 月下旬成熟，秋果 8 月上旬成熟。该品种树势旺盛，极丰产，较耐寒。金傲芬为黄色鲜食良种，也可用于加工。

（4）蓬莱柿。秋果专用种，夏果极少。秋果为倒圆锥形或卵圆形，单果重 60～70g，果皮厚，紫红色。果肉鲜红色，含可溶性固形物 16%，较甜，但肉质粗，无香气。丰产性好，耐寒性好。

（5）玛斯义陶芬。玛斯义陶芬是我国引种的品种之一，原产于美国，是夏秋果兼用品种，也结有少量的春果。该品种树势中庸，枝条软，易开张，树冠小，单性结实，早果性好，在苗圃中可见果实，萌芽力、成枝力均弱。果实卵形，单果重 100～150g，最大果重 200g，果皮淡紫色至赤褐色，果实品质好。

另外，还有斯特拉、芭劳奈、新疆早熟无花果、新疆黄无花果、新疆晚熟无花果、绿抗 1 号、A134、B1011 等品种。

（三）栽培技术

1. 品种的选择　阳台盆栽无花果应选择果实颜色鲜艳、果个较大、夏秋季均结果、树势中庸、开张度较好、丰产、稳产、品质好、抗病的品种。常用品种有布兰瑞克、玛斯义陶芬、波姬红、蓬莱柿等。

2. 栽培容器、栽培基质选择　选择透气性好的泥瓦盆、瓷盆、木箱和木桶等。阳台盆栽无花果最适用的容器是瓦盆，以盆口直径 40～50cm、深 30～40cm 为好。在最初的几年应每年换盆换土 1 次，并逐年换入大盆。6 年生以上的大苗盆直径以 40～50cm 为好，高度可与盆口直径相仿或稍大。

阳台盆栽无花果对盆土要求不严，从微酸性到微碱性土壤均可正常生长，但以疏松透气、富含有机质、保肥及保水性能较好的沙壤土为宜。盆土配制的原料可根据各地的情况就地取材，选用来源广泛、成本低、不带病虫害、无污染的材料。可以使用山地阔叶林下的腐殖土；也可以采用多种材料混合配制营养土，如用园土 2 份、草炭土 2 份、沙土 1 份，或用园土、沙土、腐熟有机肥各 1 份进行混配，混配的土壤每立方米使用 0.1%甲醛溶液进行消毒杀菌。

3. 栽植　选择根系发达、芽眼饱满、无病虫害的 1 年生壮苗。栽植前需要对苗木根系进行修剪，过长的根系剪留 15cm。在花盆的出水孔上放置遮挡物，可以使用碎瓦片或碎花盆片。装入营养土，可在盆底放一些腐熟有机肥作底肥，有机肥上需要覆盖一层营养土，然后将苗木放入花盆中央扶正，保证根系舒展。继续填入营养土，将苗木轻轻上提一下，最后将土轻轻压实。土要低于盆口几厘米，方便浇水。苗木栽好后要浇透定根水，以后保持土壤潮湿。

4. 栽后管理

（1）肥水管理。无花果生长迅速需要大量的养分，阳台栽培需要定期施肥，可以追肥和叶面肥相结合。追肥可以采取盆中挖坑施肥，也可以将肥料融入水中随水施入，但要注意氮磷钾的比例要适当，施肥不要过量，做到薄肥勤施。可以将淘米水等可以沤肥的厨余收集起来，装在塑料容器中发酵好，定期浇入稀释液。生长前期可以叶面喷施 0.1%～0.3%尿素，7～10d 喷 1 次，连喷 2～3 次。在生长后期喷施 0.3%磷酸二氢钾溶液，7～10d 喷 1 次，连喷 3～4 次。

阳台盆栽无花果浇水要根据土壤含水量并结合天气情况，掌握见干见湿的原则。气温高可以适当增加浇水次数，气温低延长浇水间隔。水温不要与土壤温度相差太大，否则影响根系正常活动，可以将水装在容器中放置 1～2d，在水温和室内温度接近的情况下浇水。果实成熟期适当减少浇水量，水分过多容易造成果实开裂。

（2）修剪管理。阳台盆栽无花果幼苗上盆后需要及时进行定干修剪，干高 15～20cm。发芽后要注意培养 3～5 个主枝。在当年 7 月下旬进行摘心，促进枝条壮实，防止枝条徒长。第二年将主枝剪留 15cm，萌芽后每个主枝选留 2～3 个芽，培养成结果枝，将多余的芽抹掉，形成基本树形。第三年结果后，每年主要对主枝进行回缩更新修剪，同时控制树冠大小，防止结果部位外移，维持好树形。

（3）换盆与修根。无花果种植 2～3 年后，随着根系长大，土壤养分也越来越少，就需要更换营养土和大盆，换盆时间通常在落叶后至萌芽前。将无花果从盆中取出，用剪刀剪去一部分老根，剪口要平滑。修整好根系的无花果放入新盆中，用营养土将缝隙填满后及时浇 1 次透水。

5. 越冬管理　无花果不耐寒，气温－10℃以下时容易发生冻害。敞开式阳台无花果夏秋季节可以放在室外露天环境下，气温下降秋末霜降前要及时移入室内。无花果进入休眠期后要注意温度不要高于 10℃，也不要低于 0℃。如果室内温度较高可以将其放置在北侧阳台或楼道中，等已经达到无花果需冷量要求后即可移入温暖的室内进行正常栽培管理。

三、柠檬阳台栽培

柠檬（图 3-2-3）为芸香科柑橘属常绿小乔木，叶片较小，呈长椭圆形，叶缘具细锯齿，花单生，一年四季开放，香气浓郁。果实呈长椭圆形或卵形，秋冬成熟。果皮为黄色，果肉极酸而浓香，富含柠檬酸、维生素 A、维生素 C 和钙、铁、锌、镁等多种中微量元素，具有调节心脑血管、杀菌、消炎、抗氧化等功效，是一种营养和药用价值极高的水果。家庭阳台盆栽柠檬，其观赏价值极高，花香气浓郁充满室内，又可观果，是盆栽果树中的佼佼者。

（一）生长习性

1. 温度　柠檬适宜于冬季较暖、夏季不酷热、气温较平稳的地方。要求年均温在

图 3-2-3　柠檬

17℃以上，最冷月月均温在 6.5℃以上，极端最低温度为－4℃，大于或等于 10℃的年积温在 5 000℃，尤以年均温在 18℃左右的地区较为适宜。

2. 光照　柠檬栽培要求年日照时数 1 000h 以上，适宜的光照度为 9～25klx。

3. 水分　柠檬栽培要求年降水量 950mm 以上，柠檬对空气的湿度十分敏感，空气相对湿度 65%～85%最利于柠檬生长。缺水会延迟萌芽，影响新梢生长、坐果率及果实品质，水分过多会影响花芽分化、授粉，降低果实品质。

4. 土壤　柠檬对土壤的适应性较广，适宜在 pH 5.5～7.0、有机质含量 1%以上、土质肥沃、质地疏松的沙壤土中栽培。

（二）品种类型

目前，世界上柠檬的园艺品种有 200 多个。我国柠檬产区的主栽品种有尤力克、里斯本、维拉弗兰卡、费米耐劳、巴柑檬、北京柠檬等。

1. 尤力克　原产于美国，是世界主栽的柠檬品种。果实倒卵形、椭圆形和圆形，果皮黄色，果实囊瓣 9～10 瓣，单果种子数为 35 粒左右，汁多肉脆，每 100mL 果汁约含糖 1.48g，柠檬酸 6～7g，每吨鲜果含柠檬油 4～5kg，果汁和香精油品质均为上等。

2. 里斯本　原产于意大利，该种植株树势强，枝叶茂，刺多而长。果实大小中等，呈长椭圆形，果实乳突不大，呈圆锥形；果颈较短，有明显的皱纹，果皮光滑，香气浓，品质较优，种子少或无。果实 11 月成熟，较耐贮藏。

3. 维拉弗兰卡　原产于意大利，该品种植株树势中等，树冠圆头形或半圆形，树姿开张，枝条细长，具短刺。果实呈椭圆形，与尤力克柠檬的果实相似，果皮橙黄色，果顶有乳突。平均单重果 120～130g，果肉的酸度达 8%，品质较优良，果实 11 月成熟，较丰产。

4. 费米耐劳　原产于意大利，果实中等稍大，基部圆形，果颈不明显。果皮中厚，呈黄色，顶部较突出，果面较平滑，囊瓣 10 瓣左右，中心柱充实，中大，果肉汁多细嫩化渣，含酸量高，种子少，多退化。果实 11 月上旬成熟，丰产性良好。

5. **巴柑檬** 原产于意大利，果形多样，多数为倒卵形，果顶有乳头状突起，单果重150～250g，色泽黄，油胞大而凸，皮稍厚，较难剥，囊瓣10～14瓣，中心柱充实，肉质脆，味酸余味微苦。种子少，单胚，白色。果实12月至翌年1月成熟。

6. **北京柠檬** 原产于我国，果实椭圆形，中等大小，平均单果重约140g。顶部浑圆，先端具小乳突，基肩披垂或圆，果皮橙色，较光滑，囊瓣10～11瓣，汁胞软而多汁，每100mL果汁含柠檬酸3～4g，单果有种子4粒左右。果实11月成熟，较耐贮藏。

（三）栽培技术

1. **品种的选择** 家庭盆栽柠檬应选择抗逆性好、挂果期长、果实外观好、口感好的品种。柠檬的品种很多，但适合家庭栽植的主要有尤力克、菲诺、维尔拉、印度大果、北京柠檬等品种。

2. **栽培容器、栽培基质选择** 栽培容器应选用透气性好、利于根系生长、物美价廉的瓦盆或陶瓷盆，也可选用木桶、木箱。花盆的大小可根据需要而定，口径20～30cm，适合放置在窗台比较窄的地方，充分利用空间，适合种植小一点的柠檬苗，每盆结果一般以3～8个为宜。口径50～80cm，可栽植大株柠檬，适合放置在大阳台或庭院里面，这种盆放土多、营养多，可种植大一些的柠檬苗，种植好的每盆可结果15～30个。

柠檬是南方树种，喜欢酸性土壤，因此营养土pH要偏酸性，有利于苗木正常生长。盆栽营养土可选用园土4～6份、炉渣1～1.5份、树叶腐烂土或发酵锯末1～3份、腐熟牛粪1～4份、钾0.2～0.3份、磷0.2～0.3份混合配制，同时每株根据盆大小可施20～40g硫酸亚铁，有利于苗木生长。

3. **栽植** 花盆排水孔用瓦片挡好，先铺1层2～3cm厚的排水层，再铺1层4～5cm厚的培养土，然后把柠檬树苗放入盆中，四周填入培养土至盆口处，略微压实盆土，浇足定根水，置于通风、半阴处，7d后放回原处，进行日常管理。

4. **栽后管理**

（1）施肥浇水。柠檬喜肥，平时应多施薄肥。可以配置一些豆饼或花生饼发酵液体，结合浇水每次适当加入。秋季可施一些钾肥，促进苗木成熟。每次摘心后，要及时施肥，促使枝条提早老熟，也可以叶面喷0.3%磷酸二氢钾肥。每次施肥后要浇透水。

（2）修剪。盆栽柠檬修剪一方面是合理利用空间，让柠檬长得更好，另一方面也是为了美观，可以根据自己的喜好调整树形。发芽前，要重修剪，剪除枯死枝、病害枝、徒长枝、内向枝、交叉枝等。强枝剪留4～5个饱满芽，弱枝剪留2～3个芽，促使每个枝条多发健壮春梢。春梢长齐后，为控制其徒长，可轻剪，剪去枝梢3～4节。

（3）促花。在处暑前10d左右逐渐减少灌水，前5d停止灌水，盆土经日晒，水分大量蒸发，盆土干燥，枝叶失水，为防止叶片脱水，可早、晚向叶面喷水，使柠檬既干旱又不至于枯死，其腋芽日益膨大，当大部分腋芽由绿转白时，要及时供水。

（4）花期管理。根据花量疏花疏果。在开花前先疏去一部分花蕾；谢花、坐果后，再疏去一些位置不当的幼果。为了提高盆栽柠檬坐果率，要人工授粉，剪除不周正的果实。花期适当减少浇水。

5. **果实采收** 果实达到要求的成熟度后才能采收。一般要求柠檬果实横径不小于50mm，果色由深绿色转为浅绿色，略呈淡绿色时才能采收。春花果在5月下旬至7月中旬采收，夏花果在9月下旬至10月下旬采收，秋花果则要在次年1—2月采收。采果一律采用复剪法，第一剪将果实及连带部分需剪除的果枝一并剪下，第二剪齐萼片剪去果梗，把果蒂剪平。采果应轻拿轻放，将伤果、病虫果、落地果分开处置，采后的柠檬果实可以置于冰箱保鲜层中保存。

【拓展阅读】

无花果为什么叫无花果？

无花果其实是有花的，却被称为无花果，主要是因为它在开花时是隐头花序，花朵非常小，且会藏在自己的果实中，不容易被发现，古人觉得它不会开花，因此称其为无花果，这个名称一直延续到现在。

【任务布置】

以组为单位，任选一种木本果树进行阳台栽培，制订生产计划及实施，并将生产过程制作成短视频。实施后根据各组生长状态进行小组自评、小组互评和教师评价，并完成巩固练习。完成后将本任务工作页上交。

【计划制订】

表 3-2-1　木本果树阳台栽培计划

操作步骤	制订计划
品种选择	
栽培容器、栽培基质选择	
栽植	
栽后管理	
果实采收	

【任务实施】（实施过程中的照片）

【总结体会】

【考核评价】

表 3-2-2　木本果树阳台栽培考核评价

评价内容	评分标准	评价		
		小组自评	小组互评	教师评价
制订计划 （20分）	1. 计划内容全面（10分） 2. 字迹清晰（10分） 未达到要求相应进行扣分，最低分为0分			
任务实施 （20分）	1. 按计划实施（5分） 2. 能够正确处理突发状况（5分） 3. 实施效果好（5分） 4. 团队合作能力强（5分） 未达到要求相应进行扣分，最低分为0分			
实施效果 （20分）	1. 木本果树栽植方法正确（5分） 2. 木本果树整修修剪操作正确（5分） 3. 木本果树生长发育正常（10分） 未达到要求相应进行扣分，最低分为0分			
总结体会 （20分）	1. 能根据实施过程中出现的问题总结发生的原因以及找到解决问题的办法（15分） 2. 能通过本次任务的实施写出自己的体会（5分） 未达到要求相应进行扣分，最低分为0分			
小计				
平均得分				

【巩固练习】

1. 木本果树阳台栽培对基质有什么要求？（10分）

2. 阳台栽培木本果树为什么需要定期换盆？（10分）

本次任务总得分：

教师签字：

任务二 藤本和草本果树阳台栽培

【相关知识】

一、西番莲阳台栽培

西番莲（图3-2-4）俗称鸡蛋果、百香果，属西番莲科西番莲属植物，热带多年生草质至半木质藤本攀缘果树，原产澳大利亚和南美洲的巴西，现广泛分布于热带和亚热带地区，目前我国台湾、福建、广东、海南、广西、云南、四川等地均有栽培。因西番莲果汁散发出石榴、菠萝、香蕉、草莓、柠檬、芒果等10多种水果的浓郁香味而被称为百香果。其果实含有粗蛋白、粗脂肪、糖、多种维生素及人体所需的17种氨基酸，被誉为"果汁之王"。西番莲的花果俱美，果实在家中加工成果汁的方法简单，且风味独特，因而阳台盆栽西番莲具有广阔的市场前景。

图3-2-4 西番莲

（一）生长习性

1. 温度 西番莲最适宜的生长温度为20～30℃，30℃以上或15～20℃时生长缓慢，低于15℃基本停止生长，8～12℃低温没有发现明显寒害，8℃以下嫩芽出现较微寒害，5℃时叶片和藤蔓嫩梢干枯，0℃以下霜冻会引起树冠枯死。

2. 水分 一般认为年降水量在1 500～2 000mm且分布均匀的条件下西番莲生长最好，商品性发展种植地区的年降水量不宜少于1 000mm。缺水茎干变细，卷须变短，叶片、花朵变小，侧根较少，叶片褪色，新生腋梢死亡，叶片边缘和顶端出现坏死。水分过多，湿度大，容易引起病害。

3. 光照 作为热带水果，西番莲喜欢充足阳光，以促进枝蔓生长和营养积累。如果光照不足，生长缓慢，徒长枝多，病虫害也多。而烈日暴晒下，则叶色变黄，枝条抽生少，生长缓慢，甚至引起果实萎缩脱落。长日照条件有利于西番莲的开花。

4. 土壤 西番莲适应性强，对土壤要求不高，适宜在肥沃、疏松、排水良好、pH为

5.5～6.5 的土壤中栽植。

（二）品种类型

西番莲属有 400 多个种，其中供食用的有 6 个种，分别是紫果西番莲、黄果西番莲、甜果西番莲、香蕉西番莲、大果西番莲、樟叶西番莲。因其习惯上采用杂交种子繁殖，并无园艺意义上的无性系品种，只区分为黄果种、紫果种和杂交种 3 个类型。

1. 紫果种　稍耐寒，长势较弱，茎、叶柄卷须均呈绿色。果实球形或卵形，大小为（4～9）cm×（3.5～7.0）cm，皮厚 3～6mm，嫩时绿色，熟后紫黑色（图 3-2-5）。果汁黄橙色，酸度低，香气浓，风味佳，宜加工或鲜食。自然条件下可以由昆虫（蜜蜂、蝇类）传粉。

2. 黄果种　生长旺盛，适应性强，耐寒性弱，茎、叶、卷须呈紫红色。果实长圆形或圆球形，大小为（6～12）cm×（4～5）cm，皮硬，皮厚 3～10mm，果面嫩时绿色，熟后鲜黄色。果汁含量高达 35%～40%，酸度 40% 以上，适于加工。产量较高，耐旱性较强，耐湿性弱，抗凋萎病，是主要的栽培种类。自交不孕，须异株授粉才能结果。目前已选育出能自然结果的黄果种品系。

图 3-2-5　紫果种

3. 杂交种　紫果种与黄果种的杂交种，形状与紫果种相似，自然状态下可部分结果，抗性与产量则接近黄果种，开花、结果、出汁率均介于两亲本之间。如台农 1 号、Noel's Special、E-23、Purple Gold、Lacey 等均为杂交种。

（三）栽培技术

1. 品种选择　阳台栽培西番莲应选择适应性强、果实口感好、抗病、容易管理的优良品种，可以选择主要的栽培品种有台农 1 号、紫香 1 号，其他还有满天星和黄金百香果等品种均可在阳台栽培。阳台种植西番莲要根据当地气候条件、个人喜好选择适宜的西番莲品种。

2. 栽培容器、栽培基质选择

（1）选盆。选择内径 60cm、高 70cm 的盆或木箱。因为冬季要进行越冬管理，所以栽培盆要选用陶瓷盆。一般阳台种植可采用砖块砌成长宽高为 80cm×40cm×50cm 的种植槽，槽底与楼面之间用砖垫高 5～10cm，留好排水孔防止积水。

（2）盆土配制。西番莲适应性强，对土壤要求不严，但忌积水，不耐旱，应保持土壤湿润，土壤选择以富含有机质、疏松沙质壤土为佳。栽培基质可用塘泥土或腐叶土、河沙和少量混合好的腐熟鸡粪、豆麸等基肥配成，同时每个种植盆或槽可加磷肥 0.25kg 和复合肥 0.15～0.25kg。

3. 栽植　西番莲一年四季均可种植。西番莲当年种植当年产出，以每年的 2—3 月种植为宜。栽种时根系要放直，不要接触肥料，以免伤根，覆土后要浇足定根水。夏秋季种植时应注意保湿，可盖上稻草以防止水分蒸发过快，保证成活率。

4. 栽后管理

（1）整形修剪。由于西番莲为蔓生性藤本植物，茎长可达 10m，且枝蔓细长柔软，因此盆栽时必须搭建平面棚架。搭架材料可选用钢管、竹竿、钢丝、水泥柱等，搭架的高度一般为 1.2～1.5m。西番莲定植成活后，在幼苗期应插立支柱，选留 1～2 条主蔓，打掉其余侧蔓，以便引诱主蔓上棚架。留待主蔓到达棚架上时，剪除顶芽，让其长出侧蔓，留侧蔓向四方平均生长。只要管理得当，4～6 个月内枝蔓就可长满棚架。挂果采摘后，每个侧蔓留 3～4 节，其余的均进行短截，促其重新长出侧蔓。但应注意每年夏季必须适当剪除过密枝、弱枝及病虫枝，保持通风良好。

（2）肥水管理。从定植苗发新芽 2～3 叶后，开始每 10～15d 追肥 1 次，先淡后浓，氮、磷、钾施肥比例以 2∶1∶4 为宜，切忌偏施氮肥。在植株上架后，一般可在新梢生长前、盛花期和盛果期追肥，每株施复合肥 0.2kg，其间还可在叶面喷施钾宝、10g/L 尿素溶液＋20g/L 磷酸二氢钾溶液＋5g/L 硼锌钙溶液 4～5 次，每次间隔 15d。开花后半个月是果实迅速膨大期（图 3-2-6），要加强肥水管理，增施钾肥。

图 3-2-6 阳台西番莲果实膨大

西番莲对水分要求不是很严，但是土壤过于干燥会影响藤蔓及果实的发育，严重时枝条会呈现枯萎状。开花结果时，缺水可导致果实不发育并会发生落果现象。干旱时要及时浇水，雨季应注意排水。

西番莲是热带的水果，适宜生长发育温度在 20～30℃，夏季温度过高时，应采取遮阳降温措施。

（3）花果管理。西番莲可以在中午进行人工授粉，用毛笔（羊毫毛笔）从雄蕊上蘸取花粉，然后将花粉抹到雌蕊的 3 个柱头上。也可用镊子采集花粉囊，放到干净杯中加水，让花粉溶入水，用喷雾器把花粉水喷到雌蕊柱头上授粉。等西番莲长到 20～40cm 时，要把它的腋芽摘掉，如果不摘会影响植株开花结果。腋芽虽然能长分枝，但会消耗过多的养分。

5. 越冬防寒 冬季时，北方盆栽的西番莲都要搬到室内温暖处越冬，否则主茎上部和侧枝多会被冻枯，甚至整株被冻死。南方地区盆栽西番莲，冬季应注意防寒、防冻，可用草席、秸秆、薄膜等将其根部遮盖。剪除嫩叶，将枝条剪短回缩树冠，并用薄膜包封切口，以免整株冻死。

二、草莓阳台栽培

草莓（图 3-2-7）因其口感香甜、味美多汁、营养丰富而一直深受大家的喜爱。草莓叶色浓绿，花白果红，芳香味浓，既可观赏又可食用，还可净化空气，陶冶情操。其植株矮小，适宜在盆内种植，方便管理和摆放，且草莓属多年生草本植物，可连续种植多年，非常适合家庭阳台种植。

图 3-2-7　草莓

（一）生长习性

1. 温度　一般土温达到 2℃时，草莓根系即开始活动，在 10℃时生长活跃，形成新根。根系生长最适温度为 15～20℃，冬季土温降到 -10℃时根系即发生冻害。春季气温达 5℃时，植株开始萌芽生长，此时草莓抗寒力下降，若遇寒潮低温则易受冻。草莓地上部分生长最适温度是 20～26℃。开花期的适温为 26～30℃。

2. 光照　草莓是喜光植物，对日照长度要求比较严格。在自然条件下，草莓进入休眠需要短日照（12 h 以下）条件，而打破休眠则需要长日照（12 h 以上）条件。对于一季型草莓而言，匍匐茎发生需要长日照，而花芽分化需要短日照。光照充足，草莓生长结果良好，在果实发育期如遇连续阴雨，光照弱，果实糖分积累少，品质差。

3. 水分　草莓是喜潮湿而又怕涝的果树。草莓根系分布浅，主要分布在 20cm 土层中。草莓不同生长发育期对水分的要求不同，一般花芽分化期土壤含水量以 60％为宜、开花期 70％、果实膨大及成熟期为 80％左右，若不能满足水分需求，会导致果个小、转色太快。

4. 土壤　草莓对土壤的适应性较强，理想的土壤条件是疏松、肥沃、透水通气良好的微酸性土壤，酸碱度以 pH 6.5 左右为宜，要求旱能浇灌、涝能排水的地块。

（二）品种类型

草莓属蔷薇科草莓属植物，约有 50 个种，分布于亚洲、欧洲和美洲，有利用价值的是野生草莓、东方草莓、蛇莓和凤梨草莓等。

1. 红颜　果实大，圆锥形。果色鲜红，着色一致，富有光泽，果心淡红色。可溶性固形物含量 11％～12％，一级序果平均单果重 32.6g，平均单果重 18.65g。口感好，肉质脆，香味浓，果实硬度适中，较耐贮运。耐低温能力强，在低温条件下连续结果性好。

2. 章姬 果实大，长圆锥形。果面鲜红色、有光泽、平整、无棱沟，果肉淡红色，髓心中等大、心空、白色至橙红色，果肉细软，香甜适中，汁液多，品质优，耐贮运性差。

3. 甜查理 果实圆锥形，大小整齐，畸形果少。果面深红色，有光泽，种子黄色，果肉粉红色，香味浓，甜味大，可溶性固形物含量 9.8%，硬度大，耐贮运，成熟后常温下自然存放时间长。一级序果平均单果重 38g，最大果重 95g，单株结果平均达 450g。

4. 京桃香 果实圆锥形或楔形，一、二级序果平均单果重 31.5g，最大果重 49.0g。果面红色，有光泽，果肉具有浓郁黄桃香味，可溶性固形物含量 9.5%，维生素 C 含量 0.788 mg/g，还原糖含量 5.2%，可滴定酸含量 0.67%，果实硬度 1.73 kg/cm^2。

5. 四季草莓 为一类日中型草莓，特点是全年多次开花，可以连续结果，一年四季均可结果，是野生草莓的变种。优良四季型草莓品种主要有欧洲四季红、长虹 2 号、林果四季、公四莓 1 号、赛娃、冬花等。

草莓品种很多，还有如国外品种圣安德瑞斯、蒙特瑞、德莉滋、芳香、阿比尔、全明星、丰香、幸香、枥乙女、天使 8 号等，国内品种妙香 7 号、红玉、艳丽、宁玉、宁馨、天仙醉等。

（三）栽培技术

1. 品种选择 一般当地的主栽品种都可用于盆栽。若是从美观实用的角度出发，家庭盆栽草莓宜选择长势旺盛、叶片直立、果形美观、开花期长、自花结实能力强的品种，如红颜、丰香、甜查理、章姬、四季草莓等。

2. 栽培容器、栽培基质选择 栽培容器可根据需要灵活选择，可以选用各式各样的花盆，如陶瓷盆、瓦盆、塑料盆等，也可以就地取材，选择废弃的泡沫箱、木箱等。容器的深度以 25cm 左右为宜，大小根据栽植株数而定，但容器底部要有排水孔，以防烂根。

栽培基质应具有搬运轻便、美观卫生、环保、少污染等优点。基质配制比较简单，将草炭和珍珠岩按照 1∶1 的比例混合均匀即可，也可以根据当地情况选用椰糠、菇渣、黄沙、木屑等，其中的一种或几种按照一定的比例进行混合，可适当降低成本。也可以购买市场上销售的草莓栽培专用基质。基质配制好后，需平摊在干净的地面上暴晒 3～5d，可有效杀灭大量病菌和害虫。

3. 栽植 盆栽草莓一年四季均可上盆，以秋季为佳。先将基质用水浇透拌匀，然后取适量铺在盆底，使中央略低。选择健壮秧苗，将根系舒展置于基质上，弓背朝外，保持茎秆直立，然后填入基质，压实并轻提一下苗，做到上不埋心、下不露根。基质不要填入太满，使土面与盆口留有 3～5cm，以便于日后浇水。栽后浇透水，若是出现露根、淤心现象，要及时调整，然后放置在阴凉处 3～5d，待缓苗后再搬至光线充足处。

4. 栽后管理

（1）养分管理。盆栽草莓内基质量较少，保肥能力相对较弱，因此在其生长过程中要供应充足的养分，以满足其生长需要。在草莓开花前，植株主要是营养生长，施肥以氮、磷为主，开花结果期是产量形成期，施肥以磷、钾为主，兼施适量氮肥。盆栽草莓施肥可以选择通用化学肥料，如 0.1%～0.3% 尿素溶液和 0.2% 磷酸二氢钾溶液进行浇灌或叶面喷施，或使用颗粒复合肥等，也可以自制肥料，如使用牲畜蹄骨、杂骨、家禽内脏、豆饼、茶籽饼、药渣等浸泡沤制的腐熟肥水。施肥时注意浓度要小，并配合浇水，以防烧根。

（2）水分管理。盆栽草莓浇水以见干见湿为原则，保持盆土湿润即可。夏季气温高，光照强，中午时可将窗帘拉上一部分进行遮阳，防止暴晒，每天至少浇1次透水，以早晚浇水为宜；冬季气温低，夜间注意将草莓移至室内温暖处，以防发生冻害，同时适当减少浇水次数。浇水前，将自来水放置一段时间，待氯气挥发后再使用。浇水方式可以选择直接浇灌，也可以采用浸盆法进行浇水，花果期浇水要特别注意，尽量不要打湿花朵和果实，以防出现受精不良或烂果现象。

（3）植株管理。盆栽草莓管理比较简单，一是要定期摘除老叶和病虫叶，保持通风透光，减少病害发生及传播；二是要及时去除匍匐茎，减少养分消耗；三是疏花疏果，在开花前，将高级次花蕾和生长较弱的小花摘除掉，保留1～3级小花，结果之后，及时摘除畸形果、病虫果和小果，每花序留4～5个果即可；四是垫果，草莓坐果后，随着果实增大，果序下垂易触及地面，为防止果面污染，出现烂果，可以在果实下面铺垫干净的塑料薄膜等，也可以使用铁丝、竹签等制作小型果架，放入花盆内将果穗架起。

（4）人工辅助授粉。为提高盆栽草莓坐果率，减少畸形果的出现，需要进行人工辅助授粉。用毛笔或棉签轻轻扫一下外围的雄蕊，蘸取花粉，然后轻轻地涂抹中间凸起的雌蕊，可以来回重复几次，以保证授粉效果。

5. 培土换盆　草莓属多年生草本植物，可连续多年结果，但连续种植3年以上，果实产量会明显下降，此时最好重新栽植新的植株。草莓在生长过程中，新茎会在第二年成为根状茎，而根状茎上又会长出新茎，新茎又产生新根，因此草莓的新茎和根每年都会上移，这时要根据植株的生长情况进行培土，以使植株能够健壮生长。盆栽草莓结果2年后最好更换新的基质，也可以直接移入新盆内。更换时，将植株及基质倒出，去掉木质化的根状茎，加入新的基质，重新定植。

【拓展阅读】

打破吉尼斯世界纪录的巨大草莓，一颗吃到饱

以色列农民种出了一颗打破吉尼斯世界纪录的草莓，这颗草莓重289g，是普通草莓平均质量的24倍多，被认证为"世界上最重的草莓"。据媒体报道，在之前世界最重的草莓为250g，由日本福冈县农民中尾浩二于2015年种出，这次的草莓比它要重39g，长18cm，厚4cm，周长约34cm，形状呈扁形，比成年男子的拳头还要大一倍。

【任务布置】

以组为单位，任选 1 种藤本或草本果树阳台管理，制订生产计划及实施，并将生产过程制作成短视频。实施后根据各组生长状态进行小组自评、小组互评和教师评价，并完成巩固练习。完成后将本任务工作页上交。

【计划制订】

表 3-2-3　藤本（草本）果树阳台栽培计划

操作步骤	制订计划
品种选择	
栽培容器、栽培基质选择	
栽植	
栽后管理	
收获	

【任务实施】（实施过程中的照片）

【总结体会】

【考核评价】

表 3-2-4 藤本（草本）果树阳台栽培考核评价

评价内容	评分标准	评价		
		小组自评	小组互评	教师评价
制订计划 （20分）	1. 计划内容全面（10分） 2. 字迹清晰（10分） 未达到要求相应进行扣分，最低分为0分			
任务实施 （20分）	1. 按计划实施（5分） 2. 能够正确处理突发状况（5分） 3. 实施效果好（5分） 4. 团队合作能力强（5分） 未达到要求相应进行扣分，最低分为0分			
实施效果 （20分）	1. 藤本（草本）果树生长发育正常（5分） 2. 藤本（草本）果树栽后管理操作正确（5分） 3. 藤本（草本）果树产量高（10分） 未达到要求相应进行扣分，最低分为0分			
总结体会 （20分）	1. 能根据实施过程中出现的问题总结发生的原因以及找到解决问题的办法（15分） 2. 能通过本次任务的实施写出自己的体会（5分） 未达到要求相应进行扣分，最低分为0分			
小计				
平均得分				

【巩固练习】

1. 草莓阳台栽培对基质有什么要求？（10分）

2. 简述百香果阳台栽培花果管理技术。（10分）

本次任务总得分：

教师签字：

项目三 阳台花卉

【项目目标】

知识目标：掌握观花类、观叶类、多肉类花卉的生长习性、品种类型及阳台栽培技术。

技能目标：能根据生长习性独立进行阳台花卉的管理。

素质目标：培养学生精益求精的工作态度、安全生产的意识和一定的审美能力。

任务一 观花类花卉阳台栽培

【相关知识】

一、山茶阳台栽培

山茶（图 3-3-1）属山茶科山茶属，别名曼陀罗树、薮春、山椿、耐冬、晚山茶和洋茶等。山茶花的颜色繁多艳丽，形态各异，叶色浓绿有光泽，是中国十大名花之一。山茶花原产于中国，日本、朝鲜半岛也有分布。山茶为常绿灌木或小乔木，高可达 3～4m，树干平滑无毛。叶卵形或椭圆形，边缘有细锯齿，革质，表面亮绿色。花单生或对生于叶腋或枝顶，花瓣近圆形，变种重瓣花瓣可达 50～60 片，花的颜色红、白、黄、紫均有。花期因品种不同而异，从 10 月至翌年 4 月都有花开放。蒴果圆形，秋末成熟，但大多数重瓣花不能结果。

图 3-3-1 山茶

（一）生长习性

1. 温度 山茶生长的适宜温度在 20～30℃，温度上升时生长加速，温度降低时生长减慢，其生长最佳温度为 25℃。温度在 10～20℃适宜开花，温度超过 30℃会停止生长，温度高于 35℃叶片会被灼伤。

2. 光照 山茶属短日照阴性植物，光补偿点较低，故盆栽山茶在夏季中午前后光线强时应放在阴凉通风处。在其生长过程中，需要一段时间在昼短夜长的条件下培养，即每天只有 8h 左右的光照，这样有利于花芽、花蕾的形成和发育。另外，在盆栽山茶的花朵刚到大蕾期时，应避免阳光直射，以减少蒸腾，达到延长花期的目的。山茶在生长期要置于阳台中的半阴环境下，不可接受过强的阳光直射，春、秋、冬三季可不用遮阳，夏季要用遮阳网等进行遮光。

3. 水分 山茶叶片多，叶片面积大，蒸腾作用快。山茶喜欢湿度较大的气候，也喜湿润的土壤。因此，要给盆栽山茶补足水分，保持盆土湿润，还要定期向叶面喷水，保持一定的空气湿度。

4. 土壤 山茶对碱性土壤反应很敏感，表现为生长停滞或发育不良，新叶细小、卷曲甚至枯死，因此种植山茶的土壤 pH 应在 5～6。

（二）品种类型

山茶品种大约有 2 000 种，可分为 3 大类、12 个花型。

1. 单瓣类 花瓣 1～2 轮，5～7 片，基部连生，多呈筒状，结实。单瓣类只有 1 个类型，即单瓣型。

2. 复瓣类 花瓣 3～5 轮，20 片左右，多者近 50 片。其下分为 4 个类型，即复瓣型、五星型、荷花型、松球型。

3. 重瓣类 由于大部雄蕊瓣化，花瓣自然增加，花瓣数在 50 片以上。重瓣类还可以分为 7 个类型，即托桂型、菊花型、芙蓉型、皇冠型、绣球型、放射型、蔷薇型。

（三）栽培技术

1. 繁殖方法

（1）种子繁殖。一般用于繁殖砧木或培育新品种时应用种子繁殖。随采随播，于 9—11 月在果实变成茶褐色且未裂开前采收，待果实阴干并自动裂开即可取出种子，取出后立即浸水，待充分吸水后，沉入水中的种子可直接播种，未沉入水中的种子将其硬种壳敲碎后再播种。春播最佳时期为 3—4 月，最晚也可于 5—6 月进行，但要以沙子或水苔包裹后放入盆中，上覆无纺布或稻草等以免干燥，翌年春季将盆内已发根种子的直根切除 1/3～1/2 后再上盆培育。

（2）扦插繁殖。扦插时间以 4—6 月最为适宜，选择树冠外部组织充实、叶片完整、叶芽饱满的二年生枝条，插穗长度 5～10cm，除去基部叶片，保留上部 2～3 片叶子，用利刀切成斜口，浸入 200～500 mg/L 吲哚丁酸 5～15min，后插入基质 3cm 左右，扦插时要求叶片互相交错，扦插后用手将基质按实。以浅插为好，这样透气性好，愈合生根快。插后浇水，40d 左右伤口愈合，60d 左右生根，用蛭石作插床，保水性好，出根比沙床快。

（3）嫁接繁殖。嫁接方法常用的有靠接法和劈接法。

①靠接法。常用于扦插生根困难或繁殖材料少的品种。靠接时间一般在清明节至中秋节，选择适当的品种作砧木，如油茶常靠接名贵的山茶。山茶的接穗可取 2 年生的充实枝

条，每节留 1 芽 1 叶切取，叶部切除仅留 1/3 即可。砧木必须培养其树势，使其生长健壮，用刀在所要结合的部位分别削去 1/2 左右，切口要平滑，然后将双方的切面紧密贴合，用塑料薄膜包扎，每天浇水 2 次，120d 后即可愈合。这时可将其栽植于树荫下，避免阳光直射。翌年 2 月，用利刀削去砧木的尾部，与砧木剪离。

②劈接法。以 5—6 月、新梢已半木质化时进行劈接，成活率最高，接活后萌芽抽梢快。砧木以油茶为主，10 月采种，冬季沙藏，翌年 4 月上旬播种，待苗长至 4~5cm，即可用于嫁接。用刀片将芽砧的胚芽部分割除，在胚轴横切面的中心，沿髓心向下纵劈一刀，然后取山茶接穗 1 节，也将节下基部削成正楔形，立即将削好的接穗插入砧木裂口的底部，对准两边的形成层，用棉线缚扎，套上清洁的塑料袋。约 40d 后去除塑料袋，60d 左右才能萌芽抽梢。

（4）高枝压条繁殖。通常在 5—10 月，选用健壮一年生枝条，在离顶端 20cm 处进行环状剥皮，于表皮与形成层间割剥 1.0~1.5cm 长，再以含水量约 85% 的水苔包裹，经 40d 后开始发根，再经 20~30d 发根完全后，即可剪下上盆培育，此法成活率高。

2. 上盆

（1）花盆选择。山茶是木本花卉，选盆宜用大一些的花盆，使用新花盆前应先将其放入水中浸透，使用旧花盆应先用水将其刷净，以防盆外苔藓阻塞盆壁孔隙而影响透气。

（2）上盆要求。栽前盆底孔先垫瓦片，盆底加少量粗土，然后加入准备好的营养土，常用泥炭土、腐叶土和河沙做培养土。栽后水要浇足，放在阳台阴凉处培养 2d，待山茶苗生长正常后移至有阳光照射处培养。

3. 栽后管理

（1）适时遮阳。山茶喜半阴半阳，盆栽山茶的遮阳时间是 6—7 月中午，8 月 9—17 时，9 月 10—16 时，10 月仅中午遮阳。

（2）剥蕾处理。8 月开始剥花芽，每枝留芽 1 个，可使花开得大些。

（3）水分管理。浇水是养好山茶的重要环节，过干则生长不好，过湿则引起烂根、落叶，甚至死亡。山茶浇水的原则为开花和生长期可略湿，休眠期可略干。夏、秋季节，天气炎热，雨量偏少，空气干燥，这时掌握好浇水量更是关键。盆土要保持湿润勿干，常在盆四周多洒水，并给叶面多喷水，以增加空气湿度，降低气温，这样有利于山茶生长。阴雨天少浇水或不浇水，连阴雨天还要防止盆土渍水，发现有渍水应及时倒掉。

（4）施肥。要注意合理施肥。从花期过后，新芽开始生长时期起，当新生枝叶开始木质化时，也正是花芽分化形成花蕾之时。为促使枝叶繁茂并早日木质化，每 2 周左右施 1 次充分腐熟的豆饼稀薄液肥；在 7 月开花前 10d 左右，施 1 次以磷肥为主的混合液肥。施肥宜在晴天，而且施肥前应停止浇水。2—4 月，不要施肥。北方大多数地区的土壤和水偏碱，为了有利于山茶的生长可以施以矾肥水，这样可使盆土保持微酸性。

二、三色堇阳台栽培

三色堇（图 3-3-2）是堇菜科堇菜属多年生草本植物，常作二年生栽培，原产于欧洲，在欧美十分流行，我国于 20 世纪 20 年代初引进，全国各地均有栽培。三色堇可用作庭院、花坛、景区栽培及盆栽，并可全草入药，具清热解毒、散瘀、止咳等功能，用于治疗小儿瘰疬、咳嗽及呼吸道炎症等疾患。三色堇株高 15~25cm，分枝较多，叶互生，基生叶长卵形或披针形，茎生叶卵形、长圆状圆形或长圆状披针形。三色堇花朵繁密，色彩艳丽，通常由白、黄、紫3种颜色构成，也有单色，花瓣近圆形、假面状，花期4—6月。蒴果，果实成熟在5—7月。种子倒卵形，千粒重1.4g左右。

（一）生长习性

1. 温度　三色堇耐寒，喜凉爽和阳光充足的环境，怕高温和多湿。生长适温15～25℃，促蕾的温差最好能控制在8～12℃。必要的温差可以减缓植物的呼吸作用，有利于植物营养物质的积累，而充足的营养物质正是植物孕蕾开花的必要条件。连续高温在25℃以上，则不能形成花芽。但温度低于−5℃，叶片受冻，边缘变黄。南方可在室外越冬，北方冬季可放在阳台上。

2. 水分　三色堇在生长过程中对水分比较敏感，以稍干燥为宜，幼苗期如盆土或苗床过湿，易遭受病害。茎叶生长旺盛期可保持盆土稍湿润，但不能过湿或积水，否则影响植株正常生长发育，甚至枯萎死亡。花期多雨或高温多湿，茎叶易腐烂，花期缩短，结实率低。

3. 光照　三色堇对光照反应也较敏感。若光照充足，日照时间长，三色堇茎叶生长繁盛，开花提早；如果光照不足，日照时间短，三色堇开花不佳或延迟开花。

4. 土壤　要求疏松、肥沃和排水良好的沙质壤土。盆栽土壤可用园土、椰糠和鸡粪（或其他有机肥）按6∶4∶1混合堆沤半年即可使用。

（二）品种类型

三色堇园艺品种极多，无论花形、大小和色彩都与原种大不相同，多为F_1代杂交种，常见的可分为以下几类。

1. 单色品种类　现已育成单纯一色的园艺品种，有纯紫、金黄、纯蓝、砖红、深橙和纯白色（图3-3-3）等。多数为大中型花品种，如王冠系列，花有纯黄、纯橙、纯紫、纯白和玫瑰红色等；和弦，花纯黄色；黑魔，纯净的黑色花。

三色堇

三色堇纯白品种

图3-3-2　三色堇

图3-3-3　三色堇纯白品种

2. 复色品种类　现已育成多种花色分布在同一朵花上的园艺品种，原三色堇花上增加花色或带斑点、条纹（图3-3-4），其色彩丰富，引人注目。如梦幻蝴蝶和大多数大型花品种。

3. 大花品种类　大花是现代育种趋向，目前美国已育成花径达10cm的园艺品种，多数为复色品种，带斑点、条纹。如宾哥系列、壮丽大花、奥勒冈大花、罗加和集锦等。

三色堇复色品种

图 3-3-4 三色堇复色品种

4. 特色品种类 三色堇除花色、大小和性状不同外，现已育出各具特色的园艺栽培品种。

（1）早花品种。如国王、矮生等大中型花；三角洲、眨眼等中型花；笑脸有红、紫、蓝、黄、白、玫瑰红等色，带斑点花脸。

（2）抗炎热品种。如谚语抗热耐寒，可在夏秋季开花。

（3）矮生品种。如瑞士巨人，大型花，株高 10～15cm；帕德帕拉德杰，深橙色，株高 15cm，耐半阴环境；露西亚姑娘，天蓝色，株高 10～12cm，迷你小花，花期长。

（4）极耐寒品种。如帝国系列，早花，大中型花，花色丰富；乔克无情之脸，矮生、中型花，深紫花边，橙色面花脸。

（三）栽培技术

1. 繁殖方法 在生产上多用种子繁殖，也可进行扦插和分株繁殖。

（1）种子繁殖。

①种子处理。将体积相当于种子体积 3 倍的 55 ℃温水倒入盛种子的容器中，边搅拌边倒，待水温降至 30℃左右停止，6～8h 后，再用 50％多菌灵可湿性粉剂 500 倍溶液浸种 1h。沥水后催芽，催芽温度保持在 15～20℃，保持湿润，7d 后大部分种子出芽即可播种。

②播种。采用珍珠岩、泥炭、蛭石按 1∶6∶3 混合均匀，然后用清水喷洒基质，播种后覆盖 0.5cm 左右的蛭石，再稍微喷水，然后覆盖塑料膜增温保湿，出苗期间保持基质湿润。

（2）扦插繁殖。在 4—5 月进行，剪取植株基部萌发的枝条插入泥炭中，保持空气湿润，插后 15～20d 生根，成活率高。

（3）分株繁殖。常在花后进行，将带不定根的侧枝或根茎处萌发的带根新枝剪下，可直接上盆，并放在半阴处恢复。

2. 苗期管理

（1）浇水。坚持不干不浇、浇则浇透的原则，在两次浇水之间使基质保持干燥状态，浇水尽量在上午完成。

（2）施肥。幼苗长出 2 片真叶后，每周交替施用氮磷钾为 14∶0∶14 和 20∶20∶20

的复合肥 1 500 倍液各 1 次。

（3）温度。适宜生长的气温为 15～25℃，在 25～28℃时植株易徒长，低于 10℃时叶片会变色，营养生长缓慢或停止，延长育苗时间。出苗后将温度保持在 13～17℃可保证植物生长良好。三色堇对昼夜温差有相当强的反应，管理不当很容易造成植株徒长，因此最好保持昼夜温度均为 17℃，以减少植株徒长。

（4）光照。种子萌发出土后所需光照度为 1 500～3 500lx，光照不当易引起植物徒长。夏季及初秋育苗时宜遮阳 30%～50%。

3. 上盆　当播种苗长到 3～5 片叶时可移栽上盆，扦插苗根系长到 0.5～1.0cm 时可移栽上盆。如果太晚，幼苗生长在没有营养的沙土里长势衰弱，影响以后的生长。可选用直径为 10～13cm 的花盆，每盆种 1 株。

4. 栽后管理　由于三色堇喜凉爽和阳光充足环境，而且对水分比较敏感，所以在栽培管理上要根据其生长特性进行科学浇水、施肥、摘心、温度及光照管理等工作。

（1）浇水。每次浇水必须在土壤略干燥时进行，特别是气温低、光照弱的季节。过多的水分既影响生长，又易产生徒长枝，植株开花时应保证充足的水分，使花朵增大，花量增多。

（2）施肥。生长初期以氮肥为主，每周施 1 次。临近花期应增施磷、钾肥或有机肥，也可施用发酵好的豆饼肥。气温低时，铵态氮会引起根系腐烂，不适合施用。

（3）摘心。在生长期，要及时摘除残枝、残花，对徒长枝通过摘心控长，促发新枝，使株型圆满、冠形好，还可延长花期。

三、朱顶红阳台栽培

朱顶红（图 3-3-5）别名朱顶兰、百枝莲，属石蒜科朱顶红属，为多年生鳞茎类球根花卉。原产于拉丁美洲，中国南方庭院、公园常见栽培，多作观赏植物，还可以盆栽，深受人们喜爱。北方在家庭阳台 20～25℃的条件下能生长，栽后约 40d 开花。朱顶红花大色美，剑叶宽带状，左右排列，鲜绿色，洁净挺拔。花期较长，从春季到夏季都有开放，顶端着花 4～8 朵，两两相对而生，漏斗状，橘红色。宜盆栽和做切花用。

（一）生长习性

朱顶红喜温暖环境条件，不耐寒，冬季地下鳞茎休眠，要求凉冷干燥，生长适温为 5～10℃；夏季喜凉爽，生长适温为 18～25℃。喜湿润环境，尤其要求较高的空气湿度。喜光，但忌强光暴晒，耐半阴。喜排水良好及肥沃的沙质壤土，忌水涝。

（二）品种类型

1. 朱顶红常见品种　如红狮，花深红色；大力神，花橙红色；赖洛纳，花淡橙红色；通信卫星，大花种，花鲜红色；花之冠，花橙红色，具白色宽纵条纹；索维里琴，花橙色；智慧女神，大花种，花红色，具白色花心；比科蒂，花白色中透淡绿，边缘红色。

2. 适合盆栽的欧洲朱顶红品种　拉斯维加斯，为粉红与白色的双色品种；卡利默罗，小花种，花鲜红色；艾米戈，晚花种，花深红色，被认为是最佳盆栽品种；纳加诺，花橙红色，具雪白花心。

3. 朱顶红同属原生品种　美丽孤挺花，花深红或橙色；短筒孤挺花，花红色或白色；

图 3-3-5　朱顶红

网纹孤挺花，花粉红或鲜红色。

（三）栽培技术

1. 繁殖方法

（1）种子繁殖。朱顶红花期一般在 2—5 月。开花后当柱头开裂时进行人工授粉，在花后 30～40d 种子成熟。采种后要立即播种于浅盆中，覆土厚 0.2cm，上盖玻璃置于半阴处，经 10～15d 可出苗。当幼苗长出 2 片小真叶时分栽，以后逐渐换大盆。幼苗经 2～3 年后方可开花，因此种子繁殖应用较少。

（2）分株繁殖。朱顶红成熟鳞片的周围每年会长出 2～3 个小鳞茎，在春季或秋季结合换盆，将母株鳞茎周围的小鳞茎切下，分别栽于花盆或露地，经 2～3 年的培养便可开花。

（3）分割鳞茎扦插繁殖。一般在 7—8 月进行。首先将鳞茎纵切数块，然后按鳞片进行分割：外层以 2 片鳞片为 1 个单元，内层以 3 片鳞片为 1 个单元，每个单元均需带有部分鳞茎盘，分割后将每个单元栽于花盆或露地。6 周后，鳞片间便可发生 1～2 个小球，并在下部生根。

2. 栽后管理

（1）上盆。基质内混入 10％骨粉和过磷酸钙，混匀后消毒备用，基质 pH 以 6.0 左右为适宜，基质装满盆后浇透水。栽植时注意露出 1/2 球体，浇水与填土时注意不要将泥土、水污染到种球顶部，尽量减少感染病菌机会。注意经常检查球根的状态，如发现溃烂等问题可及时处理，等新根长出后再覆土使种球外露 1/3。

（2）上盆后管理。先放在 10～15℃ 的阴凉处以利生根，14d 后移至 20～25℃ 较高温度处以便花莛抽出。生长期晴天高温要每天浇 1 次水，但要避免盆土积水。花后要适当减少浇水，使盆土稍干为好。10 月下旬进入鳞茎休眠期，在 5～10℃ 条件下促进休眠，但室温不得低于 5℃，否则易受冻害。在休眠期间，不施肥并严格控制浇水，促使叶片逐渐干枯，然后将叶剪除，浇水量以不使鳞茎枯萎为度，否则鳞茎极易腐烂。一般休眠期为

50～60d，当休眠期过后，置于 15～25℃条件下，即可重新萌发，正常生长开花。

朱顶红喜肥，自叶长至 5～6cm 开始，每半月需施 1 次腐熟的稀薄液肥，最好是饼肥水。花后每隔 20d 追肥 1 次。如果施肥过浓或者施未经腐熟的有机肥，会导致叶片发黄，产生肥害。

【拓展阅读】

花　语

美丽的山茶有着 4 种常见的花语含义，分别是谦让高洁、理想的爱、谨慎小心还有可爱美丽，用来送给恋人、朋友、长辈都是十分合适的。此外不同颜色的山茶有不同含义：白山茶代表天真纯洁，红山茶代表天生丽质，粉山茶代表克服困难。

三色堇的花语是白日梦、思慕、沉思、快乐和请思念我，适合送给朋友或者喜欢的人。不同花色的花语也各不相同，红色的花语是思念和思虑，黄色的花语为忧喜参半，紫色的花语为沉默不语和无条件的爱，大型花朵的花语为束缚。

朱顶红的花语是渴望被爱、勇敢追求爱，还有表示自己纤弱的含义。它的花语是来自植株外形特征，其花朵虽然很大，颜色也很鲜艳，但是花茎纤细，给人以弱不禁风的感觉，会激起人的保护欲，因此不少男士会送给心仪的女生，可以代表出自己对她人的爱意。而且，它生长期间会不断从土中吸取营养，代表着不断去追求更好的生活以及美好的爱情。

【任务布置】

以组为单位，任选一种观花类花卉进行阳台养护，制订生产计划及实施，并将生产过程制作成短视频。实施后根据各组生长状态进行小组自评、小组互评和教师评价，并完成巩固练习。完成后将本任务工作页上交。

【计划制订】

表 3-3-1　观花类花卉阳台养护计划

操作步骤	制订计划
品种选择	
繁殖	
生长期管理	

【任务实施】（实施过程中的照片）

【总结体会】

【考核评价】

表 3-3-2　观花类花卉阳台养护考核评价

评价内容	评分标准	评价		
		小组自评	小组互评	教师评价
制订计划 （20 分）	1. 计划内容全面（10 分） 2. 字迹清晰（10 分） 未达到要求相应进行扣分，最低分为 0 分			
任务实施 （20 分）	1. 按计划实施（5 分） 2. 能够正确处理突发状况（5 分） 3. 实施效果好（5 分） 4. 团队合作能力强（5 分） 未达到要求相应进行扣分，最低分为 0 分			
实施效果 （20 分）	1. 繁殖成活率高（5 分） 2. 管理及时（10 分） 3. 生长状态好（5 分） 未达到要求相应进行扣分，最低分为 0 分			
总结体会 （20 分）	1. 能根据实施过程中出现的问题总结发生的原因以及找到解决问题的办法（15 分） 2. 能通过本次任务的实施写出自己的体会（5 分） 未达到要求相应进行扣分，最低分为 0 分			
小计				
平均得分				

【巩固练习】

1. 朱顶红有哪些繁殖方法？（10 分）

2. 列举 5 种其他适合阳台养护的观花类花卉的名称。（10 分）

本次任务总得分：

教师签字：

任务二 观叶类花卉阳台栽培

【相关知识】

一、棕竹阳台栽培

棕竹又称观音竹、棕榈竹、筋头竹等,原产于我国广东、广西、海南、云南、贵州等南方地区,南方栽培比较普遍,北方多作盆栽观赏性植物。棕竹属常绿叶植物,四季青翠,叶形优美,成活率高,不仅具备观赏性等价值,还有吸收有害气体、净化空气等功能。

棕竹为棕榈科棕竹属单子叶植物,属常绿丛生灌木。株高2～3m,分蘖能力强,地下部能萌发新枝。茎圆而直立,外包褐色网状粗纤维叶鞘。叶片掌状裂生,每片叶具20枚左右裂片,着生于茎顶端,叶柄细长。肉穗花序腋生,花多为黄色。球形白色浆果,种子圆形。

(一)生长习性

棕竹喜温暖、阴湿的环境条件。10～30℃为适宜生长温度,温度过高生长会受到抑制,越冬温度不能低于5℃,能耐0℃低温。长期在干燥的条件下会生长不良,适宜疏松肥沃、微酸性的土壤条件。不喜强光,但适应性较强,易养护。

(二)品种类型

近年来很多棕竹品种被开发应用,约有20种棕竹属植物。主要品种类型为大叶棕竹、中叶棕竹、细叶棕竹、花叶棕竹和矮棕竹等,其中细叶棕竹因为观赏价值高,在市场上较受欢迎。

(三)栽培技术

1. 繁殖方法 棕竹可以用种子繁殖和分株繁殖,家庭养护一般采用分株繁殖。

(1)种子繁殖。播种要进行浸种处理,用30～35℃的温水浸种2d,种子发芽后进行播种。基质要选择疏松、排水良好的土壤,若种子发芽不整齐,覆土可稍厚。30～60d后能出土,长到8cm以上就能移栽,一般3～5株为1丛进行移栽。

(2)分株繁殖。利用棕竹分蘖能力强的特性可以进行分株繁殖。方法是将老株周边分蘖出的新枝挖取2～4株,或者将栽培多年的老株整体分为几丛移栽在新盆里,挖取时要注意保护根系,避免伤根影响成活。也可在老株旁挖取单株移栽,这样对原有株型影响不大,但单株不易成活,成型较慢。移栽后应置于遮阳温暖的环境养护。

2. 盆土选择 棕竹喜疏松潮湿、含有腐殖质的酸性土壤,可用腐殖土、草炭、山泥和少量沙土混合配制作为盆土,适量加入基肥和硫酸亚铁,有助于保持土壤的酸性。土壤偏碱性会导致植株叶片发黄,生长受阻。棕竹喜排水性好的土壤,可在花盆底部放1层碎石,有助于排水和提高透气性。

3. 温光管理 棕竹喜温,但适应性较强,10～30℃为适宜生长温度,34℃以上生长会受到抑制,越冬温度不能低于5℃。北方地区冬季要移入室内越冬,冬季气温低进入休眠,生长停滞。

棕竹喜隐蔽湿润的环境,夏季高温季节要避免强光直射,注意浇水和遮阳,光照过强会导致叶片发黄或灼伤，早春可将棕竹置于光照条件较好的地方。

4. 水肥管理　棕竹叶片多，需水量较大，浇水要勤，保持土壤湿润，缺水会导致叶片失水萎蔫，但不能过涝。一般每2～3d浇1次水，浇水量以渗透盆土但不积水为宜。夏季高温干旱期浇水的同时，还要注意向植株喷洒清水，提高空气相对湿度，可保持叶片翠绿挺立。如养在室外，进入雨水多的季节，要防止雨水过多造成涝害烂根。

棕竹不耐贫瘠，可用复合肥作基肥，追肥时适宜添加硫酸亚铁。夏季是棕竹生长快速的季节，要注意增施肥，入冬后要减少施肥，春季结束休眠后可适当追肥，20d左右施1次复合肥或者腐熟的有机肥，有助于恢复生长，以磷、钾肥为主，配合微量元素，施肥要勤但1次不可过量，避免伤根。

5. 换盆换土　换盆土可以与分株繁殖同时进行。盆栽一般2～3年换1次盆土，一般在早春3—4月进行。换盆时，将植株和盆土一起提起，去除根系上部旧土，但保留土坨以保护根系，再将盘结老化、发黑的根系剪去。在盆底铺1层配制好的盆土，将植株放入盆内，用营养土填满，土埋到根颈处即可，不宜过深。浇足水后置于阴凉通风的环境，常规管理以恢复正常生长。

二、吊兰阳台栽培

吊兰（图3-3-6）原产于南非，又称垂盆草、挂兰、钓兰、兰草等。其花柄横生，可悬挂于室内，因此得名。吊兰不仅具有较高的观赏价值，还有入药和净化空气的功效，能有效降低空气中甲醛、苯、一氧化碳、二氧化硫以及粉尘等污染物的浓度，故有绿色净化器的美称。

吊兰属百合科吊兰属单子叶植物，为多年生宿根草本花卉。其具有发达的肉须根和粗壮的根状茎，叶腋中还会抽生匍匐茎，在顶端抽叶成簇形成小吊兰，生有气根。叶基生，基部抱茎丛生，叶片狭长呈宽线形。白色花，簇生，总状或圆锥花序。

图3-3-6　吊兰

（一）生长习性

吊兰喜温暖、湿润环境，不喜强光，耐弱光。15～25℃为适宜生长温度，温度过高易造成叶片干枯发黄，高于30℃时停止生长，温度过低则易进入休眠，越冬温度不能低于5℃。适宜疏松、肥沃、排水良好的沙质壤土。

（二）品种类型

常见吊兰品种除了纯绿叶之外，还有金心吊兰、金边吊兰、银心吊兰和银边吊兰等叶片边缘或中心具黄白色或银白色花纹的品种。

（三）栽培技术

1. 繁殖方法 吊兰能进行有性繁殖和无性繁殖，但吊兰结籽较难，且较无性繁殖方法步骤烦琐、时间更长，因此常采用分株繁殖和扦插繁殖进行无性繁殖。

（1）分株繁殖。指将花卉的萌蘖枝、丛生枝、匍匐枝等从母株上切分下来，培育为新植株的方法。将吊兰从花盆中移出后，提出长势弱的根茎，然后将植株平均分为2～3丛，每丛3～4株，分别置于新营养钵中栽培，分株后2～3周即可恢复生长势。

（2）扦插繁殖。将健壮、长有气生根的匍匐茎剪下，栽种于装好营养土的培养钵中，不要埋得过深，以5～8cm为宜，7d左右即可生根，待根系长满整个培养钵时（约20d）移栽至花盆中。

2. 盆土选择 吊兰对土壤要求不严，排水透气、疏松肥沃的沙壤土较适合其生长。常用盆栽土主要由腐叶土或泥炭土、园土和河沙混合配置而成，可适当添加饼肥或腐熟有机肥。

3. 温光管理 吊兰在15～25℃生长速度较快，也易抽生匍匐枝。夏季栽培应注意降温通风，避免温度过高导致叶片发黄干尖；冬季栽培温度应保持在12℃以上，植株才能正常生长。

吊兰喜阴，不耐强光。夏、秋季应避免阳光直射，白天需进行遮阳以遮去50%～70%的光照，避免强光使叶片发生日灼现象。冬季则应使其多见阳光，最好置于阳光充足的阳台或其他光照充足的地方，这样才能保持叶片颜色鲜绿。且吊兰具有向光性，应定期旋转花盆，保证植株各方向生长势相同。

4. 水肥管理 吊兰喜湿润的环境条件，浇水要见干见湿。3—9月吊兰长势较快，对水分的需求量较大，应保持水分供给充足，尤其夏季温度高，水分蒸发快，盆土易干，每1～2d就要浇1次水，中午前后可用清水喷洒枝叶，增加空气湿度的同时也保持叶面清洁；春秋季每隔3～4d浇1次水；秋、冬季应控制浇水量，提高吊兰的抗寒性，使其逐渐适应低温，每隔5～7d浇1次水即可。吊兰属肉质根，每次浇水量不宜过多，盆土过湿容易导致叶片徒长、泛黄或烂根现象，而浇水过少则叶片易萎蔫下垂。

吊兰耐肥，缺肥会导致叶片泛黄、叶尖焦枯，观赏性降低。吊兰生长旺季以施用氮肥为主，配合施用适量磷钾肥，每7～10d可施肥1次，肥水浓度不宜过高。夏季温度过高或冬季温度低于10℃时不宜施肥。

5. 换盆换土 吊兰肉质根生长速度较快，根系容易长满盆，长时间不换盆土会导致土壤肥力下降，且吊兰根系会积累自身分泌的有毒物质，不利于其生长。应1年更换1次盆土，倒盆时去除老根、烂根、多余的须根以及长势不佳的茎叶，换上新的富含腐殖质的培养土，再适当施以基肥，置于遮阳、温暖、通风良好处缓苗。

三、铜钱草阳台栽培

铜钱草（图 3-3-7）又名香菇草、野天胡荽等，为伞形科天胡荽属多年生草本植物。在我国，铜钱草主要分布于湖南、四川、云南等长江以南各省份，多生长于河岸、沼泽等潮湿阴暗的环境中。近年来，因为其叶片青翠、小巧玲珑而受到众多消费者的喜爱，又因为它有净化空气、污水等功能，也被广泛应用在园林及湿地绿化中。

铜钱草味苦、辛，性寒，具有清热利湿、解毒消肿的功效。铜钱草叶子像小型的荷叶，也像古代的铜钱，寓意团团圆圆，好运连连，而且名字中也有"铜""钱"二字，因此被认为是财富的象征。

图 3-3-7　铜钱草

铜钱草叶片圆形或肾形，呈铜钱状，叶缘有不规则锯齿，背部长有茸毛。叶柄较长，茎节明显，茎节出土后易着生须根。节处生根，根系横向蔓生。伞形花序，花多为白色或黄色，花期 6～8 个月。果实蒴果，近圆形。

（一）生长习性

铜钱草生性强健，种植容易，繁殖迅速，水培或土培均可。铜钱草性喜温暖潮湿，不耐低温，10～25℃为适宜生长温度，最佳的栽培温度为 22～28℃，夏季 32℃以下、冬天 5℃以上才能正常生长。耐阴，但是不能过于荫蔽。每天需要 4～6h 的光照，光照不足，会使铜钱草的叶片腐烂，可放置阳台光照较少的地方。栽培的土壤不限，以松软、肥沃、保水性好的栽培土为佳，或用水直接栽培。栽培土可用腐叶、河泥、园土混合配制，比例为 5∶2∶2。喜肥，生长期需肥量较大。

（二）品种类型

目前用于栽培的只有铜钱草一个种。

（三）栽培技术

1. 繁殖方法　铜钱草能进行有性繁殖和无性繁殖。其能开花结果，可用种子繁殖。将种子用温水浸泡 30min 后均匀地撒播在土壤表面，覆薄土，保持土壤湿润，5～8d 即可生根发芽。但家庭栽培多采用扦插繁殖，近年来，随着观赏植物组织培养技术的兴起，铜钱草也多采用植物组织培养技术进行繁育。

（1）分株繁殖。铜钱草走茎发达，繁殖能力较强。取一小段带茎节的根系直接埋入土壤中，土壤要疏松、透气、有肥力，保证一定的土壤湿度，不可埋得过深，避免根系腐烂、不生新根。若插入水中则需用小石子等重物压住根茎，每3～4d换1次水即可，置于阴凉处，1～2周即可生根长出新叶。

（2）扦插繁殖。铜钱草一年四季都可进行扦插繁殖，3—5月为最佳繁殖时间。将铜钱草的匍匐茎剪下，3～5段茎即可，去掉下部的叶子，插入土壤或者水中。扦插到土壤中不需埋土过深，2～3cm即可，土壤最好经过暴晒或者杀菌剂消毒，避免伤口感染土壤中的病菌；水培最好用自然放置2d以上的清水，置于阴凉通风的地方，1～2周生根后可适当添加营养液，进行正常的光照管理。

2. 花盆选择　在选择花盆时，要根据铜钱草植株的大小来决定。一般说来，铜钱草不需很大的盆，可以使用大一点的碗或者用水仙盆来养护。栽种时基本上将根茎盖住就可以，不要埋得太深。铜钱草栽植后放在半阴的地方，养护一段时间就可以接触阳光。

3. 温光管理　铜钱草喜欢温暖的环境，不耐低温，10～25℃下植株生长良好，5℃以上能安全越冬，气温低于5℃植株会进入休眠状态，最低能耐0℃低温，但长时间低温会冻伤萎蔫，冻伤后应剪掉叶片移入温暖的环境。北方地区入冬之前应放入室内温暖、光照条件好的地方养护，若置于室外朝阳背风处也能越冬。低温下地上部枯死，地上部翌年春季仍可萌发。

铜钱草在光照充足的条件下生长良好，其趋光性较强，一段时间内应转动花盆，避免植株朝向一方生长。遮阳不利于铜钱草的生长，光照条件不好易发生徒长，茎叶细弱，易发生倒伏，暗室内还会发黄枯萎。

4. 水肥管理　铜钱草喜欢湿润，不怕水涝。夏季气温高，铜钱草的叶片较多，水分非常容易流失，要多多补水，经常向植株喷水可以提高空气湿度，起到降温的作用，还可以使铜钱草的叶片整洁干净，便于进行光合作用。冬季气温低，要求盆土以偏干为佳，宁干勿湿，盆内不要有积水，积水会使铜钱草根部呼吸不畅，导致烂根。水培不能完全用纯水，需要定期换水施加营养液。换水不宜过勤，1周换1次水，保持水分充足即可，夏季可增加换水频率。水培时应及时处理发黄叶片，避免其腐烂污染水质。土壤栽培时盆土表面见干浇透水即可，阴雨天等湿度较大的天气时浇水不宜过多，虽然铜钱草耐涝，但盆土也易滋生细菌。

铜钱草喜肥但不争肥，水培可适当加入营养液或复合肥，复合肥一次几粒，不宜过多，以免造成烧根。土培在混盆土时要加有机肥作底肥，培养过程中每月施1次肥即可，生长旺盛期每隔2～3周可追肥1次。铜钱草是观叶花卉，可观叶施肥，缺肥时叶片发黄，可叶面喷施复合肥。施肥要以氮肥为主，同时配合钾肥能提高抗倒伏能力。

5. 修剪　铜钱草很少需要修剪，若叶子过密，或者出现叶子发黄的情况就需要进行修剪，去掉黄叶和多余的叶子。春季可以给铜钱草换盆，换盆时进行修根并分株进行繁殖，还可以对铜钱草进行整形。弱光会使铜钱草的植株太高，出现徒长的情况，应该将铜钱草的高枝剪掉，使其多发新枝。

【拓展阅读】

吊兰的花语

吊兰的花语是无奈而又给人希望。

传说从前有一个嫉妒贤才的主考官，为了能够让自己的干儿子高中，就想方设法地打击一个姓林的才子，在主持完一场考试后批改卷子时，碰到了皇帝来微服私访，情急之中就将姓林的才子的卷子藏在了桌上的那盆花里。皇帝在观赏这盆开得灿烂的花时，发现了这个卷子，知道了实情，罢免了考官的官职。考官不久就抑郁而死，因此吊兰就有了这个花语。

【任务布置】

　　以组为单位，任选一种观叶类花卉进行阳台养护，制订生产计划及实施，并将生产过程制作成短视频。实施后根据各组生长状态进行小组自评、小组互评和教师评价，并完成巩固练习。完成后将本任务工作页上交。

【计划制订】

表 3-3-3　观叶类花卉阳台养护计划

操作步骤	制订计划
品种选择	
繁殖	
生长期管理	

【任务实施】（实施过程中的照片）

【总结体会】

【考核评价】

表 3-3-4　观叶类花卉阳台养护考核评价

评价内容	评分标准	评价		
		小组自评	小组互评	教师评价
制订计划（20 分）	1. 计划内容全面（10 分） 2. 字迹清晰（10 分） 未达到要求相应进行扣分，最低分为 0 分			
任务实施（20 分）	1. 按计划实施（5 分） 2. 能够正确处理突发状况（5 分） 3. 实施效果好（5 分） 4. 团队合作能力强（5 分） 未达到要求相应进行扣分，最低分为 0 分			
实施效果（20 分）	1. 繁殖成活率高（5 分） 2. 管理及时（10 分） 3. 生长状态好（5 分） 未达到要求相应进行扣分，最低分为 0 分			
总结体会（20 分）	1. 能根据实施过程中出现的问题总结发生的原因以及找到解决问题的办法（15 分） 2. 能通过本次任务的实施写出自己的体会（5 分） 未达到要求相应进行扣分，最低分为 0 分			
小计				
平均得分				

【巩固练习】

1. 吊兰怎样上盆和换盆？（10 分）

2. 写出 5 种其他适合阳台养护的观叶类花卉。（10 分）

本次任务总得分：

教师签字：

任务三 多肉类花卉阳台栽培

【相关知识】

多肉植物是指植物的茎或叶肥厚多汁并且具备储藏大量水分功能的植物，也称多浆植物。茎和叶除了具有光合作用外，还能储藏可利用的水，在土壤含水状况恶化、植物根系不能再从土壤中吸收和提供必要的水分时，它能使植物暂时脱离外界水分供应而独立生存。

多肉植物家族十分庞大，全世界已知的多肉有 1 万余种，在分类上隶属 100 余科。它们都属于高等植物，适应、繁殖能力很强。

一、观音莲阳台栽培

观音莲（图 3-3-8）又称观音座莲、佛座莲，是景天科以观叶为主的一种小型多肉植物，原产于西班牙、意大利、法国等欧洲国家的山区，为高山多肉植物。观音莲株形端庄，犹如一朵盛开的莲花，大莲座下会抽生出很多分株，像一圈小莲座，观音莲由此得名。观音莲是有着很高知名度的优良品种，近年来越来越受到人们的关注和喜爱。

图 3-3-8 观音莲

观音莲株型较大且向外张开，稍扁平，通常直径 5～7cm，较小的植株直径约 3cm，老株单株直径可达 20cm。茎短且壮，可达 4cm。叶片表面无毛光滑或有细微的软毛，通常呈绿色或稍带蓝灰色，光照充足时叶尖呈暗红色至紫红色。叶片呈披针形至倒卵形，长 20～60cm，宽 10～15cm，顶端有锋利的尖，两面皆有轻微凸面（向上一面相对较平），纤毛呈白色。幼株叶片较少。花秆粗壮，长 20～50cm，表面具浓密粗糙的白毛，从生长点长出。花秆上的小叶片呈披针状且先端锋利。聚伞圆锥花序，巨大且花朵茂密，一次可开 40～100 朵花。苞片呈线状排列，先端锋利，表面有毛。花蕾呈卵形，有明显的尖。花朵 12～16 瓣，直径 2.5cm 左右，萼片 0.8cm 左右，表面有锋利的纤毛（长约 4mm）。花瓣长 0.9~1.2cm、宽约 0.2cm，白色或紫色，带有红色纹路，大体呈紫色，呈整齐的披针状排列，先端有尖，背部有纤毛和软毛。花丝呈亮紫红色，雄蕊呈橘红色。

（一）生长习性

观音莲生长适温为 20~30℃，生长期要求有充足的阳光，避免长期积水，以免烂根。但也不能过于干旱，否则植株虽然不会死亡，但生长缓慢、叶色暗淡。

（二）品种类型

观音莲常见品种有两种类型。

1. 观音莲　叶片剑形，先端尖，排列成紧凑的莲座状。大部分时间叶片为绿色，只有在秋冬季节阳光充足、空气干燥的环境下，叶片边缘才会变为红褐色。

2. 紫牡丹　叶片蜡质，边缘有小茸毛，阳光充足时叶片紧紧包裹，并在冬春季节呈现暗红色。

（三）栽培技术

1. 繁殖方法　观音莲的繁殖方法主要有叶插、分株扦插、播种等。

（1）叶插。掰取成株观音莲中部叶片，掰取时注意保持叶片完整，尤其是叶片基部不能有损伤。将叶片平铺在潮湿的沙土（或沙土：草炭＝2：1）上，叶面朝上，叶背朝下，不必覆土。不要在强光下暴晒，如表土过干，可适当喷水，保持温度在 25~30℃。叶片会陆续从基部长出新根，然后长出叶芽，将根系埋入土中，逐渐见光，土干后适当浇水，就会形成一个新的植株。

（2）分株扦插。在大莲座下部会抽生出新的分蘖，当分蘖苗直径长至 2cm 大小时可剪下，放在阴凉干燥处。当剪口干燥后，去掉下部叶片，再插入潮湿的沙床上，沙床不能太湿，否则剪口易发黄腐烂。扦插后的 1 周内不需浇水，不要强光暴晒，当表土干燥时可适当喷水，注意水量不要过大，温度保持在 25℃左右。插后一般 20d 左右即可生根，当根长至 2~3cm 时上盆。

（3）播种。观音莲也可用播种法繁殖，在 20℃左右的条件下，10~15d 发芽。优点是可一次得到大量幼苗，但是播种难度高，小苗生长慢。

2. 上盆及上盆后管理

（1）配土。栽培观音莲的盆土要求疏松肥沃，具有良好的排水透气性。因此，通常所用的配土比例为草炭：蛭石：河沙＝1：1：1，还可掺入少许骨粉。草炭和蛭石提供营养并起到保水保肥的作用，河沙起到透气的作用。在混拌过程中加入少量水分，使土壤含水量在 50%~60%。

（2）上盆。在苗较小时，可用直径 10cm 左右的盆，装入配好的盆土进行栽培。由于盆土具有一定的湿度，新栽的植株不必浇水，保持其半干状态，以利于根系的恢复。温度适宜时，植株会很快发生新根，抽生新的叶芽，就可以进入正常的养护管理环节。

（3）养护。

①温度。观音莲生长适温为 20~30℃，主要生长期在较为凉爽的春秋季节。冬季夜间温度不低于 5℃，白天在 15℃以上，植株能继续生长，可正常浇水，并适当施肥；如果控制浇水，使植株休眠，也能耐 0℃的低温。夏季温度过高，生长缓慢。

②光照。观音莲生长期要求有充足的阳光，光照不足会导致株型松散，不紧凑，影响其观赏；而在光照充足处生长的植株，叶片肥厚饱满，株型紧凑，叶色靓丽。

③浇水。浇水遵照不干不浇、浇则浇透原则，避免长期积水，以免烂根，但也不能过于干旱，否则植株虽然不会死亡，但生长缓慢，叶色暗淡，缺乏生机。夏季高温期，叶片水分蒸发量大，需水量更多，如缺水，极易使叶片萎蔫，因此须经常向叶面喷水，同时保持环境湿润，但必须避免盆中积水，否则会引起根系腐烂。如果温度在10℃以下，应控制浇水，维持盆土干燥，停止施肥，使植株休眠，也能耐5℃的低温，某些品种甚至能耐0℃的低温。当观音莲下部叶片下翻、植株变高，表示发生徒长，这时可将下部叶片掰掉一些，控制浇水，适当见光。

当观音莲开始恢复生长后，浇水不要太多，春秋季15d左右1次，夏季4～5d1次，避开中午最热时段，尽量不让水滴沾上叶片。尽量多见光照，每3～4d将盆转个方向，使四面都能受到光照，会使它生长均匀，叶色翠绿诱人，但也不要暴晒。

④追肥。施肥可在春秋季进行，每20d左右施1次腐熟的稀薄液肥或低氮高磷钾的复合肥，施肥时不要将肥水溅到叶片上。施肥一般在天气晴朗的早上或傍晚进行，当天的傍晚或第二天早上浇1次透水，以冲淡土壤中残留的肥液。冬季将观音莲放在室内阳光充足的地方，倘若夜间最低温度在10℃左右，并有一定的昼夜温差，可适当浇水，酌情施肥，使植株继续生长。

⑤换盆。最好每年换盆1次，时间在春秋两季，换盆时修剪根系，去除枯根和老根。

⑥修剪。平时需及时将底部干枯的叶片摘除，以免堆积导致细菌滋生。植株徒长时可通过剪掉顶端的生长点部分来控制植株高度，以维持株型的优美。剪下的顶端部分可在晾干伤口后插入沙质微潮的盆土中生根，成为新的植株，底部的茎干和枝叶可萌发更多侧芽。

二、生石花阳台栽培

生石花（图3-3-9）是番杏科生石花属植物的统称，又名石头花、石头玉、屁股花，是世界上有名的长相奇怪的小型多肉植物。生石花原产于非洲南部干旱少雨的荒漠地带，对于荒漠草食动物来说是很好的水分汲取物。生石花不同于仙人掌科的植物有保护自己的刺，极容易被吞食，但自然界同样给予了它拟态的本领，形似石头，以保护其能够存活。

生石花是矮生植物，茎很短，有肥大的肉质根，很少有侧根，只有主根末端有少量的须根连着毛细根，其在主根折断后才会萌发侧根。叶片肥厚，两片对生联结成倒圆锥体，有白色、浅灰色、棕色、红色和绿色等。叶片顶部似卵形，平或凸起，中央有裂

图3-3-9 生石花

缝，3～4年生的生石花从裂缝中开花，花色多为黄、白色，罕有红色，花径3～5cm，多在下午开放，傍晚闭合，翌日午后又开。当生石花开花时，花朵会遮住整个植株，花期

4~7d。花谢后如果授粉则能结出果实，可以收获非常细小的种子。

（一）生长习性

生石花喜凉爽干燥和阳光充足的环境，要求有良好的通风，喜欢疏松、中性的沙壤土，耐干旱，怕积水，怕酷热及严冬，适宜温度为23℃左右，在夏季高温或冬季寒冷时进入休眠状态。

（二）品种类型

生石花约有417种原始种，以及大量的杂交种和园艺种，目前市场上常见的生石花属植物主要有花纹玉、日轮玉、大内玉、富贵玉等。

（三）栽培技术

1. 繁殖方法　生石花的繁殖方式大多为播种和分株两种。

（1）种子繁殖。

①人工授粉及采种。播种前需要授粉和采种，授粉需要两个无性繁殖个体，不能是同一植株的两个分枝，开花期的2~5d授粉较为适宜，在有阳光的14—16时，用一把软毛刷轻轻在父本的雄蕊上蘸一下，花粉就沾在授粉笔上了。将沾有花粉的刷子轻轻刷在母本雌蕊上，由于雌蕊有黏性可吸附花粉，刷动时授粉笔上的花粉就会留在雌蕊上。生石花可重复授粉，在授粉过程中应保持花朵干燥，较高的空气湿度会使花朵枯萎，同时也会损伤花粉。授粉后1周内，子房开始孕育果实，花朵逐渐枯萎，果实会发育增大，3个月左右便可成熟，即可采收种子。

②播种时期。播种是生石花生产上较为常用的繁殖方法，生石花的种子萌发温度为15~25℃，可在春秋两季进行，春季一般在4—5月进行，秋季一般在10月中旬最合适，但冬季要注意温度的调节。

③播种前准备。为了保证出芽率，撒播时要选取成熟度高的，最好纯度也高的种子。生石花的种子非常细小，易与种荚碎屑混在一起，为了避免这种情况，在收取种子时准备一个有水的水杯，放入种荚，当种荚打开一条缝时，用镊子将其轻轻夹住，左右晃动，种子就会被摇晃出来漂在水上，这样就能较为方便地得到纯度高的种子。播种的基质可选用煤渣、珍珠岩、蛭石、火山石、赤玉土、鹿沼土等疏松透气的材料，家庭种植可选用小花盆，工厂化育苗可用穴盘等成本较低的容器，土壤和栽培器皿都需先进行高温消毒。

④播种。生石花的种子最适发芽温度是15~25℃，因此生石花播种最好也在这个温度范围内。生石花的播种一般采取撒播的方式，种子密度不宜过大，也不宜过小。密度过大时会出现争夺肥水现象，还会影响通风和光照；密度过小不但浪费空间还会出现基质干湿循环过慢现象，易导致出土幼苗烂根。撒后可以在种子上覆一层蛭石或河沙，但注意覆土不可过厚，全部完毕后再在上面盖上薄膜，可以保湿、保温。盆土干时应采用浸盆法而不要直接浇水，以免冲失细小的种子。播后1周左右便可出苗，大部分出苗后便可取下薄膜。

（2）分株繁殖。栽培3年以上的生石花会在每年春季从中间的缝隙中长出新叶，将老叶胀开，老叶也会随之死亡，到夏季又会更新1次，并更新出2~3株幼小植株。用刀片把植株切开，并保证每一株都有部分主根，在其伤口处涂抹草木灰或木炭粉，并阴干1周左右，等伤口干燥后再栽种，1~2周便可成活。

2. 养护管理

（1）温度管理。生石花适宜生长温度为 15～25℃，最适温度为 22℃左右，耐干旱，怕高温，怕寒冷，夏季气温在 33℃以上时会进入休眠，冬季越冬温度要在 10℃以上，当气温低于 7℃时也会进入休眠，当周围环境温度在 4℃左右时生石花便会冻伤甚至死亡。

（2）光照管理。生石花是喜光植物，但忌强光直射，因此在夏季光照强时，要把生石花放在半阴处，以免温度过高而使生石花进入休眠。春秋季温度不高，可以让阳光直射，以利于光合作用，给植株提供养分。

（3）水肥管理。生石花有着极其强大的耐旱能力，需水量较少，若花盆内积水或浇水过于频繁，则会导致烂根，因此生石花浇水应遵循不干不浇、浇则浇透的原则。另外，浇水时应该注意避免把水淋在植株上，要浇在植株旁边。生长期每月可以施肥 1 次，追肥时浓度不要过大，以免烧根。春季 2—4 月是生石花的蜕皮期，这个时候应该停止施肥，蜕皮结束后要追施复合肥 1 次。

（4）湿度管理。生石花喜欢凉爽干燥和阳光充足的环境，阴雨天持续时间过长时，易受到病菌的侵染，应该及时加强通风，降低空气湿度。在栽培过程中要注意避免雨水浇淋，特别是长期雨淋和暴雨淋，否则生石花会因吸水过多而造成顶部破裂，或盆内积水造成烂根，雨水中的病害也会危害生石花的生长。最适宜生石花生长的空气相对湿度为 40%～60%。

（5）换盆。生石花大约 2 年换 1 次盆便可，换盆时清理萎缩的枯叶，在新盆栽植后可摆放一些彩色的卵石或撒些小石头，起到观赏和支撑的作用。

三、玉露阳台栽培

玉露（图 3-3-10）是百合科十二卷属植物中的软叶系品种。玉露植株玲珑小巧，种类丰富，叶色晶莹剔透，富于变化，如同有生命的工艺品，非常可爱，是近年来人气较旺的小型多肉植物品种之一。

图 3-3-10　玉露

（一）生长习性

玉露原产南非，喜温暖干燥的半阴环境，不耐寒，忌高温、潮湿和烈日暴晒，怕水湿，生长适温 18～22℃，越冬温度最好能维持在 5℃以上。

玉露不可积水，不要淋雨，以免出现烂根，但也不宜过于干旱，缺水会使叶片干瘪，叶片透明度降低。玉露对空气湿度要求较高，对肥水要求不高。

（二）品种类型

玉露种类丰富，常见品种有：

1. 姬玉露　植株无茎，初为单生，后变为群生状。

2. 草玉露　株型小巧，适合在阳台、书桌种植，但要保证光照充足。

3. 圆头玉露　叶片生长紧凑，莲座状排列，叶面有深色线状脉纹。

4. 黄金玉露　株型紧凑，长势快，且易群生，叶形相对尖。

5. 蝉翼玉露　叶片上有如蝉翼一般的纹路，叶片绿色。

还有其他品种，如毛玉露、刺玉露、琥珀玉露、冰灯玉露等。

（三）栽培技术

1. 繁殖方法

（1）叶插繁殖。

①叶插时间。春秋两季进行。

②叶插方法。可选择健壮、充实且带有一些茎部的肉质叶，将叶子平铺沙面上，下面与沙面紧接。生长期在蛭石或粗沙等排水良好的基质中叶插，插后保持盆土稍湿润，肉质叶基部易生根，并长出小芽，等小芽稍大些再另行栽种即可。

③叶插注意事项。在摘取玉露叶片的前几天，对玉露断水，等到叶片发软，就可以左右摇晃摘下完整的母叶。玉露的叶插和普通多肉植物的叶插没有太大的差别，不要放在大太阳下面直晒，晾干伤口即可。扦插土壤尽量保湿性、透气性好一点，直接把玉露叶片躺放在土壤上，也可以稍微用一点土盖住生长点。等根须长出来之后，再覆盖上土壤。

（2）分株繁殖。

①分株时间。春季结合换盆进行。

②分株方法。可结合换盆进行，也可在生长季节挖取母株旁边的幼株，有根或无根都能成活，有根可直接栽种，无根的苗要晾 1～2d，等伤口干燥后再种植。

③分株注意事项。新栽的玉露浇水不宜过多，以免引起腐烂，等长出新根后再进行正常的管理。

（3）扦插繁殖。

①扦插时间。春季和秋季进行。

②扦插方法。对于不易生幼芽的玉露种类，可将植株中心的生长点破坏，以促使其萌发幼芽。等小芽长至 2～3cm 后，将其取下，晾 2～3d，待伤口干燥后插入盆土，插后保持土壤半干状态，半个月后可长出新根。

（4）种子繁殖。

①播种时间。春季进行。

②播种方法。播种土可用蛭石 3 份、腐叶土或草炭土 2 份混合配制，播种前最好对土

壤进行高温消毒，以消除病菌及虫卵。播后盖上玻璃片，约 20d 出苗。出苗后去掉玻璃片，注意通风，不要使土壤过分干燥，当小苗过分拥挤时及时分苗移栽。

③播种注意事项。在播种苗中，可能会出现一些变异的植株，可挑选其中株型紧凑、肉质叶肥厚、"窗"的透明度高、脉纹显著的幼株作为种苗保存。如果发现有叶色与众不同的小苗，也要将其挑选出来，说不定长大后就是一株珍贵的斑锦变异植株。

2. 温度管理 玉露喜凉爽的半阴环境，要求空气要一定的湿度，忌高温潮湿和烈日暴晒，适宜在冬暖夏凉的环境中生长，主要生长期在较为凉爽的春秋季节。夏季高温时，植株呈休眠或半休眠状态，生长缓慢或完全停滞，可将其放在通风、凉爽、干燥处养护，并避免烈日暴晒和长期雨淋，也不要浇过多水，并停止施肥，等秋凉后再恢复正常管理。

冬季夜间最低温度在 8℃左右、白天在 20℃以上时，植株可继续生长，应正常浇水，若节制浇水，植株会进入休眠状态。能耐 3～5℃的低温，甚至短期的 0℃低温，若长期处于 5℃以下的环境中，植株虽然不会死亡，但叶面上会留有冻伤痕迹，尤其是植株外围的叶子很容易冻坏，其冻坏的叶子呈白色，不能再恢复成原样。因此，玉露的越冬温度最好能维持在 5℃以上。

3. 光照管理 对光照较为敏感，若光照过强，叶片生长不良，呈浅红褐色，有时强烈的直射光还会灼伤叶片，留下难看的斑痕；栽培场所过于荫蔽，又会造成株型松散、不紧凑，叶片瘦长，"窗"的透明度差，这样的植株很难恢复原来的品相，只能等这批徒长的叶片慢慢脱落，再长出健壮的新叶；而在半阴处生长的植株，叶片肥厚饱满，透明度高。因此，5—9月可加1层遮阳网，10月至翌年4月要去掉遮阳网，给予全光照。

4. 土壤管理 玉露适宜在疏松肥沃、排水透气性良好、含有石灰质、并有较粗颗粒度的沙质土壤中生长，常用腐叶土2份、粗沙或蛭石3份的混合土栽种，并掺入少量骨粉等。玉露寿锦、毛玉露等高档品种，还可用赤玉土、兰石、植金石等人工合成材料栽种，但要加入适量的泥炭土，以增加土壤的有机质含量。

5. 水分管理 生长期浇水掌握不干不浇、浇则浇透的原则，避免积水，更不能雨淋，尤其是不能长期雨淋，以避免烂根。但也不宜长期干旱，否则植株虽然不会死亡，但叶片干瘪，叶色暗淡。

玉露喜欢有一定空气湿度的环境，空气干燥时可经常向植株及周围环境喷水，以增加空气湿度。在生长季节还可用剪去上半部的透明无色饮料瓶将植株罩起来养护，使其在空气湿润的小环境中生长，这样可使叶片饱满，提高"窗"的透明度。但夏季高温季节一定要把饮料瓶去掉，以免因闷热潮湿导致植株的死亡。

6. 肥料管理 在生长期对于长势旺盛的植株可每月施1次腐熟的稀薄液肥或低氮高磷钾的复合肥，新上盆的植株或长势较弱的植株则不必施肥，夏季高温或者冬季温度较低时的休眠期也不必施肥。施肥时间宜选择天气晴朗的上午或傍晚。

【拓展阅读】

多肉植物的缀化、出锦

缀化是花卉中常见的畸形变异现象，属于植物形态的一种基因变异现象。某些品种的多肉植物受到不明原因的外界刺激（浇水、光照、温度、化学药剂、气候突变等），其顶端的生长锥异常分生、加倍，而形成许多小的生长点，这些生长点横向发展连成一条线，最终长成扁平的扇形或鸡冠形带状体。

出锦通俗地讲就是多肉植物在外部环境、病毒、辐射、化学药剂等的刺激下，细胞内部调控色素合成的基因发生了变异，使色素不能正常合成，于是就产生了斑锦变异，具体表现为叶片除了底色以外，还夹带有黄色、白色或粉色的斑块或线条。

【任务布置】

以组为单位，任选一种多肉类花卉进行阳台养护，制订生产计划及实施，并将生产过程制作成短视频。实施后根据各组生长状态进行小组自评、小组互评和教师评价，并完成巩固练习。完成后将本任务工作页上交。

【计划制订】

表 3-3-5　多肉类花卉阳台养护计划

操作步骤	制订计划
品种选择	
繁殖	
生长期管理	

【任务实施】（实施过程中的照片）

【总结体会】

【考核评价】

表 3-3-6　多肉类花卉阳台养护考核评价

评价内容	评分标准	评价		
		小组自评	小组互评	教师评价
制订计划 （20分）	1. 计划内容全面（10分） 2. 字迹清晰（10分） 未达到要求相应进行扣分，最低分为0分			
任务实施 （20分）	1. 按计划实施（5分） 2. 能够正确处理突发状况（5分） 3. 实施效果好（5分） 4. 团队合作能力强（5分） 未达到要求相应进行扣分，最低分为0分			
实施效果 （20分）	1. 繁殖成活率高（5分） 2. 管理及时（10分） 3. 生长状态好（5分） 未达到要求相应进行扣分，最低分为0分			
总结体会 （20分）	1. 能根据实施过程中出现的问题总结发生的原因以及找到解决问题的办法（15分） 2. 能通过本次任务的实施写出自己的体会（5分） 未达到要求相应进行扣分，最低分为0分			
小计				
平均得分				

【巩固练习】

1. 生石花怎样种子繁殖？（10分）

2. 写出其他5种适合阳台养护的多肉类花卉。（10分）

本次任务总得分：

教师签字：

模块四 室内园艺

家庭室内光照弱，室内光照度只是露地的几分之一至十几分之一甚至几十分之一，只适合种植耐阴植物，对于需要强光照的园艺植物生长很不利；室内温差小，植物容易发生徒长，不适宜种植花芽分化阶段需温差大的植物；在北方天气寒冷时不能开窗，通风条件差；在取暖期间空气湿度小。这些环境条件对很多植物生长来说是不利的。因此室内适合种植观叶类花卉和一些耐阴的蔬菜，一般不种植果树类园艺植物。

项目一 室内蔬菜

【项目目标】

知识目标：了解室内蔬菜生产特点，并掌握相应的栽培技术。

技能目标：能根据室内环境特点进行蔬菜和花卉栽培管理。

素质目标：培养学生实践操作能力、独立思考能力、团队合作能力、安全生产意识。

任务一 芽苗类蔬菜室内栽培

【相关知识】

利用植物种子或其他营养贮藏器官，在黑暗、弱光（或不遮光）条件下直接生长出可供食用的芽苗、芽球、嫩芽、幼茎或幼梢被称为芽苗类蔬菜，简称芽苗菜。

一、生长习性

不同芽苗菜对温度要求不同，一般发芽适宜温度 20～25℃，生长期白天要求 20℃ 以上，夜间不低于 16℃。光与芽苗菜的质地和颜色有密切的关系，有的芽苗菜以粗壮质脆洁白（子叶淡黄）为上乘，如绿豆芽、黄豆芽等，这些芽苗菜在生产过程当中，基本是采取遮光的办法。而如豌豆苗、香椿芽菜、萝卜芽菜等，不仅要求质脆鲜嫩，同时还要求带有鲜艳的绿色，因此前期尽量使其在光线比较暗的条件下生长，采收前 1～2d 使其见到比较强的散射光，完成绿化过程，随后即采收上市。空气相对湿度保持在 60%～90%。

二、品种类型

芽蔬菜根据所利用的营养来源不同又可分为籽（种）芽菜和体芽菜两类。

1. 籽（种）芽菜　籽芽菜主要是利用种子贮藏的养分直接培育成幼嫩的芽或芽苗。例如黄豆芽、绿豆芽、蚕豆芽以及香椿、萝卜、芥菜、芜菁、芥蓝、蕹菜、荞麦、苜蓿芽苗等。

2. 体芽菜　体芽菜是利用二年生或多年生作物的宿根、肉质直根、根茎或枝条中累积的养分，培育成芽球、嫩芽、幼茎或幼梢。例如由肉质直根在黑暗条件下培育的菊苣，由宿根培育的苦荬菜、蒲公英、菊花脑、马兰头的嫩芽或幼梢，由根茎培育的姜芽、石刁柏、竹笋、蒲菜等幼茎，以及由植株、枝条培育的树芽香椿、枸杞头、花椒芽的嫩芽和豌豆尖、辣椒尖、佛手瓜尖幼梢等。

三、栽培技术

（一）绿豆芽室内栽培

家庭生产
绿豆芽

　　绿豆芽，即豆科植物绿豆的种子经浸泡后发出的嫩芽，食用部分主要是下胚轴。绿豆在发芽过程中，维生素C含量会增加，而且部分蛋白质也会分解为各种人所需的氨基酸，可达到绿豆原含量的7倍，因此绿豆芽的营养价值比绿豆更大。绿豆芽非常适合在家庭室内生产，下面介绍一下绿豆芽室内生产技术。

1. 用具准备　生产上可用木桶、塑料桶、陶瓷缸、双层栽培筐等，目前还有很多使用去掉顶部的矿泉水瓶，底部开1个或多个孔，孔的直径保证能漏水但又不使豆粒漏掉，还要准备温度计、覆盖用的纱布或毛巾等，这些用具注意一定要干净，不要有油，否则豆芽生长期间容易腐烂。

2. 绿豆选择　绿豆一定要选用近1～2年采收下来的新豆，同时力求颗粒饱满、色泽鲜艳，保证发芽率高（95%以上）、发芽势强，不能用陈豆，陈豆发芽率低，不发芽的容易腐烂。还要剔除裂豆、碎豆、虫蛀豆等。

3. 浸种　为了将绿豆消毒并保证快速充分吸水，需要将绿豆进行浸种处理，将绿豆倒入不漏水的容器中，加入90℃（注意只有绿豆可以采用这个温度）的热水，水量以没过种子为宜，立刻搅拌，注意按照一个方向搅拌。当温度降到30℃左右时，停止搅拌，用清水投洗，投洗干净后，加入清水浸泡，水量是种子量的4～5倍，常温下浸泡6h左右，保证绿豆充分吸水，浸泡时间不能过长，否则绿豆容易因沤种而腐烂。

4. 豆芽生长期管理

（1）撒种子。将浸泡好的绿豆平摊在木箱或塑料箱上，厚度4～5cm，盖上纱布或毛巾，箱底能漏水。如果塑料箱透明，四周要用黑布或其他不透光的材料将箱体围上，防止透光。为了让豆芽变粗，可用重物压在豆芽覆盖物的上部。

（2）温度和水分管理。绿豆芽生长温度为10～30℃，最适温度为21～27℃。第一天可采用高温管理，利于出芽，每12h投洗1次，水温要和催芽温度一致，出芽后适当降低温度，第2～3d每8h投洗1次，第4～5d隔6h要投洗1次，如果温度适宜，5d后当芽长达8～10cm即可采收。

（3）生产注意事项。绿豆芽生产的全过程要注意环境卫生以及工具和用水的洁净，霉烂豆芽应及时清除。另外绿豆芽生产过程中全程不能见光，见光的绿豆芽豆粒发红，影响绿豆芽外观质量。

家庭生产绿豆芽（图4-1-1）的产量一般是0.5kg绿豆能生产出3.0～3.5kg的绿豆芽。

豌豆苗
栽培技术

（二）豌豆苗室内栽培

豌豆苗（图4-1-2）又称龙须豌豆苗，是以种子萌发后的幼茎、幼叶供食，可凉拌、炒食或做汤，风味独特。它既可用育苗盘进行立体水培，也可用珍珠岩、细沙等作为基质进行栽培，还可在地面做畦进行土培或沙培。

图4-1-1　绿豆芽

图4-1-2　豌豆苗

豌豆苗生产的最低温度为14℃，最适宜温度为18～23℃，最高温度为28℃，每个生产周期为8～10d。目前以育苗盘生产的形式较为普遍，每盘播种量在350g左右，苗高12～15cm时即可采收，每盘的产量为1.5～2.0kg。席地生产每平方米播种量为1.5kg。

1. 品种选择　用于豌豆苗生产的豌豆种子，宜选用籽粒饱满、发芽率高、无污染、无霉烂的种子。菜用大荚豌豆茎叶生长快，而且肥嫩，但容易烂种；花皮豌豆，也称麻豌豆，粒大，不易烂，茎粗叶大；而青豌豆粒小，耐高温，生长快，不易腐烂，但叶小茎细，品质差。因此，生产芽苗菜应选择花皮豌豆。

2. 种子处理　对选定的品种去杂去劣后，适当进行晾晒，再用清水淘洗种子2～3次，用25～28℃温水浸种6～8h，直至种子充分膨胀，种皮皱纹消失，胚根在膨胀透明的种皮内清晰可见为止。浸种不可用铁器，以免水变黑色，且容器应有排水孔，最好每隔4h换水1次。

3. 摆盘上架　浸种后再进行1次挑选，淘汰无胚根粒、破烂粒和变色粒。在育苗盘内铺1张吸水透气性好的滤纸或无纺布，将浸泡过的种子在盘内平铺1层（图4-1-3），喷水后叠盘（图4-1-4），每10盘为1摆，最上层用湿麻袋或湿毛巾覆盖，实行保温、保湿、遮光催芽。每隔6h用温水喷淋1次，同时进行倒盘，即把上盘倒为下盘，把下盘倒为上盘，使其发芽整齐一致。待幼芽长到4cm高时，即可将育苗盘摆在培养架上，摆好后实行遮光、保温（22～25℃）、保湿（定时喷淋）培养，也可席地摆盘培养。

图 4-1-3　播种

图 4-1-4　摆盘上架

4. 见光培养　当幼芽长到 12cm 左右时，就可实行见光培养。第一天见散射光，第 2～3d 可见自然光，这个阶段的温湿度管理仍照常进行。当苗高 15cm 左右，茎叶变绿，趁其未纤维化时采收。

5. 采收　豌豆为子叶留土出苗，因而豌豆苗应从豆瓣基部剪下（图 4-1-5），洗净后扎把或装袋上市。第一次采收完毕，将苗盘迅速放置强光下培养，待新芽萌发后再置于弱光下栽培，苗长至 10cm 时进行第二次采收，第二次的产量低于第一次。两次采收完毕后清盘，重新消毒进行下一次播种。育苗盘生产的豌豆苗也可托盘上市，最后回收育苗盘。收获的芽苗菜如果需暂时保存，可将装好袋的芽苗放在 0～2℃ 的环境中，将空气相对湿度控制在 70%～80%，可保存 10d 左右。

图 4-1-5　豌豆苗采收

【拓展阅读】

芽苗菜的功用

1. 黄豆芽苗菜 含有大量对人体有益的蛋白质和维生素，具有清热明目、补气养血的功效。

2. 荞麦芽苗菜 是新型的特色蔬菜，鲜嫩可口，风味独特，营养丰富，富含芦丁，对人体血管有扩展及强化作用，是适合高血压和心血管病患者食用的保健食品。荞麦苗可以凉拌、爆炒，也可以做汤，味道清香。

3. 油葵芽苗菜 油葵即油用向日葵，其芽苗菜营养丰富，富含多种维生素、矿物质及微量元素，经常食用可以预防贫血，降低结肠癌发病率。其口感脆嫩爽口，风味佳，是一种特色蔬菜。油葵芽苗菜还富含不饱和脂肪酸，能抑制血管内胆固醇沉淀，经常食用可以预防心脑血管疾病。

4. 萝卜芽苗菜 又称萝卜苗、娃娃缨，含有丰富的维生素、矿物质和微量元素，是一种保健食品。其口感好，常吃有顺气助消化作用。

5. 黑豆芽苗菜 含有丰富的蛋白质及糖类，富含铁、钙、磷及胡萝卜素，性微凉味甘，有活血利尿、清热消肿、补肝明目之功效，清香脆嫩，风味独特，口感极佳。

6. 松柳芽苗菜 松柳学名山黧豆，别名牙豆、马牙豆、香豌豆、三菱豌豆、三角豌豆。松柳芽苗菜外表呈现龙须状，叶片细长，含有丰富的磷、钙、钾、锌、锰等元素及维生素，口味清爽脆嫩，清香可口。

7. 双维藤芽苗菜 双维藤（蕹菜）芽苗菜含有丰富的蛋白质、维生素及铁、钙、锌等矿物质，菜质柔嫩，口感清香、爽滑，别具风味，深受人们喜爱。

【任务布置】

以组为单位，任选一种芽苗蔬菜进行室内栽培，制订生产计划及实施，并将生产过程制作成短视频。实施后根据各组生长状态进行小组自评、小组互评和教师评价，并完成巩固练习。完成后将本任务工作页上交。

【计划制订】

表 4-1-1　芽苗蔬菜室内栽培计划

操作步骤	制订计划
品种选择	
种子处理	
生长期管理	
收获	

【任务实施】 （实施过程中的照片）

【总结体会】

【考核评价】

表 4-1-2　芽苗蔬菜室内栽培考核评价

评价内容	评分标准	评价		
		小组自评	小组互评	教师评价
制订计划 （20 分）	1. 计划内容全面（10 分） 2. 字迹清晰（10 分） 未达到要求相应进行扣分，最低分为 0 分			
任务实施 （20 分）	1. 按计划实施（5 分） 2. 能够正确处理突发状况（5 分） 3. 实施效果好（5 分） 4. 团队合作能力强（5 分） 未达到要求相应进行扣分，最低分为 0 分			
实施效果 （20 分）	1. 种子处理方法正确（5 分） 2. 芽苗蔬菜产品商品性高，生长整齐（10 分） 3. 无干种、烂种现象（5 分） 未达到要求相应进行扣分，最低分为 0 分			
总结体会 （20 分）	1. 能根据实施过程中出现的问题总结发生的原因以及找到解决问题的办法（15 分） 2. 能通过本次任务的实施写出自己的体会（5 分） 未达到要求相应进行扣分，最低分为 0 分			
小计				
平均得分				

【巩固练习】

1. 生产绿豆芽的绿豆种子怎样处理?（10 分）

2. 豌豆芽苗在管理过程中注意哪些问题?（10 分）

本次任务总得分:

教师签字:

任务二 叶菜类蔬菜室内栽培

【相关知识】

一、芹菜室内栽培

芹菜，别名旱芹、药芹，为伞形科芹属中形成肥嫩叶柄二年生草本植物，原产于地中海地区沿岸的沼泽地区，在我国栽培历史悠久。芹菜以肥嫩的叶柄供食，含芹菜油，具芳香气味，可炒食、生食、做馅或腌渍，有降压、健脑和清肠利便的作用。

（一）生长习性

芹菜较耐寒，喜冷凉，怕炎热。种子发芽的最低温度为 4℃，最适温度为 15～20℃。幼苗期可耐－5～－4℃的低温和 30℃左右的高温，成株期可耐－10～－7℃的低温，营养生长最适温度 15～20℃。当植株长到 3～4 片叶时，遇 5～10℃的低温 10d 以上可通过春化。

植株耐弱光的能力较强，适于密植。光照过强，植株老化。种子在有光条件下容易发芽。芹菜属长日照植物，通过春化后在长日照条件下抽薹开花。

芹菜喜湿润的空气和土壤条件，土壤含水量以 70%～80%为宜。适于在有机质含量丰富、保水保肥力强的土壤中种植。生长初期需磷量较多，后期需钾量较多，但是在整个生长过程中需氮量始终占主要地位，对硼和钙等元素比较敏感。土壤缺硼，植株易发生心腐病，叶柄容易产生裂纹或毛刺，严重时叶柄横裂或劈裂，且表皮粗糙。

（二）品种类型

1. 本芹 又称中国芹菜。叶柄细长，高 100cm 左右，香味较浓。根据叶柄内髓腔有无可分为空心芹和实心芹，依叶柄颜色分为青芹和白芹。代表品种有北京实心芹菜、津南实芹、山东桓台芹菜、开封玻璃脆、贵阳白芹、昆明白芹、广州白芹等。

2. 西芹 又称西洋芹菜，是近年来从欧美引入的芹菜新品种。主要特点是叶柄实心，肥厚爽脆，味淡，纤维少，可生食。株高 60～80cm，叶柄肥厚而宽扁，宽达 2.4～3.3cm，单株重 1～5kg，耐热性不如本芹。代表品种有荷兰西芹、高犹它、文图拉、意大利冬芹、嫩脆、佛罗里达 683、伦敦红等。

（三）栽培技术

1. 种子处理 常采用低温处理的方法，先用 48℃的热水浸泡种子 30 min，起消毒杀菌作用，然后用冷水浸泡种子 24 h，再用湿布将种子包好，放在 15～22℃条件下催芽，每天翻动 1～2 次见光，并用冷水冲洗。本芹经过 6～8d，西芹经 7～12d，出芽 50%以上时，即可播种。也可采用变温催芽。

2. 基质配制 芹菜适于在有机质丰富、保水保肥力强的土壤中种植，因此基质可选用壤土、有机肥，加上腐殖土或草炭等疏松透气基质，一般比例为壤土：有机肥：腐殖土（草炭）＝5：1：3。将过筛后的基质边混拌边喷水，使基质含水量达到 50%～60%，混拌均匀后待用。

3. 播种 在炎热的季节和地区，多选择 16 时以后或阴天播种，这样既可避免烈日晒坏幼芽，又有较长的低温时间，对幼芽顶土有利。将基质装入容器中，注意不要装太满，上部要留一定空间，在播前打足底水。将处理好的种子与细沙以 1∶5 混合均匀后播种，上盖 1cm 厚细沙或 0.5cm 厚的细土。本芹按 10cm 行距，西芹按 20cm 行距条播在容器中。西芹比本芹出芽慢，苗期生长也慢，且播种密度应稍小一些。播后不要放在强光下，并盖上地膜保湿。

4. 苗期管理 播后如遇干旱，可喷 1 次小水，保持基质表面湿润，直到出苗。出齐苗后，揭开地膜。在幼苗 1～2 片真叶时，进行 1 次间苗或分苗，苗距 8cm，以扩大营养面积，出苗后至幼苗长出 2～3 片真叶前，因根系数量还很少，故每隔 2～3d 应喷 1 次水，使畦面经常保持见干见湿状态，浇水时间以早晚为宜。长到 3 片真叶时，进行定苗。株距本芹按 10cm、西芹按 20cm 留苗。当芹菜长到 5～6 片叶时，根系比较发达，应适当控制水分，防止徒长，并注意蚜虫危害。一般前期可不追肥，并进行除草。

图 4-1-6 芹菜生长

5. 生长期管理

(1)肥水管理。土壤要保持见干见湿，表面干了可适当浇水，灌水后要及时松土保墒。如果基质中有机肥充足，在内层叶开始旺盛生长时可定期追施腐熟的饼肥。

(2)温度管理。日温控制在 18～22℃，夜温 13～15℃，促进地上部及地下部同时迅速生长，防止芹菜黄叶和徒长。当植株长到 3～4 片叶时，遇 5～10℃的低温 10d 以上可通过春化。因此 3～4 片叶之后，不能长时间低温，否则容易抽薹。

6. 收获 本芹可在叶柄高 50～60cm 时开始掰收。分次掰收，一般每隔 1 个月掰收 1 次，每次收获 1～3 片，留 2～3 片。如果 1 株上摘掉的叶片太多，则复原慢，影响生长。西芹一般在植株高度达 70cm 左右、单株重 1 kg 以上时一次性收获。一般已长成的西芹收获不可过晚，否则养分易向根部输送，造成产量、品质的下降。

二、香葱室内栽培

香葱，又称细香葱、北葱、火葱，属百合科葱属植物。鳞茎聚生，矩圆状卵形、狭卵形或卵状圆柱形；鳞茎外皮红褐色、紫红色至黄白色，膜质或薄革质，不破裂。叶为中空的圆筒状，向顶端渐尖，深绿色，常略带白粉。植株小，叶极细，质地柔嫩，味清香，微辣，主要用于调味和去腥。

（一）生长习性

香葱喜凉爽的气候，耐寒性和耐热性均较强，发芽适温为 13～20℃，茎叶生长适宜温度 18～23℃，根系生长适宜地温 14～18℃，在气温 28℃以上生长速度慢。因根系分布浅，需水量比大葱要少，但不耐干旱，适宜土壤含水量为 70%～80%，适宜空气相对湿度为 60%～70%。对光照条件要求中等强度，在强光照条件下组织容易老化，纤维增多，品质变差。适宜疏松、肥沃、排水和浇水都方便的壤土种植，不适宜在沙土地块种植，需氮、磷、钾和微量元素均衡供应，不能单一施用氮肥。

（二）品种类型

1. 上海细香葱　味辣而甜，有香气，品质极佳，能开花结实，常用种子繁殖。

2. 浙江四季香葱　株高 30～40cm，须根白色，茎绿色，基部有白色小鳞片，叶片筒状，中空，四季青绿，分蘖力强，味辣而甜，茎叶四季均可采用，有浓郁的芳香味。多用分株繁殖。

（三）栽培技术

1. 育苗　香葱可种子直播，也可用鳞茎及葱头繁殖育苗，待葱苗充分成长分蘖后再进行分株，葱头繁殖较快。

（1）干籽直播。用手将培养土抚平，浇透水，将种子均匀撒播在培养土上，再覆以薄层营养土，覆土厚度以 1cm 为宜。然后用细孔喷壶浇透水，保温保湿。葱类种子属于"弓形出土"，盖土要薄，最好使用新鲜种子，因其寿命只有 2 年左右。常在 3—4 月播种，也可在 9—10 月播种，发芽适温 13～20℃。小苗生长较为缓慢，发芽 4～5 周后可移栽定植，每 8～10 株作为 1 丛种植并浇水，也可不移栽。

葱蒜类种子
弓形出土

（2）鳞茎育苗。常在 4—5 月或 9—10 月进行，一般用上一年保留的鳞茎来种植，也可用从菜市场中购买的带根鳞茎（种前将叶子剪去，不要剪到白色的叶鞘）来种植。每 2～3 个鳞茎为 1 份种入土中，间距约 10cm，不宜种植过深，鳞茎应稍露出土面，然后浇透水，成活后即可进入正常管理。

2. 上盆　盆栽小香葱可以使用各种各样的容器，花盆或泡沫箱子等均可，只要在容器的底部打个能漏水的孔，让多余的水分能顺利排出就可以。

3. 上盆后管理　小香葱发芽后依然要注意保持土壤湿润。当葱苗长到 15cm 左右的高度时，就要注意保证土壤中的水分充足，促进小香葱快速生长。进入生长中期就可以逐渐减少水分，每 10d 左右施 1 次肥，可以施用一些有机肥。

收获小香葱的葱白和葱叶都可供采食，但建议不要把小香葱连根拔起，而是从距离土壤表面 2～3cm 的地方掐断或剪断，留下来的部分还可以再继续生长。

【拓展阅读】

欧　芹

欧芹（图 4-1-7）在中国一般被称作香芹。欧芹是原产于地中海的一种植物，属于二年生草本植物，一般有平叶欧芹和卷叶欧芹两个品种，无论是在日本还是在欧洲都有大面积种植。欧芹一般在西餐中作为配菜使用，如意大利面、沙拉、烤鸡等菜品中都可以经常见到欧芹。

图 4-1-7 欧芹

　　欧芹有一个非常神奇的特点，就是如果吃过葱或是蒜等重口味蔬菜后，吃一片香芹叶就可以去除嘴里的异味。而且欧芹中富含丰富的挥发油和黄酮类成分，对高血压、冠心病等有辅助治疗作用。

【任务布置】

以组为单位，任选 1 种叶菜类蔬菜进行室内栽培，制订生产计划及实施，并将生产过程制作成短视频。实施后根据各组生长状态进行小组自评、小组互评和教师评价，并完成巩固练习。完成后将本任务工作页上交。

【计划制订】

表 4-1-3　叶菜类蔬菜室内栽培计划

操作步骤	制订计划
品种选择	
栽培容器、栽培基质选择	
播种育苗	
播种后管理	
收获	

【任务实施】（实施过程中的照片）

【总结体会】

【考核评价】

表 4-1-4　叶菜类蔬菜室内栽培考核评价

评价内容	评分标准	评价		
		小组自评	小组互评	教师评价
制订计划（20 分）	1. 计划内容全面（10 分） 2. 字迹清晰（10 分） 未达到要求相应进行扣分，最低分为 0 分			
任务实施（20 分）	1. 按计划实施（5 分） 2. 能够正确处理突发状况（5 分） 3. 实施效果好（5 分） 4. 团队合作能力强（5 分） 未达到要求相应进行扣分，最低分为 0 分			
实施效果（20 分）	1. 叶菜类蔬菜生长整齐健壮（5 分） 2. 产品商品性高（5 分） 3. 管理细致（10 分） 未达到要求相应进行扣分，最低分为 0 分			
总结体会（20 分）	1. 能根据实施过程中出现的问题总结发生的原因以及找到解决问题的办法（15 分） 2. 能通过本次任务的实施写出自己的体会（5 分） 未达到要求相应进行扣分，最低分为 0 分			
小计				
平均得分				

【巩固练习】

1. 室内芹菜还有哪些繁殖方法？（10 分）

2. 香葱播种需注意哪些问题？（10 分）

本次任务总得分：

教师签字：

项目二　室内花卉

【项目目标】

知识目标：了解室内花卉生产习性，并掌握相应的室内养护技术。

技能目标：能根据室内环境特点进行花卉养护。

素质目标：培养学生实践操作能力、独立思考能力、团队合作能力、安全生产意识。

任务一　观叶类花卉室内栽培

【相关知识】

一、发财树室内栽培

发财树，学名为马拉巴栗，别名大果木棉、栗子树、中美木棉、美国花生，为锦葵科瓜栗属植物。它的掌状复叶被誉为招财进宝的手，故常被称为发财树（图 4-2-1）。

发财树树形优美，为常绿或半落叶乔木，热带观叶植物，树高可达 9~18m，茎干基部肥大，肉质状。叶为掌状复叶，小叶 4~7 枚，长椭圆形或披针形，全缘。花单生于枝端，白色，花期 7—8 月。蒴果椭圆形，木质化，内有数 10 颗种子，种子可炒食，味如花生，香脆可口。

图 4-2-1　发财树

（一）生长习性

喜高温高湿气候，耐寒力差，幼苗忌霜冻。喜肥沃疏松、透气保水的沙壤土，喜酸性土，忌碱性土或黏重土壤，较耐水湿，也稍耐旱。生长适温为 20~30℃，低于 5℃ 容易受害。忌冷湿，在过于潮湿的环境下，叶片很容易出现水渍状冻斑。

（二）品种类型

目前常用于栽培的只有发财树这一个种。

（三）栽培技术

1. 繁殖方法

（1）种子繁殖。秋季种子成熟后宜随采随播。当果实外皮枯黄或干燥后即可采收。果实采回后敲开果壳，种子播在河沙或园土中，播种深度 2~3cm，温度控制在 20~30℃。播后 3~5d 出芽，20~30d 可上盆栽种。种子繁殖具有出苗齐、根直苗顺、便于编辫和易长出浑圆可爱"萝卜头"等特点，因此应用普遍。

（2）扦插繁殖。扦插苗存在头茎不膨大或只略微膨大、苗干不美观的缺陷，因此很少采用。

2. 管理技术

（1）基质。发财树对基质的适应能力相当强，无论是贫瘠土壤还是混合均匀的有机土壤都能生长良好，一般以园土、木屑、菌渣、鸡粪以 8∶2∶1∶1 的比例拌匀，腐熟后即可使用。注意应提高相对密度大基质的比例，否则后期基质很难固定植株。平时盆土保持湿润，冬天盆土应偏干忌湿，否则叶尖易枯焦，甚至导致叶片脱落。

（2）上盆。播种苗株高至 20～25cm 时即可上盆，为加速成长可先地栽后上盆。上盆后需马上浇足水，避免阳光直射，如在强烈阳光下要用遮光率达 70% 的遮阳网遮盖。每隔 1～2 年换盆 1 次，并逐年换稍大规格的盆。

（3）光照。对光照要求不严，在强烈日照或弱光室内均能生长。但全日照能使茎节短，叶片宽，株型紧凑，叶色浓绿，树冠丰满，茎基部肥大。长期在弱光下枝条细，叶柄下垂，叶淡绿，生长又细又高，使植株提前达到编辫的高度而影响造型。在养护管理时，应将其置于室内阳光充足处，6—9 月要进行遮阳，保持 60%～70% 的透光率或放置在有明亮散射光处。

（4）水分。浇水是养护管理过程中的重要环节。浇水原则是宁湿勿干，要掌握每个季节和不同生长期的浇水特点，即夏季高温季节浇水要多，冬季浇水要少，生长旺盛的大中型植株浇水要多，新分栽入盆的小型植株浇水要少。浇水量过大时，易使植株烂根，导致叶片下垂，失去光泽甚至脱落。此时应立即将其移至阴凉处，浇水量减至最少，只要盆土不干即可，每天用喷壶对叶面多次喷水，停止施肥水，15～20d 植株可逐渐恢复健壮。

发财树对空气湿度的要求较高，如空气湿度较低会出现落叶现象，严重时枝条光秃，不仅有碍观赏且极易造成植株死亡。因此，生长季节应经常给枝叶喷水以增加必要的空气湿度。

（5）施肥。以腐熟有机肥料为基肥混合栽培基质中即可。此外，也可于生长期间每月追施化学肥料或鸡粪、饼肥等，以促进茎基部肥大。生长旺季要少施氮肥以防植株徒长，夏季高温时可以施较少的肥，冬季寒冷时要停止施肥。

（6）温度。发财树对于温度的要求较高，冬季温度不可低于 15℃，最好保持在 18～20℃。若温度较低，则会出现落叶现象，严重时枝条光秃，不仅有碍观赏，而且容易造成植株死亡。因此，日常养护时应注意温度保持在 15℃ 以上，而在深秋和冬季，应注意做好防寒防冻管理。

（7）换盆。盆栽的发财树 1～2 年就应换 1 次盆，春季对黄叶及细弱枝等做必要修剪，促其萌发新梢。

二、绿萝室内水培

绿萝（图 4-2-2）属天南星科麒麟叶属植物。其叶色斑斓，四季常绿，茎细软，长枝披垂，是优良的室内观叶植物，既可摆于门厅、宾馆，也可培养成悬垂状置于书房、窗台，在家具的柜顶上高置套盆，任其蔓茎从容下垂，或在蔓茎垂吊过长后圈吊成圆环，宛如翠色浮雕，是一种较适合室内摆放的花卉。绿萝生长于热带地区常攀缘生长在雨林的岩石和树干上，可长成 10m 以上巨大的藤本植物。

绿萝为多年生常绿藤本植物，茎攀缘、具气生根，节间具纵槽，多分枝，枝悬垂。叶互生，卵状长椭圆形，蜡质，下部叶片大，长 5~10cm，上部的长 6~8cm，宽卵形，基部心形，宽 6.5cm，稍肥厚，叶鞘长，叶片深绿色，也有镶嵌金黄色不规则条纹或斑点的花叶品种。

图 4-2-2 绿萝

（一）生长习性

绿萝喜高温、多湿、半阴的环境，喜富含腐殖质、疏松肥沃、微酸性的土壤。不耐寒冷，生长的适宜温度为 20~30℃，冬季室温不宜低于 10℃。夏天忌阳光直射，在强光下容易叶片枯黄而脱落。冬季在室内明亮的散射光下能生长良好，生长期间对水分要求较高。

（二）品种类型

1. 青叶绿萝 叶子全部为青绿色，没有花纹和杂色。青叶绿萝喜欢潮湿、温暖的环境，要求土壤肥沃、排水性较好，土培、水养都可。在养护时要定期修剪，保持株型。

2. 黄叶绿萝 又名黄金葛，叶子为浅金黄色，叶片较薄。黄叶绿萝喜阴，室内栽培可放于窗台。生长期对水分要求较高，除浇水外，还要经常洒水，保证叶片光泽。

3. 花叶绿萝 藤蔓较长，叶片较密，有光泽，叶片嫩绿，并且有黄色斑点或条纹，叶柄是黄绿色或褐色。

（三）栽培技术

1. 繁殖方法 水培绿萝常用扦插法进行繁殖。春末夏初选取健壮的绿萝枝条，剪取 10~15cm 的枝条，将基部 1~2 节的叶片去掉，注意不要伤及气根，然后插入盛水容器中，以 1~2 茎节没入水中为准，注意放入水中的枝茎部分不能带有叶片，否则叶片泡在水中很容易腐烂，影响水质。也可以插在素沙或蛭石等透气性强的基质中，深度为插穗长的 1/3，放置于荫蔽处，每天向叶面喷水或覆盖塑料薄膜保湿。水培刚开始的前几天要注意换水，每 2~3d 换 1 次与室温相同的水，等生出水生根后再 1 周换 1 次水。只要保持环境不低于 20℃，2~3 周即可生根，成活率均在 90% 以上。等到新的叶片长出后，可以每隔 10d 左右添加 1 次营养液，也可以向叶片上喷洒一些稀释后的营养液，这样能使叶片翠绿有光泽。

2. 水培技术 水培绿萝生长较快，栽培管理粗放，每盆内至少定植 4 株以上的苗。摆放到室内有散射光的地方，但要避免阳光直射，阳光过强会灼伤绿萝的叶片。

水培绿萝的根系要注意时常清洗修剪，如果根系过长，要及时剪短，以免营养流失。根系如果发生腐烂发黏的现象也要及时清洗，剪去烂根，并用高锰酸钾溶液浸泡消毒后再恢复养护。恢复养护的前几天要跟水培初始时一样，每 2~3d 换 1 次水，等完全恢复长势后再 10d 换 1 次水。

经常修剪过长的茎蔓和紊乱的枝条，剪掉基部老化的叶片，保持美丽的造型。可以选取株型较好的盆栽植株，洗净根系上的泥土，剪去多余的老根，放入清水中，也很容易成活。空气干燥时可经常进行叶面喷雾，或擦洗叶片，生长期每 1~2 周喷施 1 次稀薄的叶面肥，可使叶色更加靓丽。

在北方室温 10℃ 以上，绿萝可以安全过冬，室温在 20℃ 以上，绿萝可以正常生长。水培绿萝叶片娇嫩，要注意远离暖气，防止温度过高造成伤害，并注意防止冻害。

三、竹芋室内栽培

竹芋属竹芋科观叶植物，枝叶生长茂密，株型丰满，叶面浓绿亮泽，叶背紫红色，形成鲜明的对比，翠绿光润，青葱宜人，是优良的室内喜阴观叶植物（图 4-2-3）。常用于布置卧室、客厅、办公室等场所，显得安静、庄重，可供较长期欣赏。叶片漂亮的纹路寓意着多姿多彩、幸福团圆，深受人们的喜爱，被广泛栽培。

图 4-2-3 竹芋

（一）生长习性

竹芋喜温暖、湿润和半阴环境，怕干燥忌强光暴晒。对水分的反应十分敏感。喜低光度或半阴环境下生长，在强光下暴晒叶片容易灼伤。土壤以肥沃、疏松和排水良好的微酸性腐叶土最宜，生长适温 20~28℃。32℃ 以上生长不良，耐寒性较差，10℃ 以下会受寒害。

（二）品种类型

竹芋的品种有 500 多种，在我国有广泛的栽培，比较常见的就有 20 多种，其中包括天鹅绒竹芋、双线竹芋、飞羽竹芋、孔雀竹芋、彩虹竹芋、翠叶竹芋、紫背竹芋、猫眼竹芋、豹纹竹芋、红脉豹纹竹芋、波浪竹芋、油画竹芋、天使竹芋、斑叶竹芋、箭羽竹芋等。

（三）栽培技术

1. 繁殖方法　竹芋一般为分株繁殖，春季气温 20℃左右时繁殖最理想，但只要气温、湿度适宜，也可全年进行。分株时将母株从盆内扣出，除去宿土，用利刀沿地下根茎生长方向将带有茎叶或叶芽的根块切开，一般每丛带 2～3 个分枝、4～5 片叶为宜。少量繁殖可把割切的带茎叶及叶芽的根块直接置于泥盆中，大量繁殖应置于苗床上，温度、湿度达不到要求时应用薄膜覆盖，一定要使薄膜内的温度达到 20～28℃，空气相对湿度 80％以上。竹芋属与栉花竹芋属中有些种类具有匍匐枝或地上茎节，可进行扦插繁殖。

2. 栽培管理　选用肥沃、疏松的酸性土壤和健壮、无病虫害的种苗，根据种苗大小选择适宜的花盆，使用泥炭与珍珠岩比例为 7：3 配制透气性好的培养土。

栽植深度以花盆内基质面与种苗基质面相平，栽植过深不利于萌发侧枝，过浅植株生长到一定阶段会出现东倒西歪的情况。

竹芋对水的要求比较高，不同品种的竹芋对水分的需求也不一样。青苹果竹芋和天鹅绒竹芋叶片薄且大，浇水间隔时间短；豹纹竹芋叶片厚且较细长，浇水间隔时间长。

温室竹芋生长适宜温度为 20～28℃，最低温度不能低于 18℃，否则会导致竹芋生长进入停滞状态，且相对湿度较大会滋生病害，导致竹芋根部腐烂，最后死亡。夏季温室温度要尽量低于 30℃，如果高于 35℃，竹芋同样会停止生长。

空气相对湿度在 70％～80％为宜。如湿度过低，则新叶伸展不充分，叶小、焦叶、黄边、无绒质感影响观赏，经常向叶面及植株周围喷水，以增加空气湿度，经常保持盆土湿润。冬季少浇水，保持盆土干燥。

竹芋对高浓度肥料很敏感，过量施肥易出现烧叶现象。

【拓展阅读】

图腾柱绿萝的整形修剪

绿萝藤蔓缠绕性强，气生根发达，生长旺盛，非常适合图腾柱式栽培，摆放在客厅、走廊等，日常做好养护管理，才能提高观赏价值。当茎蔓爬满棕柱、梢端超出棕柱 20cm 左右时，剪去其中 2～3 株的茎梢 40cm。待短截后萌发出新芽新叶时，再剪去其余株的茎梢。由于冬季受冻或其他原因造成全株或下半部脱叶的盆株，可将植株的一半茎蔓短截 1/2，另一半茎蔓短截 2/3 或 3/4，使剪口高低错开，这样剪口下长出来的新叶能很快布满棕柱。

水培初始叶片有卷曲现象，宜置通风背阴处，并适当进行叶面喷水，每 1～2d 换 1 次清水，不久叶片就会恢复正常，约 10d 后会长出新根。当植株完全适应水培环境时，加入观叶植物营养液进行养护，每 3～4 周更换 1 次营养液，平时只需补充散失的水分。营养液可选用观叶植物营养液或复合花肥，第一次浇营养液要稀释 3～5 倍，一次浇透至盆底托盘内有渗出液为止。平日补液每周 1～2 次，每次 100mL，平日补水保持基质湿润。补液日不补水，盆底托盘内不可长时间存水，以利于通气，防止烂根。

【任务布置】

以组为单位，任选一种观叶类花卉进行室内栽培，制订生产计划及实施，并将生产过程制作成短视频。实施后根据各组生长状态进行小组自评、小组互评和教师评价，并完成巩固练习。完成后将本任务工作页上交。

【计划制订】

表 4-2-1 观叶类花卉室内养护计划

操作步骤	制订计划
植物种类选择	
栽培容器、栽培基质选择	
扦插繁殖	
栽培管理	
收获	

【任务实施】（实施过程中的照片）

【总结体会】

【考核评价】

表 4-2-2　室内观叶类花卉养护技术考核评价

评价内容	评分标准	评价		
		小组自评	小组互评	教师评价
制订计划（20分）	1. 计划内容全面（10分） 2. 字迹清晰（10分） 未达到要求相应进行扣分，最低分为0分			
任务实施（20分）	1. 按计划实施（5分） 2. 能够正确处理突发状况（5分） 3. 实施效果好（5分） 4. 团队合作能力强（5分） 未达到要求相应进行扣分，最低分为0分			
实施效果（20分）	1. 选择观叶类花卉观赏价值高（5分） 2. 繁殖成活率高（5分） 3. 养护管理水平高（10分） 未达到要求相应进行扣分，最低分为0分			
总结体会（20分）	1. 能根据实施过程中出现的问题总结发生的原因以及找到解决问题的办法（15分） 2. 能通过本次任务的实施写出自己的体会（5分） 未达到要求相应进行扣分，最低分为0分			
小计				
平均得分				

【巩固练习】

1. 简述嫩枝扦插操作及养护要点。（10分）

2. 还有哪些观叶类花卉适合室内栽培？（10分）

本次任务总得分：

教师签字：

任务二 观花类花卉室内栽培

【相关知识】

一、花烛室内栽培

花烛（图 4-2-4），别名火鹤花、安祖花、红掌等，为天南星科花烛属多年生常绿草本植物。原产于哥斯达黎加、哥伦比亚等热带雨林区，常附生在树上，有时附生在岩石或直接生长在地上。红掌的花朵独特，为佛焰苞，色泽鲜艳华丽，色彩丰富，是世界名贵花卉。花期较长，切花水养可长达 1.5 个月，切叶可作插花的配叶。盆栽单花期可长达 4～6 个月，周年可花。其色泽鲜艳，造型奇特，应用范围广，经济价值高，是目前全球发展快、需求量较大的高档热带切花和盆栽花卉。

图 4-2-4 花烛

茎节短，叶自基部生出，绿色，革质，全缘，长圆状心形或卵心形，叶柄细长。佛焰苞平出，卵心形，革质并有蜡质光泽，橙红色或猩红色；肉穗花序长 5～7cm，黄色，可常年开花不断。

（一）生长习性

性喜温热、多湿而又排水良好的半阴的环境，怕干旱和强光暴晒，适宜生长的日温为 26～32℃，夜温为 21～32℃。所能忍受的最高温度为 35℃，最低温度为 14℃。

（二）品种类型

1. 大叶花烛 大叶花烛是著名的切花品种，生长在热带地区，几乎全年都可以开花。大叶花烛的叶片比较宽大，叶子厚重，表面有革质层，花茎高出叶面，花茎的直立性强，佛焰苞为心形，颜色艳丽，非常漂亮，大红花烛水养可存活半个月以上。

2. 安祖花 叶片深绿色，株型强健，佛焰苞火焰色、表面光滑，可全年开花，室外室内都可以观赏。

3. 亚利桑那 叶片为鲜嫩的绿色，佛焰苞深橘红色，颜色很亮，株型小，适合室内盆栽。

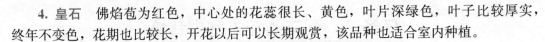

4. 皇石 佛焰苞为红色，中心处的花蕊很长、黄色，叶片深绿色，叶子比较厚实，终年不变色，花期也比较长，开花以后可以长期观赏，该品种也适合室内种植。

（三）栽培技术

1. 繁殖方法 以分株繁殖为主。

（1）分株时间。多在春秋季结合换盆进行。

（2）分株方法。可用手均匀用力，将侧芽与母株在地下茎芽眼处分离，较难分离时用锐利的消毒刀片在位于芽眼处将其切开。切芽分株时须先拨开土层，注意根系的分布以及地下茎芽眼处，小心将芽眼处切开，再取出侧芽。切开的侧芽待伤口稍干后将其假植于阴凉处进行促根及恢复生长。

种植时须使根系平展，植株直立，必要时进行支撑，种后不能立即浇水，可向叶面喷水保持湿度，2d后即可依情况进行浇水。

2. 栽培技术

（1）基质。种植花烛的土壤要具有良好的通透性，排水性要好。家庭栽培时可以在花卉市场直接买配制好的培养土，然后加入少量的陶粒或干树皮，陶粒与干树皮的比例为2：1，pH保持在5.5～6.5。

（2）温、湿度。花烛最适生长温度为20～30℃，最高温度不宜超过35℃，最低温度为14℃，低于10℃随时有冻害的可能。最适空气相对湿度为70%～80%，不宜低于50%。保持栽培环境中较高的空气湿度是花烛栽培成功的关键，因此，高温季节应多次进行叶面喷水，但在冬季即使温室的气温较高也不宜过多降温保湿，因为夜间植株叶片过湿反而降低其御寒能力，使其容易冻伤，不利于安全越冬。

（3）光照。花烛不耐强光，全年宜在适当遮阳的环境下栽培，花烛是按照叶—花—叶—花的顺序循环生长的。花序在叶腋中形成，如果光照太少，在光合作用的影响下植株所产生的同化物也很少；当光照过强时，部分叶片有可能出现变色、灼伤或焦枯现象。因此，光照管理的成功与否，直接影响花烛的产品质量，为防止花苞变色或灼伤，必须有遮阳保护，尤其是夏季需遮光70%。

（4）水分。盆栽花烛在不同生长发育阶段对水分要求不同。幼苗期由于植株根系弱小，在基质中分布较浅，不耐干旱，栽后应每天喷2～3次水，要经常保持基质湿润，促使其早发多抽新根，并注意盆面基质的干湿度；中、大苗期植株生长快，需水量较多，水分供应必须充足；开花期应适当减少浇水，增施磷、钾肥，以促开花。在浇水过程中一定要干湿交替进行，切忌在植株发生缺水严重的情况下浇水，这样会影响其正常生长发育。在高温季节通常2～3d浇水1次，中午还要增加室内的空气湿度。寒冷季节浇水应在9—16时进行，以免伤根系。

（5）肥料。花烛喜肥，可选用水溶性复合肥稀释成0.2%左右的液肥进行浇灌。生长期间每周喷洒1次，坚持薄肥勤施的原则，宁少勿多，否则会造成烧苗现象。

（6）上盆。采用双株种植优于单株种植，上盆种植时很重要的一点是使植株心部的生长点露出基质的水平面，同时应尽量避免植株粘到基质。上盆时先在盆下部填充4～5cm颗粒状的碎石物，然后加培养土2～3cm，同时将植株正放于盆中央，使根系充分展开，最后填充培养土至距盆面2～3cm即可，但应露出植株中心的生长点及基部的小叶。种植后必须及时喷施杀菌剂，以防止疫霉病和腐霉病的发生。

（7）营养调整。花烛经过一段时间的栽培管理，基质会出现生物降解和盐渍化现象，从而使其基质 pH 降低、可溶性盐浓度（EC 值）增大，从而影响植株根系对肥水的吸收能力。因此，必须定期测定基质的 pH 和 EC 值，并依测定数据来调整各营养元素的比例，以促进植株对肥水的吸收。

（8）摘芽。大多花烛会在根部自然地萌发许多小吸芽，争夺母株营养，而使植株保持幼龄状态，影响株型，尽早摘去吸芽可以减少对母株的伤害。

二、凤梨室内栽培

在凤梨家族中，有花朵并不美却能结出美味果实的品种，人们将其称为食用凤梨或菠萝；有花、叶皆奇特新颖但却不能结果的品种，人们将其称为观赏凤梨或菠萝花（图 4-2-5）。

观赏凤梨为凤梨科多年生草本植物，原产于中、南美洲的热带、亚热带地区，其革质叶片绚丽多彩，开出的花朵更是千姿百态。其花其叶都仿佛涂了 1 层蜡质，柔中带硬而富有光泽，顶叶片的基部常相互紧叠成向外扩展的莲座状，有如人工制作的盛水筒，可以贮水以备干旱时慢慢"饮用"。作为客厅摆设，既热情又含蓄，很耐观赏。

图 4-2-5　观赏凤梨

（一）生长习性

原产于南美洲，喜温暖、湿润的气候和阳光充足环境，生长适温 3—9 月为 22～28℃，9 月至翌年 3 月为 16～22℃，冬季温度不低于 10℃。不耐寒，耐半阴，忌强光暴晒，明亮的散射光对生长、开花有利。宜肥沃、疏松和排水良好的沙壤土或营养土。

（二）品种类型

凤梨科主要有光萼荷属、水塔花属、星花凤梨属、彩叶凤梨属、铁兰属和丽穗凤梨属等。主要品种有粉玉扇、步步高、吉利红星、红运当头、粉菠萝、五彩凤梨、七彩凤梨、红剑凤梨等。

（三）栽培技术

1. 繁殖方法　常用分株繁殖和种子繁殖。

（1）分株繁殖。春季开花后，母株旁边萌生的蘖芽长至 10～15cm 时，将其切割下来，对有较好根系的植株，可直接移栽上盆；对尚未长出根系的蘖芽，可将其先埋栽于素沙或腐叶土中，加套塑料袋或玻璃板保湿，维持 25℃左右的适温，约过 20d 即可催生出较好的根系，这时即可用培养土上盆。

（2）种子繁殖。花后采收成熟的种子于室内进行浅盆播种，播种基质可用 2 份泥炭、1 份沙混合配制。将种子均匀撒在盆土表面，轻轻压下但不能将种粒整个压入土中，用浸盆法让盆土吸透水，加套塑料袋保湿，维持 24～26℃的发芽适温，播后 10～15d 即可发芽。在种子发芽期间，可每隔 1～2d 打开套袋更换 1 次空气。幼苗需在有明亮散射光的环境中生长，长出 3～4 片小叶时方可逐渐打开塑料袋进行炼苗，用 7～10d 的时间使小苗逐渐适应一般的室内环境。以后维持盆土潮润，每月喷洒1次低浓度的复合肥液，长到6～8片叶时，便可移栽上盆。实生苗一般要经3～4年的精心培育方可开花。

2. 栽培管理

（1）温度。生长适温为15～32℃，家庭盆栽只要室温能保持5～7℃即可平安过冬，并保持良好的观赏效果。夏季气温超过35℃时，要给予搭棚遮阳和喷水降温，以防叶尖枯焦，夏季因温度过高而出现短暂的休眠也是正常现象。冬季气温降至10℃以前，要及时搬入室内，防止植株遭受寒害。切忌有较大的昼夜温差。

（2）光照。家庭盆栽应避开夏季的强光暴晒，否则极易灼伤叶片，应置于半阴通风、有散射光处。强光易使叶片灼伤，出现杂斑。但也不要长久放在过阴处，否则叶片会失去光泽变浅变淡。冬季每天要有4～5h的直射阳光。夏季可将其移放于通风凉爽的树荫下，以利于其安全过夏。

（3）水分。凤梨的根部极不发达，水分和营养吸收主要靠叶片。凤梨的基部叶片紧密排列呈莲状叶筒，中心呈杯状可贮水而不漏，因此在栽培管理时应经常灌水保持中心部位和叶片间湿润，但要半个月换水1次，以免水脏腐烂。阴雨天一般不浇水。每日最好在叶面上喷洒1次清水，清除粉尘，使叶色亮丽，同时还有利于进行光合作用，促使植株健壮生长。另外，开花时盆内不要灌水，放置于避光地带，对于花期的延长有一定帮助。开花期间作室内陈列时，可在盆底置一个浅碟贮水，提高植株周围的空气湿度。

（4）土壤。栽培基质可用富含有机质的材料，如泥炭土、细蛇木屑、水苔、腐叶土等，混合使用或单独使用均可。选用瓷盆栽种时，盆底要多填一些排水物质，如碎砖块、陶粒、树皮块等，以防盆土发生积水烂根。若开花后不进行分株繁殖，可等到植株长得十分密集时再行换盆。一般情况下，盆栽植株3～4年后母株开始凋萎，应及时进行更新。

（5）肥料。生长旺盛期为4—9月，此期要适当追施肥料，可每隔半个月浇施1次充分腐熟的稀薄有机肥，但家庭种养最好用1%磷酸二氢钾＋0.1%尿素混合液，前者只能直接浇入盆土中，后者可用以注入叶杯中或直接叶面喷施，均可为植株所吸收。不论用何种肥料，都应薄肥勤施。气温降到15℃时，应停止追肥。春末夏初是凤梨的开花期，要求有足够的肥料，平时通常每2周施用1次稀薄有机液肥，也可用黄豆浸泡液或经过发酵的淘米水，具体用量根据叶面肥上使用说明及花的长势而定。花前可喷施2～3次0.2%～0.3%磷酸二氢钾水溶液，可起促花作用。

三、君子兰室内栽培

君子兰（图4-2-6）是石蒜科君子兰属多年生草本植物，是花叶兼赏的名贵盆栽花卉。君子兰叶态优美，形似剑，故又名剑叶石蒜。君子兰能够满足人们美化居室、陶冶情操、净化空气、增进健康等多方面的需要，使你的居室尽显雍容华贵的气派，为丰富和调剂人们的生活增添光彩和魅力。其美观大方，又耐阴，宜盆栽室内摆设观叶赏花，也是布置会场、装饰宾馆环境的理想盆花，还有净化空气的作用和药用价值。

君子兰根肉质纤维状、乳白色，茎基部宿存的叶基部扩大互抱呈假鳞茎状。叶片从根部短缩的茎上呈二列叠出，排列整齐，质地硬而厚实，并有光泽及脉纹。基生叶质厚，叶形似剑，叶片革质，深绿色，具光泽，长30～50cm，最长可达85cm，宽3～5cm，下部渐狭，互生排列，全缘。花莛自叶腋中抽出，若从种子开始养护，一般要达到 15 片叶时开花。盛花期自元旦至春节，以春夏季为主，可全年开花，花黄或橘黄色、橙红色。浆果紫红色，宽卵形，果实成熟期在 10 月左右。

图 4-2-6　君子兰

（一）生长习性

君子兰原产于非洲南部，生长在大树下，因此它既怕炎热又不耐寒，喜欢半阴而湿润的环境，畏强烈的直射阳光，生长的最佳温度在 18～28℃，10℃ 以下、30℃ 以上生长受抑制。君子兰喜欢通风的环境，喜深厚肥沃疏松的土壤，适宜室内培养。

（二）品种类型

君子兰有很多的品种，不同品种的形态特征都是不同的。

1. 大花君子兰　大花君子兰开花时，伞状花序有花可达 20 多朵，颜色有橙黄、淡黄、橘红、浅红、深红等多种，叶片的宽度一般在 50cm 以内。

2. 细叶君子兰　细叶君子兰的花色单一，只有橘黄色1 种。叶片也很细，宽只有 2.5～6.0cm。花期比较长，从深秋开始，可以持续开到冬季。

3. 有茎君子兰　有茎君子兰体型很高，长度一般都能达到 1m，有的甚至高达 3m。和其他品种的君子兰不同的地方在于其花期一般是在春夏之际。

4. 沼泽君子兰　沼泽君子兰在 2004 年发现于南非地带，喜偏酸性土壤，是目前所有君子兰中外形最高大的一种。在沼泽地区，个别的君子兰可以高达 4.5m。

5. 黄花君子兰　黄花君子兰经常被用作布置花坛或是鲜切花，喜欢温暖、半阴的环境，不耐寒，冬季要保证温度不低于 13℃，否则容易发生冻害。

6. 奇异君子兰　奇异君子兰目前处于被保护的状态，在家庭养护中不常见到。它的外形与其他品种很一个明显的区别：叶片的最中间有一道发白色的长纹。而且这个品种的种子只需要 5 个月就能成熟。

7. 垂笑君子兰　和奇异君子兰相反，垂笑君子兰的生长非常非常缓慢，从种下种子开始，直到发芽，需要 8～10 年时间，有的甚至更长。每一个花序上有 20～60 朵的小花，花头朝下倾斜。

（三）栽培技术

1. 繁殖方法　主要采用分株法和播种法。

（1）种子繁殖。种子繁殖首先要进行人工授粉，最好是进行异株授粉，结实率高。授粉的方法是当花被开裂后 2～3d，柱头有黏液分泌时为最佳授粉时机。授粉时，用新毛笔蘸取雄蕊的花粉，轻轻地振落在雌蕊的柱头上。为了提高结籽率，可于 9—10 时、14—15 时各授粉 1 次。8～9 个月后种子才成熟。当果皮由绿色逐渐变为黑紫色时，即可将果穗剪下，过 10～20d 后把种子剥出。播种前，将种子放入 30～35℃ 的温水中浸泡 20～30min 后取出，晾 1～2h 即可播入培养土。播种的花盆放置在室温 20～25℃ 环境中，使空气相对湿度保持在 90% 左右，1～2 周即萌发出胚根。

（2）分株繁殖。分株可结合换盆进行，将君子兰母株从盆中取出，去掉宿土，找出可以分株的腋芽。用准备好的锋利小刀将其割下，千万不可强掰，以免损伤幼株。子株割下后，应立即用干木炭粉涂抹伤口，防止腐烂。上盆种植时，种植深度以埋住子株的基部假鳞茎为度，靠苗株的部位要略高一些，并盖上经过消毒的沙土。种好后随即浇1次透水，待2周后伤口愈合时，再加盖1层培养土。一般需经1～2个月生出新根，1～2年开花。

2. 栽培管理

（1）换盆。君子兰适宜用腐殖质丰富的土壤，这种土壤透气性、渗水性好，且土质肥沃，具微酸性（pH 6.5）。在腐殖土中渗入20％左右沙粒，有利于养根。栽培用盆随植株生长逐渐加大，栽培1年生苗时，适用3寸盆，第二年换5寸盆，以后每过1～2年换入大一些的花盆，换盆可在春秋两季进行。

（2）追肥。君子兰可施用饼肥、鱼粉、骨粉等肥料，以促进植株生长。初栽植的少施些，以后随着植株长大和叶片增加，施肥量也随之逐渐增加。施肥时，扒开盆土施入2～3cm深的土中即可，但要注意，施入的肥料不要太靠近根系，以免烧伤根系，一般每月施1次。

追施液肥是将浸泡沤制过的动植物腐熟物的上清液兑30～40倍的清水进行浇施，施肥时间夏季最好在清晨进行，浇施时应让肥液沿盆边浇入，注意避免施在植株及叶片上。要做到肥料腐熟淡施，防止浓肥伤害。

（3）浇水。君子兰具有较发达的肉质根，根内贮存着一定的水分，因此比较耐旱。切不可大水浸灌，造成烂根死苗。

（4）温度。君子兰最适宜的生长温度为18～28℃，10℃停止生长，0℃受冻害，因此，冬季必须保温防冻。花茎抽出后，维持18℃左右为宜。温度过高，叶片、花茎徒长、细瘦，花小品质差，花期短；温度太低，花茎矮，容易夹箭早产（开花），影响品质，降低观赏价值。

（5）光照。君子兰喜散射光，忌直射强光。冬季室内养护，花盆要放在光照充足的地方，特别是在开花前要有良好的光照，有利花蕾发育壮实。开花后适当降温、避强光，保持通气良好，有利于延长花期。

（6）护叶。叶肥花壮，叶绿花艳，叶短、阔、厚、绿、亮、挺是健康君子兰的特点，是促进开花、提高观赏价值的基础。维持强健的叶质，除提供合理的肥水外，必须保持叶面清洁，以提高光合效率。护叶一是定期洗叶，相同的清水喷洒冲洗或揩抹污染叶片上的尘埃物，保持叶面清洁；二是及时喷洒杀菌剂，防止叶斑病、叶枯病、茎腐病的发生，确保叶片青绿，花朵艳丽。

3. 常见问题及防治措施

（1）夹箭原因及防治措施。

①原因。温度太低、营养不足、盆土缺氧、恒温莳养、伤根烂根、品种不良等都会造成夹箭，降低观赏价值。

②防治措施。调整温度，增加温差。入冬时，君子兰经过20d左右的低温处理后，适时将植株置于正常的莳养温度下，并尽量使昼夜温差保持在5～8℃。增施磷钾肥，保证营养。进入秋冬季，适当增施磷钾肥，以促进植株成花、抽薹。保证水分适量供应。君子

兰抽葶期间要保证盆土的含水量在 30%～50%。药辅并用，促葶催花。可将市场上购买的君子兰促箭剂按说明书涂抹在花葶上或滴于盆土中；也可用人工方法将夹箭处两侧的叶片撑开，但不能损伤叶片，以减少叶片对花葶的夹力，促使花葶尽快伸出长高。重新换土，先干后湿。重新换土需要注意换土后 5d 内不浇水，所换土壤不能是干土，应保持含水量在 30% 左右，5d 后浇 1 次大水，这样一般都能抽葶开花。

（2）烂根原因及防治措施。

①原因。君子兰在分株时，伤口没有消毒，被细菌侵染；或在莳养过程中浇水过多，土壤通透性不好；施肥过浓，施用了未腐熟的生肥；等等。

②防治措施。脱盆将泥土全部抖落，用清水把根冲洗干净，用洁净的剪刀将烂的部分剪掉，然后把根浸入 0.1% 高锰酸钾溶液中消毒，5min 后取出用清水冲洗，蘸少量硫黄粉或草木灰，放在室内把表面晾干后重新上盆栽植。上盆时要浅栽，埋住茎盘即可，假鳞茎要露出土面，有利于发根，浇 1 次透水后，放半阴处养护，以后多喷雾或加塑料膜罩，尽量使空气湿度大些，少浇水。维持温度在 20℃ 左右，见小舌叶生长，此时新根已发出，可转入正常水肥管理。

【拓展阅读】

红掌有毒吗？

红掌有轻微的毒性，花朵和根部以及叶片里面汁液含有毒性。虽然不足以致人死亡，但一旦误食，口腔里会有灼烧感，随后会肿胀起泡，嗓音变得嘶哑，并且出现吞咽困难症状。皮肤直接接触红掌的汁液有烧灼感，慢慢会变得红肿。出现以上情况无须担心，用清水冲洗后会慢慢好转。日常养护中不要接触红掌的汁液。

若不小心误食红掌，也不要惊慌，多数症状会慢慢减轻直至消失。如想减轻痛苦，可以选择清凉液体或甘草类和亚麻仁的食物，情况严重的建议去医院检查治疗。

【任务布置】

以组为单位，任选一种观花类花卉进行室内栽培，制订生产计划及实施，并将生产过程制作成短视频。实施后根据各组生长状态进行小组自评、小组互评和教师评价，并完成巩固练习。完成后将本任务工作页上交。

【计划制订】

表 4-2-3　观花类花卉室内栽培计划

操作步骤	制订计划
植物种类选择	
栽培容器、栽培基质选择	
分株繁殖	
栽培管理	
收获	

【任务实施】（实施过程中的照片）

【总结体会】

【考核评价】

表 4-2-4　室内观花类植物栽培考核评价

评价内容	评分标准	评价		
		小组自评	小组互评	教师评价
制订计划 （20分）	1. 计划内容全面（10分） 2. 字迹清晰（10分） 未达到要求相应进行扣分，最低分为0分			
任务实施 （20分）	1. 按计划实施（5分） 2. 能够正确处理突发状况（5分） 3. 实施效果好（5分） 4. 团队合作能力强（5分） 未达到要求相应进行扣分，最低分为0分			
实施效果 （20分）	1. 选择观花类花卉观赏价值高（5分） 2. 繁殖成活率高（5分） 3. 养护管理水平高（10分） 未达到要求相应进行扣分，最低分为0分			
总结体会 （20分）	1. 能根据实施过程中出现的问题总结发生的原因以及找到解决问题的办法（15分） 2. 能通过本次任务的实施写出自己的体会（5分） 未达到要求相应进行扣分，最低分为0分			
小计				
平均得分				

【巩固练习】

1. 简述防治君子兰烂根、夹箭的操作要点。（10分）

2. 适宜室内养护的观花类花卉还有哪些？（10分）

本次任务总得分：

教师签字：

主要参考文献

陈杏禹，2014. 稀特蔬菜栽培［M］. 2 版. 北京：中国农业大学出版社.

陈杏禹，2020. 蔬菜栽培［M］. 2 版. 北京：高等教育出版社.

邓安然，林碧英，2019. 盆栽草莓种类及种植技术指南［J］. 福建热作科技（3）：35-38.

邓毓华，李凡，1999. 庭院果树栽培［M］. 南昌：江西科学技术出版社.

冯茵茵，2018. 绿萝栽培及综合管理技术［J］. 现代农业科技（11）：149-150.

黄丹枫，史吉平，胡琦，2004. 观赏蔬菜［M］. 沈阳：辽宁科学技术出版社.

姜淑苓，贾敬贤，2009. 果树盆栽使用技术［M］. 北京：金盾出版社.

林鸾芳，缪雪芳，刘文婷，等，2020. 盆栽柠檬栽培关键技术［J］. 农业科技通讯（5）：280-281.

刘璇，方娜，刘慧超，2019. 盆栽草莓家庭阳台栽培技术［J］. 北方园艺（17）：176-177.

刘昭，高源，王昆，2023. 82 份苹果属资源 SFB 基因克隆及不同生态居群基因频率分析［J］. 植物遗传
  资源学报，24（1）：215-225.

芮东明，刘吉祥，肖婷，等，2019. 阳光玫瑰葡萄标准化栽培技术［J］. 江苏农业科学（19）：110-112.

史芳芳，2016. 我国城市家庭园艺模式分析［J］. 现代园艺（22）：122.

王景全，1998. 盆栽果树技术［M］. 北京：民主与建设出版社.

王军利，2015. 庭院果蔬栽培及保健应用［M］. 北京：化学工业出版社.

王梓贞，2020. 寒地温室盆桃周年生产栽培技术［J］. 果树实用技术与信息（3）：10-13.

郗荣庭，王兆毅，等，1991. 果树盆栽与果树盆景［M］. 北京：科学技术文献出版社.

岳建强，2011. 柠檬高效栽培原色图谱［M］. 昆明：云南科技出版社.

张淑梅，张秀丽，2018. 花卉生产技术［M］. 北京：中国农业大学出版社.

张天柱，2020. 果树盆栽技术［M］. 北京：中国轻工业出版社.

张伟，2014. 羽衣甘蓝露地高产栽培技术［J］. 农业与技术，34（4）：260.

张雪松，刘彩霞，陈小文，等，2018. 家庭阳台园艺的发展现状及趋势［J］. 绿色科技（7）：111-114.

张泽勇，邓卓亚，李建兵，2017. 柠檬盆栽技术［J］. 果树实用技术与信息（11）：25-26.

中国热带作物学会热带园艺专业委员会，中国热带农业科学院南亚热带作物研究所，2000. 南方优稀果
  树栽培技术［M］. 北京：中国农业出版社.

周齐铭，1991. 柠檬栽培技术［M］. 成都：四川科学技术出版社.

周淑荣，董昕瑜，郭文场，2016. 朱顶红栽培管理［J］. 特种经济动植物，19（8）：32-33.

图书在版编目（CIP）数据

家庭园艺 / 于红茹主编. —北京：中国农业出版
社，2023.10
高等职业教育农业农村部"十三五"规划教材
ISBN 978-7-109-30867-1

Ⅰ.①家… Ⅱ.①于… Ⅲ.①观赏园艺-高等职业教
育-教材 Ⅳ.①S68

中国国家版本馆 CIP 数据核字（2023）第 121850 号

中国农业出版社出版

地址：北京市朝阳区麦子店街 18 号楼

邮编：100125

责任编辑：吴 凯 文字编辑：刘 佳

版式设计：杨 婧 责任校对：周丽芳

印刷：中农印务有限公司

版次：2023 年 10 月第 1 版

印次：2023 年 10 月北京第 1 次印刷

发行：新华书店北京发行所

开本：787mm×1092mm 1/16

印张：15.75

字数：383 千字

定价：48.00 元
